Christoph Schulz

AutoCAD-Praktikum

AutoCAD Praktikum

Von Prof. Dr. Christoph Schulz
Fachhochschule Wiesbaden

 B. G. Teubner Stuttgart 1992

Die Deutsche Bibliothek – CIP-Einheitsaufnahme

Schulz, Christoph:
AutoCad-Praktikum / von Christoph Schulz. – Stuttgart :
Teubner, 1992

ISBN-13: 978-3-519-02980-9   e-ISBN-13: 978-3-322-82982-5
DOI: 10.1007/978-3-322-82982-5

Umschlaggestaltung: E. Kretschmer, Leipzig

Vorwort

CAD-Techniken verdrängen zusehends die klassischen Konstruktionsmethoden. Gründe hierfür sind, neben der - vor allem bei Variantenkonstruktionen - erheblichen Zeitersparnis, zunehmend die Möglichkeiten der Einbindung digitaler Zeichnungsdaten in integrierte Fertigungskonzepte (CAE, CIM). Hochkomplexe Konstruktionsaufgaben, wie VLSI-Design oder der Entwurf moderner Autokarosserien wären ohne CAD nicht möglich. In den letzten Jahren hat CAD auch eine wachsende Verbreitung im Bereich kleiner und mittlerer Unternehmen gefunden. Leistungsfähige universelle CAD-Programme, die auf preiswerten Hardwareplattformen (PC's und Workstations) lauffähig sind, haben diese Entwicklung ermöglicht. Unter diesen Programmen ist AutoCAD mit über 200.000 Installationen der unangefochtene Marktführer. Wegen seiner großen Verbreitung wird AutoCAD von zahlreichen Hard- und Softwareanbietern mit Zusatzprodukten unterstützt. Der Anwender kann sich hieraus die für seine Bedürfnisse ideale Systemkonfiguration zusammenstellen.

Ein wesentliches Hindernis für die weitere Verbreitung von CAD ist das Problem der Schulung. Gerade kleinere Firmen scheuen oft den hohen Aufwand (und vorübergehenden Produktivitätsverlust), der mit der CAD-Einführung verbunden ist. Das vorliegende Buch soll helfen, diese Situation zu verbessern. Es wendet sich an Studierende technischer Fachrichtungen und Praktiker, die sich schnell und gründlich mit dem Programmsystem AutoCAD vertraut machen möchten. Das Buch ist als Anleitung zum Selbststudium konzipiert, kann aber auch als Ergänzung zu einer Vorlesung oder Schulung dienen.

Leitgedanke dieser Einführung in AutoCAD ist die Tatsache, daß man ein interaktives Programm (mit guter Benutzeroberfläche!) am besten dadurch erlernt, daß man damit praktisch arbeitet. Die Programmfunktionen werden deshalb an Beispielen eingeführt. Beginnend von einfachen Anwendungen wird sukzessive auf komplexere Probleme hingeführt. Da sich das Buch an Anwender aus verschiedenen technischen Disziplinen wendet, sind die Beispiele nicht speziellen Gebieten entnommen, sondern allgemein verständlich.

Die AutoCAD-Sitzungen werden in tabellarischer Form beschrieben und können unmittelbar am System nachvollzogen werden. Jedes Kapitel enthält Aufgaben zur Einübung und Vertiefung des Stoffes. In einem gesonderten Abschnitt werden Lösungsvorschläge (vielfach ebenfalls in Tabellenform) angegeben. Am Anfang jedes Kapitels werden die behandelten Themen in Stichpunkten aufgeführt. Dies dient einerseits der schnellen Übersicht, andererseits der Lernzielkontrolle.

Das Buch wendet sich nicht nur an den Anfänger, der AutoCAD schnell und umfassend erlernen möchte. Der bereits erfahrene AutoCAD-Anwender legt Wert auf gezielte Informationen zu bestimmten Themenkomplexen. Das Auffinden dieser Informationen wird durch die Stichworte zu Beginn jedes Kapitels und eine Zusammenfassung der verwendeten AutoCAD-Funktionen am Kapitelende erleichtert. Zusätzlich stehen ein Index und ein Anhang zu technischen Fragen (Installation und Systemvariable) zur Verfügung.

Mein Dank gilt dem Verlag B. G. Teubner, insbesondere Herrn Dr. P. Spuhler, für die freundliche Betreuung des Projekts.

Wiesbaden, Oktober 1991   Christoph Schulz

Inhaltsverzeichnis

5 Vielfalt durch Polylinien   88

6 Zeichnen und zeichnen lassen   107

7 Alles mit Maßen: Bemaßung und Schraffur   122

8 Blöcke sind keine Hindernisse: Blöcke, Attribute   151

9. Allerlei Erleichterungen   171

1 Einleitung

1.1 Was ist CAD?

CAD (Computer Aided Design), das computergestützte Konstruieren, setzt sich in fast allen Konstruktionsbereichen zunehmend durch. Wesentliche Vorteile gegenüber klassischen Konstruktionsmethoden sind:

- schnelleres und exakteres Arbeiten
- vor allem bei Änderungen an bestehenden Zeichnungen und Variantenkonstruktionen großer Zeitvorteil
- vereinfachte Ablage und Verwaltung der Zeichnungen
- Verbindung der Konstruktionsphase zu anderen Produktionsschritten: automatische Stücklistenerstellung, Programmierung von NC-Werkzeugmaschinen, bis hin zu (heute meist erst teilweise realisierten) CIM-Konzepten (Computer Integrated Manufacturing)

Typische CAD-Anwendungsgebiete sind:

- *Elektrotechnik*: Schaltpläne, Stromlaufpläne
- *Elektronik*: Layout von Platinen und integrierten Schaltkreisen (mit anschließenden Logik- und Funktionstests)
- *Maschinenbau*: Entwurf von Maschinen, Baugruppen und Einzelteilen (mit anschließenden Systemsimulationen und Festigkeitsberechnungen nach der Methode der finiten Elemente)
- *Architektur*: Grundrisse mit daraus abgeleiteten Plänen für Heizung, Sanitärinstallation, Elektroinstallation etc., teilweise bereits 3D-Konstruktion mit perspektivischen Darstellungen der Bauwerke
- *Kartographie*: Erstellung und Verwaltung allgemeiner und spezieller Landkarten (z.B. Flurkarten, Karten zur Umweltbelastung)
- *graphische Darstellung in den Naturwissenschaften*: z.B. Makromoleküle in der Chemie

Für viele dieser Anwendungen gibt es inzwischen spezielle Graphikprogramme, die besonders auf die jeweilige Branchenanwendung ausgerichtet sind und über Schnittstellen zu weiteren branchenspezifischen Programmen verfügen. Universelle CAD-Programme haben jedoch nach wie vor große Bedeutung, insbesondere, weil CAD-Methoden inzwischen nicht mehr Großrechnern vorbehalten sind, sondern auch auf leistungsfähigen PC's professionell eingesetzt werden können. Dies ermöglicht auch kleineren und mittleren Betrieben bzw. einzelnen Abteilungen die Nutzung des Rationalisierungspotentials von CAD.

Angesichts der Fülle graphischer Anwendersoftware sollte der Begriff CAD hier noch etwas abgegrenzt werden. Wir verstehen unter CAD Programme für geometrische Konstruktionen, vornehmlich im Ingenieurbereich, im Gegensatz zu: Malprogrammen (z.B. Paintbrush von MS-Windows), DTP-Programmen mit graphischen Optionen, Programmen für Business-Graphik (Torten- und Balkendiagramme etc.), Programmen zur Erzeugung photorealistischer Graphiken im Design-Bereich.

1.2 Das Programm AutoCAD

Seit etlichen Jahren stehen leistungsfähige CAD-Programme nicht nur im Bereich von Großrechnern, Minicomputern und Workstations zur Verfügung, sondern auch für PC's. Diese Entwicklung wurde in neuerer Zeit durch die Verbesserung der Hardware (schnellere CPU's, preiswerte Graphikkarten mit hoher Auflösung) weiter begünstigt. Als größtes Hindernis für die weitere Verbreitung der CAD-Techniken erscheint hier das Problem der Schulung. Gerade kleinere Firmen scheuen oft den nicht unbeträchtlichen Aufwand bei der Umstellung von klassischen Konstruktionsmethoden auf moderne CAD-Techniken. Mit diesem Buch wollen wir einige Hilfestellungen zur Verbesserung dieser Situation geben, sowohl für Praktiker als auch für Studierende verschiedener Fachrichtungen.

Im Vergleich zu vielen neueren, teilweise recht preiswerten CAD-Programmen für PC's ist der "Klassiker" AutoCAD in seinem Funktionsumfang immer noch unerreicht. Aufgrund seiner marktbeherrschenden Stellung wird AutoCAD von zahlreichen Fremdherstellern im Soft- und Hardwarebereich (branchenspezifische Zusatzprogramme, Graphikbeschleuniger mit Auto-CAD-Treibern) unterstützt. Auf dieses Produkt bezogene Literatur (Bücher und Zeitschriften zu speziellen Themen) ist ebenfalls reichlich vorhanden.

Im Bereich der Lehre, wie bei der Einführung von CAD-Techniken im PC-Bereich in der Praxis, ist AutoCAD deshalb nach wie vor eine gute Entscheidung. Dies war auch der Grund, dieses Softwareprodukt zur Grundlage unseres Buches zu machen.

1.3 Über dieses Buch

Ein Buch zu einem Softwaresystem wie AutoCAD wendet sich immer an zwei unterschiedliche Gruppen von Interessenten:

- Der *Anfänger* möchte (im Selbststudium oder bei ergänzender Benutzung im Rahmen einer Schulung) an Hand konkreter, einfach nachzuvollziehender Beispiele in den Gebrauch des Systems eingeführt werden.
- Der bereits erfahrene *Anwender* möchte das Buch gelegentlich zum Nachschlagen spezieller Funktionen nutzen. Er ist am schnellen Auffinden dieser Informationen interessiert, und möchte sich nicht durch langatmige Erklärungen durcharbeiten

Es ist nicht allzu sinnvoll, ein Buch nur für eine der beiden Zielgruppen zu schreiben, denn der Anfänger wird bei der Einarbeitung ins System schnell zum Anwender, die Übergänge sind hier fließend. Wir haben uns deshalb bemüht, den Interessen beider Zielgruppen Rechnung zu tragen.

Leitgedanke bei unserer Einführung in AutoCAD ist die Tatsache, daß man ein interaktives Programm mit moderner Benutzeroberfläche am besten erlernt, indem man einfach damit "spielt". Manche erfahrene Computernutzer sehen dies sogar als die einzig vernünftige Methode an und lehnen die Benutzung zusätzlicher Literatur ab. Wenn man sie unerwartet besucht, findet man aber meist doch das eine oder andere Buch auf ihrem Schreibtisch ...

Wir führen die Funktionen von AutoCAD deshalb sukzessive an Beispielen ein. Beginnend mit sehr einfachen Funktionen führen die Beispiele auf immer komplexere Anwendungen. Dabei konzentrieren wir uns auf die Funktionen, die man bei der praktischen Arbeit mit AutoCAD nach unserer Erfahrung wirklich braucht. Seltenere Funktionen werden aber zum Nachschlagen ebenfalls dokumentiert. Jedes Kapitel enthält eine Reihe von Aufgaben, an denen man das gerade Erlernte einüben und weiter vertiefen kann. Lösungshinweise findet man in einem besonderen Abschnitt am Ende des Buches.

Zum schnellen Nachschlagen für den bereits erfahrenen Benutzer werden im letzten Abschnitt jedes Kapitels die dort eingeführten AutoCAD-Funktionen noch einmal zusammengefaßt. Außerdem werden zu Beginn jedes Kapitels die behandelten Themen in Stichworten vorgestellt. Ein Index erleichtert das schnelle Auffinden von Begriffen. In zwei Anhängen findet man Informationen zur Installation und Konfigurierung von AutoCAD und eine Liste der Systemvariablen.

Die Interaktion mit einem anspruchsvollen Programm wie AutoCAD ist ein komplexer Vorgang, der sich nur schwer schriftlich "in Prosa" beschreiben läßt. Wir haben deshalb eine tabellarische Darstellung zur kompakten und (wie wir hoffen) übersichtlichen Darstellung von AutoCAD-Sitzungen entwickelt (Abschnitt 2.4). Damit beschreiben wir sowohl die Beispiele im Text als auch die Lösungen der Aufgaben.

AutoCAD wird in sehr unterschiedlichen Gebieten angewandt. Das vorliegende Buch gibt eine allgemeine Einführung in dieses CAD-System. Die Beispiele sind deshalb nicht einem speziellen Anwendungsgebiet entnommen, sondern allgemein verständlich. Nachdem man daran die grundsätzliche Wirkungsweise der verschiedenen AutoCAD-Funktionen gelernt hat, ist die Übertragung auf die Probleme des eigenen Fachgebiets meist nicht mehr allzu schwierig.

Für die Bedienung eines CAD-Programms ist ein graphisches Eingabegerät (Maus oder Digitizer-Tablett) dringend zu empfehlen (obwohl man Auto-CAD auch nur mit den Cursortasten steuern kann). Wir gehen in unseren Beispielen von der Mausbedienung aus, und zeigen insbesondere, wie man die Maus zur Vermeidung unnötiger Tastatureingaben und damit zum schnelleren Arbeiten einsetzen kann.

2 Bilder betrachten: Zooming und Panning

Die Themen dieses Kapitels:

- Starten und Beenden von AutoCAD (Abschnitte 2.1, 2.4)

- AutoCAD-Hauptmenü (Abschnitt 2.1)

- Datei-Dienstprogramm, Laden einer vorhandenden Zeichnung (Abschnitt 2.1)

- Bildschirmaufbau des Zeichnungseditors (Abschnitt 2.2)

- Eingabe- und Bedienungsfunktionen: Cursorsteuerung mit der Maus Menüpunkte wählen, Tastatureingaben, Funktionstasten (Abschnitt 2.2)

- Betrachtung von Zeichnungsausschnitten: Zoom- und Pan-Funktion (Abschnitt 2.3)

- Tabellarische Darstellung von AutoCAD-Sitzungen in diesem Buch (Abschnitt 2.4)

- Bildschirm-Menü des Zeichnungseditors (Abschnitt 2.5)

- Hilfe-Funktion (Abschnitt 2.5)

- Beenden einer AutoCAD-Sitzung , Sichern der Zeichnung (Abschnitt 2.5)

2.1 AutoCAD starten

Wir gehen davon aus, daß AutoCAD auf Ihrem Computer im Verzeichnis C:\ACAD installiert ist. Wenn das Programm bei den folgenden Beispielen nicht die erwarteten Reaktionen zeigt, studieren Sie bitte zunächst den Anhang "Installation von AutoCAD".

Zum Start von AutoCAD wechseln Sie mit den DOS-Kommandos C: und CD \ACAD in das Verzeichnis von AutoCAD und geben den Befehl ACAD ein. Ihre Eingaben müssen Sie natürlich jeweils mit der Return-Taste **<RETURN>** abschließen. Nach kurzer Zeit erscheint das *Hauptmenü* von AutoCAD mit den Menüpunkten:

0. Ende AutoCAD
1. NEUE Zeichnung erstellen
2. EXISTIERENDE Zeichnung aendern
3. Zeichnung plotten
4. Zeichnung auf Drucker plotten
5. AutoCAD konfigurieren
6. Datei-Dienstprogramm
7. Symbole/Zeichensatz kompilieren
8. Alte Zeichnung konvertieren

Die Bedeutung der Punkte 0 bis 4 bedarf keiner Erklärung, unter dem 5. Punkt kann man die Konfiguration von AutoCAD ändern, z.B. einen Plotter, eine Maus oder ein Digitalisiertablett anpassen. Näheres hierzu im Anhang "Installation von AutoCAD". Die beiden letzten Menüpunkte werden später behandelt. Wir wählen durch Eingabe von <u>6</u> <RETURN> das *Datei-Dienstprogramm*. Es erscheint dessen Menü:

0. Ende Datei-Dienstmnue
1. Zeichnungsdateien listen
2. Benutzerdateien listen
3. Dateien loeschen
4. Dateien umbenennen
5. Dateien kopieren

Wir wählen den 1. Menüpunkt, um die Dateien mit bereits vorhandenen AutoCAD-Zeichnungen aufzulisten. Die Frage nach dem Laufwerk beantworten wir mit **<RETURN>** (d.h. aktuelles Verzeichnis). Die Zeichnungsdateien erkennt man am Zusatz .DWG für "Drawing". Eine davon heißt COLUMBIA.DWG. Sie enthält eine sehr eindrucksvolle Zeichnung des Space-Shuttle, die wir nun betrachten wollen. Dazu verlassen wir mit **<RETURN>** <u>0</u> **<RETURN>** das Datei-Dienstprogramm und kehren ins Hauptmenü zurück. Dort wählen wir den 2. Punkt "Existierende Zeichnung ändern". Daraufhin fragt das Programm nach dem Namen der Zeichnung, und wir veranlassen durch die Eingabe <u>COLUMBIA</u> **<RETURN>**, daß die Zeichnung in den Zeichnungseditor von AutoCAD geladen wird. (Im Text unterstrichene Angaben werden so wie sie dort stehen über die Tastatur eingegeben).

2.2 Der Zeichnungseditor

Durch das Laden einer existierenden Zeichnung oder durch Wahl des Hauptmenüpunkts "Neue Zeichnung erstellen" gelangt man automatisch in den *Zeichungseditor*. Er ist das Herzstück von AutoCAD, mit dem man Zeichnungen betrachten, editieren und neu erstellen kann. Der Bildschirm des Zeichnungseditors ist in drei Bereiche eingeteilt (Bild 2-1).

Der größte ist der *Graphikbereich*, in dem Sie nach den Eingaben am Ende des vorigen Abschnitts jetzt die Zeichnung der Raumfähre Columbia sehen sollten. In diesem Bereich können Sie einen *Graphikcursor* (Fadenkreuz) mit der Maus bewegen. Dabei werden am oberen Rand die x- und y-Koordinaten der Cursorposition angezeigt. Mit dem Graphikcursor kann man Punkte in der Zeichnung markieren, Fenster "aufziehen", einzelne Objekte der Zeichnung auswählen etc., um Zeichnungen interaktiv zu erstellen und zu editieren. Im nächsten Abschnitt behandeln wir ein erstes Beispiel hierzu.

Rechts neben dem Graphikbereich liegt der Bereich des *Bildschim-Menüs*. Sie erreichen Ihn, wenn Sie den Graphikcursor mit der Maus über den rechten Rand des Graphikbereichs hinausbewegen. Sie können dann mit vertikalen Mausbewegungen die einzelnen Menüpunkte ansteuern (Hervorhebung des aktuellen Menüpunktes durch einen Balken). Die Auswahl des hervorgehobenen Menüpunktes erfolgt mit der linken Maustaste <ML>. Es wird dann entweder der entsprechende Befehl ausgeführt, oder es erscheint ein neues (Unter-) Menü. Die Menüstruktur von AutoCAD wird in Abschnitt 2.5 genauer erläutert. Hier seien nur drei Wahlmöglichkeiten erwähnt, mit denen man sich recht zügig im Menü bewegen kann. Durch Wahl des Menüpunkts **Letztes** gelangt man aus einem Untermenü zurück ins zuletzt gewählte (Ober-) Menü. Durch Wahl des Punktes **AutoCAD** (er steht immer ganz oben in der Menüspalte) gelangt man direkt ins oberste Menü, das in Bild 2-1 zu sehen ist. Wenn nicht alle Punkte eines Menüs in die Menüspalte passen, gibt es die Wahlmöglichkeit **naechstes**, mit der man die zweite Hälfte des Menüs angezeigt bekommt. Mit der Auswahl **vorher** gelangt man zurück zu den ersten Menüpunkten.

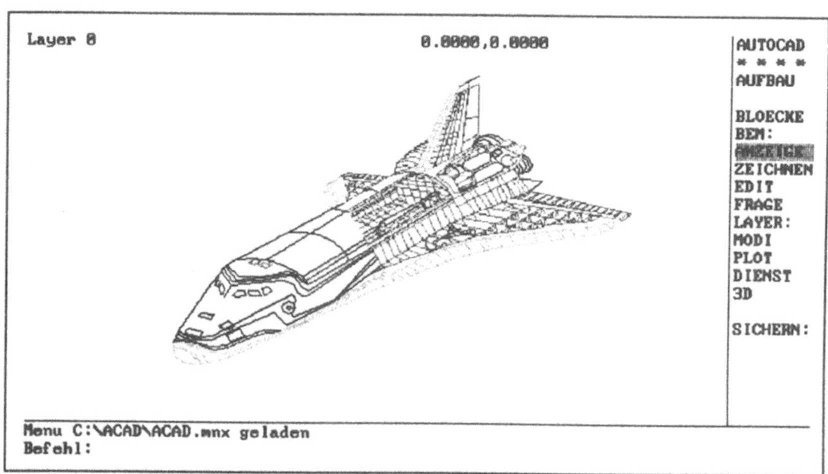

Bild 2-1 Bildschirm des Zeichnungseditors

Am unteren Rand des Bildschirms befindet sich das dreizeilige *Anfrage-* oder *Befehlsfeld*. In ihm gibt das System Meldungen über Fehler, erwartete Eingaben etc. aus. Hier können auch Eingaben über die Tastatur gemacht werden, z.B. von Koordinaten oder Winkeln. Erscheint in der letzten Zeile des Befehlsfeldes die Meldung "Befehl:", so kann man man jeden AutoCAD-Befehl durch Eintippen seines Namens aktivieren. Dies ist eine Alternative zur Auswahl des Befehls mit der Maus aus dem Bildschirm-Menü.

Einige besonders häufig benutzte Funktionen von AutoCAD sind direkt über die Funktionstasten erreichbar. Wir geben sie hier tabellarisch an. Genauere Erklärungen der Funktionen folgen in den nächsten Kapiteln.

<F1>:   Umschaltung Text-/Graphikbildschirm
<F6>:   Koordinatenanzeige ein/aus
<F7>:   Rasteranzeige ein/aus
<F8>:   Orthogonalmodus ein/aus
<F9>:   Fangmodus ein/aus
<F10>:   Graphiktablett ein/aus

Ab der Version 9.0 stellt AutoCAD zusätzlich *Pull-Down-Menüs* zur Verfügung, mit denen man einige oft benutzte Befehle einfacher handhaben kann. Diese Möglichkeiten behandeln wir im 9. Kapitel, nachdem wir schon einige

Erfahrungen mit den "konventionellen" Bedienungsformen von AutoCAD gesammelt haben.

2.3 ZOOM- und PAN-Funktion

Wir wollen nun die ersten AutoCAD-Funktionen ausprobieren, und zwar die Funktionen zur vergrößerten Darstellung eines Bildausschnitts (*Zooming*) und zur Betrachtung von Ausschnitten einer Zeichnung, die größer ist als der Bildschirm (*Panning*).

Als erstes Beispiel wollen wir einen Teil der Zeichnung vergrößern, den wir durch ein rechteckiges *Fenster* auf dem Bildschirm markieren. Dazu wählen wir aus dem Bildschirm-Menü den Punkt **Anzeige**, d.h. wir bewegen den Menübalken mit der Maus auf diesen Punkt und wählen ihn durch kurzes Drücken der linken Maustaste <ML>. Es erscheint ein neues Menü in der Menüspalte, das *Untermenü Anzeige*. Daraus wählen wir den Punkt **ZOOM**. Wiederum erscheint ein neues Menü in der Spalte am rechten Bildschirmrand, das die verschiedenen Varianten des Zoom-Befehls enthält. Hieraus wählen wir den Menüpunkt **Fenster**.

Im Befehlsfeld am unteren Bildschirmrand erscheint in der letzten Zeile die Aufforderung "Erste Ecke:". Hier kann man nun die Koordinaten einer Fensterecke über die Tastatur eingeben. Wir geben diese Ecke aber viel einfacher ein, indem wir sie direkt in der Zeichnung markieren. Dazu bewegen wir den Cursor im Graphikbereich an die gwünschte Stelle und drücken die linke Maustaste <ML>. Im Befehlsfeld erscheint die Aufforderung "Andere Ecke". Diese Ecke können wir ebenfalls mit der Maus markieren. Während wir die Maus an die gewünschte Stelle bewegen zeigt AutoCAD ständig das Fenster an, das wir erhalten. Man sieht also genau genau den gewählten Ausschnitt der Zeichnung (Bild 2-2).

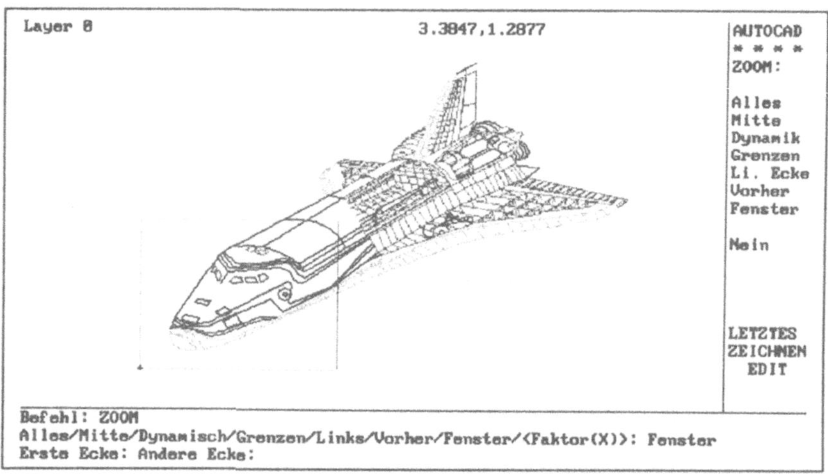

Bild 2-2 Markierung eines Fensters

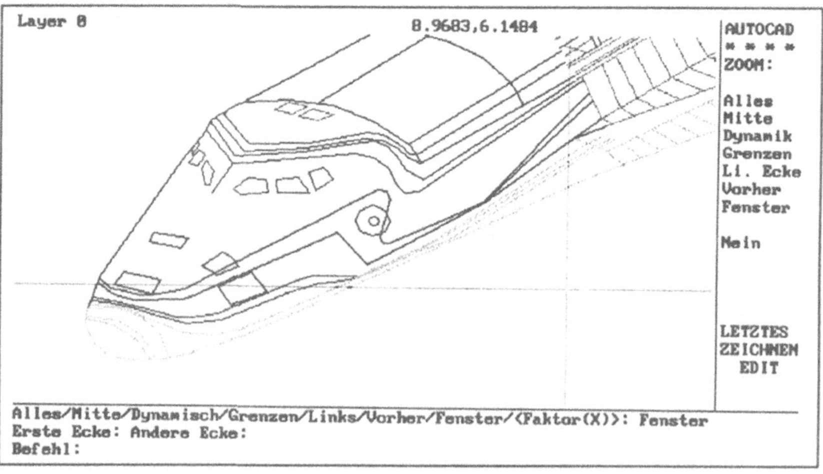

Bild 2-3 Fenster durch Zoom vergrößert

Ist man mit dem Ausschnitt zufrieden, fixiert man das Fenster mit **<ML>**.
Der Ausschnitt erscheint daraufhin automatisch auf den gesamten Graphikbereich vergrößert (Bild 2-3).

Sie können diese Funktion wiederholen und einen Ausschnitt aus Bild 2-3
abermals vergrößern. In der Menüspalte steht noch das Menü des Zoom-Befehls. Sie müssen dort nur die Punkte **ZOOM** und **Fenster** wählen und anschließend das Fenster mit der Maus markieren. Wenn Sie dies einige Male

wiederholen, können Sie übrigens sehen, daß Kreisbögen in AutoCAD keineswegs richtig rund sind, sondern nur durch Polygonzüge angenähert. Bei wachsender Vergrößerung wird dies immer deutlicher.

Einen Zoom können Sie mit den Auswahlen **ZOOM** und **Vorher** wieder rückgängig machen. Dies geht auch über mehrere Stufen. Wenn Ihnen dies zu mühselig ist, können Sie mit **ZOOM Alles** auch direkt zur Darstellung der gesamten Zeichnung auf dem Bildschirm zurückkehren.

Hat man mit der Zoom-Funktion einen Ausschnitt der Zeichnung vergrößert und möchte anschließend einen anderen Ausschnitt vergrößert betrachten, so kann man natürlich mit **ZOOM Alles** zunächst wieder die ganze Zeichnung auf den Bildschirm bringen und anschließend mit **ZOOM Fenster** den neuen Bildausschnitt wählen. Es gibt hierfür aber auch eine Abkürzung, nämlich die *PAN-Funktion*, mit der man die Zeichnung gewissermaßen unter dem Fenster hin- und herschieben kann.

Um dies auszuprobieren, wählen Sie zunächst mit **ZOOM Fenster** einen Ausschnitt der Zeichnung. Dann wählen Sie mit der Maus den Menüpunkt **Letztes**. Damit gelangen Sie ins nächsthöhere Menü. Wenn Sie dort den Punkt **PAN:** wählen, erscheint in der letzten Zeile des Befehlsfeldes die Meldung "PAN Verschiebung:". Markieren Sie mit der Maus einen Punkt im Graphikbereich (linke Maustaste <ML>). Im Befehlsfeld erscheint die Aufforderung "Zweiter Punkt". Nachdem Sie den zweiten Punkt mit der Maus markiert haben, sehen Sie im Fenster einen anderen, verschobenen Ausschnitt der Zeichnung. Die Wirkung des PAN-Befehls kann man sich anschaulich so vorstellen: Man blickt auf den Bildschirm wie durch ein Fenster auf die sehr viel größere Zeichnung. Durch Markierung des ersten Punktes faßt man das Blatt mit der Zeichnung gewissermaßen an diesem Punkt an und schiebt es anschließend in Richtung auf den zweiten markierten Punkt.

2.4 Bezeichnungen und Abkürzungen

Nach den ersten Versuchen mit AutoCAD wollen wir in diesem Abschnitt die bisher bereits verwandten Bezeichnungen noch einmal zusammenfassend definieren. Außerdem wollen wir eine tabellarische Darstellung zur platz-

sparenden und übersichtlichen Beschreibung von AutoCAD-Sitzungen einführen.

Allgemeine Hervorhebungen im Text, z.B. bei der Einführung eines neuen
Begriffs, werden *kursiv* dargestellt. Diese Hervorhebungen beziehen sich also
nicht unmittelbar auf die Interaktion mit dem System.

Benutzereingaben durch einen *Tastendruck* werden **fett in spitzen Klammern**
gedruckt. Beispiele: **<Return>**, **<F1>**. Die linke und rechte Maustaste
kürzen wir mit **<ML>** und **<MR>** ab.

Auswahlen aus dem Bildschirmmenü mit der *Maus* sind **fett** gedruckt. Die
Auswahl geschieht durch Drücken der linken Maustaste **<ML>**. **<ML>**
wird dabei aber nicht mit angegeben. Beispiel: **Fenster** bedeutet: Bewege
den Menübalken mit der Maus auf den Menüpunkt Fenster und drücke die
linke Maustaste.

Benutzereingaben von der *Tastatur* (im Befehlsfeld von AutoCAD oder auf
der DOS-Ebene) sind unterstrichen. Beispiel: <u>CD: \ACAD</u> **<RETURN>**.

Meldungen des Systems (im Befehlsfeld) werden nicht durch einen besonderen Druckstil hervorgehoben. Im Fließtext werden sie durch Anführungszeichen abgesetzt. In den tabellarischen Darstellungen ist ihre
Funktion durch den Platz in der Tabelle ohnehin klar.

Die bisherige Beschreibung des Dialogs mit AutoCAD durch "Prosa" ist
recht umständlich und unübersichtlich. Wir führen deshalb eine schemati-
sche Beschreibung von AutoCAD-Sitzungen ein. Dabei werden zunächst die
Aktionen in den drei Bildschirmbereichen *Graphikbereich*, *Bildschirm-Menü*
und *Befehlsfeld* in einer Tabelle dargestellt. Ihre zeitliche Abfolge wird durch
fortlaufende Numerierung beschrieben. An die Tabelle schließt sich ein
beschreibender Text an, in dem jeweils Gruppen von Aktionen im Zusammenhang beschrieben werden. Die Tabelle ist in Anlehnung an die
Bildschirmaufteilung im Zeichnungseditor (Bild 2-1) gestaltet:

Graphikbereich: **Aktionen mit der Maus**	**Bildschirm-** **Menü:**	**Auswahl mit** **der Maus**
Befehlsfeld: Systemmeldungen und <u>Eingaben über Tastatur</u>		

Wir erläutern diese Darstellungsweise an einem Beispiel zu den uns schon bekannten Zoom- und Pan-Funktionen:

4. Erste Fensterecke <ML>	**1. ANZEIGE**	**11. LETZTES**
5. Fenster aufziehen	**2. ZOOM:**	**12. ZOOM:**
6. Zweite Fensterecke <ML>	**3. Fenster**	**13. Alles**
9. Startpunkt der Verschiebung <ML>	**7. LETZTES**	**14. ZOOM:**
10. Zielpunkt der Verschiebung <ML>	**8. PAN:**	**15. Vorher**

16. Befehl: <u>ZOOM</u> <RETURN>
17. Alles/Mitte/Dynamisch/Grenzen/Links/Vorher/Fenster/<Faktor(x)>:
    <u>Alles</u>**<RETURN>**

a) Fensterausschnitt mit Zoom vergrößern (*Schritte 1 - 6*)

b) Ausschnitt mit Pan verschieben (*Schritte 7 - 10*)

c) Wieder ganze Zeichnung auf den Bildschirm bringen (*Schritte 11 - 13*)

d) Rückkehr zum Ausschnitt von b) (*Schritte 14 - 15*)

e) Wieder ganze Zeichnung auf Bildschirm bringen, aber mit Befehlseingabe über Tastatur (*Schritte 16 - 17*)

Die Tabelle stellt dar, in welchem *Bereich* des Zeichnungseditors die Aktion jeweils stattfindet. Über die *zeitliche Reihenfolge* der Aktionen gibt sie keine Auskunft. Eine graphische Darstellung der Reihenfolge, etwa durch Pfeile, wäre wegen des häufigen Wechsels zwischen den drei Bereichen des Zeichnungseditors sehr unübersichtlich. Wir stellen den zeitlichen Ablauf deshalb einfach durch eine Numerierung der Aktionen dar. Beim Lesen der Tabelle muß man also zunächst die erste Aktion suchen. In der Regel ist das eine Auswahl aus dem Bildschirm-Menü am Anfang des Tabellenfelds rechts oben. Wenn die fortlaufende Numerierung abbricht, z.B. nach 3. im obigen Beispiel, muß man die Fortsetzung in einem der beiden anderen Tabellenfelder suchen, im obigen Beispiel am Anfang des Graphikfeldes links oben.

Die Aufteilung der Tabelle soll lediglich an die drei Bereiche des Zeichnungseditors *erinnern*. Sie gibt *nicht* den Bildschirminhalt wieder. Im Feld rechts oben sehen Sie also nicht das Bildschirm-Menü, sondern nur die jeweilige Auswahl aus den wechselnden Menüs, die in der Menüspalte erscheinen. Weil diese Menü-Wahlen in einer AutoCAD-Sitzung sehr häufig sind, haben wir diesen Teil der Tabelle zweispaltig gstaltet, obwohl das Bildschirm-Menü von AutoCAD einspaltig ist.

Wenn Sie das obige Beispiel ausprobieren, stellen Sie fest, daß im Befehlsfeld am unteren Bildschirmrand mehr Zeilen erscheinen als die beiden in der Tabelle aufgeführten. Z.B. wird nach den Auswahlen des **ZOOM**-Befehls mit der Maus (Schritt 2, 12, 14) jeweils eine Zeile mit allen Varianten dieses Befehls angezeigt (wie im Schritt 17). Um die Übersicht zu erhalten, führen wir in der Tabelle in der Regel nur die Zeilen auf, in denen der Benutzer eine Eingabe macht. Diese Eingabe wird unterstrichen dargestellt.

2.5 Das Bildschirm-Menü

In den letzten beiden Abschnitten haben wir den Zeichnungseditor durch Auswahlen aus dem *Bildschirm-Menü* gesteuert. Hier wollen wir die Hauptpunkte dieses Menüs in der Reihenfolge, die Sie in Bild 2-1 sehen, kurz beschreiben. Dabei geben wir auch Hinweise auf die Kapitel, in denen die Funktionen des jeweiligen Menüpunkts genauer beschrieben werden.

Zwei wichtige Funktionen, *Beenden von AutoCAD* und die *Hilfsfunktion* möchten wir Ihnen hier ebenfalls vorstellen: Unter dem Menüpunkt **DIENST** finden Sie die Befehle zum Beenden einer AutoCAD-Sitzung. Im Untermenü **FRAGE** gibt es einen Punkt **HILFE**, mit dem man eine alphabetische Liste aller Befehle, sowie Hilfestellungen zu einzelnen Befehlen erhält. Mit dieser *Online-Hilfe* kann man in vielen Fällen die Arbeit mit AutoCAD fortsetzen, ohne daß man im Handbuch oder in diesem Buch alle Details über einen Befehl nachschlagen muß.

Ganz oben in der rechten Spalte in Bild 2-1 steht der Name des obersten Menüs: **AUTOCAD**. Sie finden diesen Namen auch in jedem Untermenü als ersten Menüpunkt. Indem Sie diesen Menüpunkt wählen, können Sie aus dem Untermenü jeweils direkt ins Menü **AUTOCAD** zurückkehren. Wenn Sie im Menü **AUTOCAD** diesen Punkt anwählen, geschieht natürlich nichts, denn Sie befinden sich ja bereits in diesem Menü. Der erste Punkt, den man in Bild 2-1 wählen kann, ist:

OFANG: In der Menüspalte steht dieser Punkt nicht unter seinem Namen, sondern unter ****. Er enthält Funktionen für den *Objektfang*. Mit solchen Funktionen kann man z.B. den Mittelpunkt eines Kreises finden, wenn man seine Peripherie mit dem Graphikcursor berührt, oder eine Strecke genau an den Endpunkt einer zuvor gezeichneten Strecke ansetzen. Die ersten dieser Funktionen werden im nächsten Kapitel behandelt. Die Zeichenhilfen aus diesem Menü braucht man sehr häufig. Sie finden den Punkt **** deshalb auch in allen anderen (Unter-) Menüs, damit Sie schnell darauf zugreifen können.

AUFBAU: Unter diesem Menüpunkt kann man *Maßeinheiten* und *Darstellungsformate* für Zahlen wählen.

BLOECKE: AutoCAD bietet die Möglichkeit, Gruppen von Objekten einer Zeichnung zu sogenannten *Blöcken* zusammenzufassen. Diese Blöcke kann man auf vielfältige Weise manipulieren und in die gleiche oder eine andere Zeichnung einsetzen. Die Funktionen dieses Menüpunkts werden im 8. Kapitel behandelt.

BEM: Hier stehen Funktionen zur *Bemaßung* von Zeichnungen (Kapitel 7).

ANZEIGE: Unter diesem Menüpunkt kann man die *Bildschirmanzeige* von AutoCAD beeinflussen. Hier stehen u.a. die beiden Befehle **ZOOM** und **PAN**, die wir in Abschnitt 2.3 kennengelernt haben.

ZEICHNEN: Hier findet man Befehle zum Zeichnen von Strecken, Kreisen, Bögen, Polygonen etc., zum Einfügen von Text und zum Schraffieren. Die ersten dieser Befehle behandeln wir im nächsten Kapitel.

EDIT: Die Funktionen von AutoCAD zum Editieren einer Zeichnung sind hier zusammengefaßt: Löschen, Verschieben, Drehen, Skalieren von Zeichnungsteilen, Abrunden von Ecken, automatische Generierung symmetrischer Zeichnungen durch mehrfaches Kopieren eines Elements etc. Im folgenden Kapitel werden die ersten dieser Funktionen eingeführt, eine umfassende Behandlung erfolgt im 6. Kapitel. Da man die Funktionen von **EDIT** häufig braucht, findet sich dieser Punkt (wie auch der Punkt **ZEICHNEN**) in vielen Untermenüs des Zeichnungseditors zum schnellen Zugriff.

FRAGE: Hier kann man *Abstände* und *Flächen* in einer Zeichnung messen und sich den derzeitigen *Status* von AutoCAD oder eine *Liste der Zeich-*

nungselemente als Text anzeigen lassen. Ein Punkt **HILFE** gibt *Hilfstexte* zu einzelnen Befehlen (**Hilfe** <u>Befehlsname</u> **<RETURN>**) oder eine Liste aller Befehle (**Hilfe <RETURN>**) aus. Im 7. Kapitel befassen wir uns ausführlich mit dem Menüpunkt **FRAGE**.

LAYER: In AutoCAD kann man auf verschiedenen *Zeichenebenen*, Layer genannt, zeichnen. Diese Ebenen kann man sich wie übereinandergelegte durchsichtige Folien vorstellen, auf denen jeweils ein Teil der Zeichnung steht. Man kann einzelne Layer ausblenden, und so z.B. den Plan eines Hauses mit oder ohne Elektroinstallation ausgeben. In die Handhabung der Layer-Technik führen wir im nächsten Kapitel ein.

MODI: Hier kann man z.B. die *Farben* und *Strichstärken* von Linien wählen, die *Grenzen* der Zeichnung festlegen oder ein *Fangraster* ein- und ausschalten. Einige dieser Funktionen werden im folgenden Kapitel beschrieben.

PLOT: Ausgabe der Zeichnung auf einem Plotter oder graphikfähigen Drucker.

BKS: Definition eines Benutzer-Koordinatenystems (Kapitel 10).

DIENST: Unter diesem Punkt findet man eine Reihe recht verschiedener Funktionen, die *Dateien* handhaben oder benutzen, wie z.B. Ausgabe von Zeichnungsdaten in für andere Programme lesbarem Format (Kapitel 8), Herstellung von "Dias" aus einer Zeichnung (Kapitel 10), Zugang zum Datei-Dienstprogramm (Abschnitt 2.1). Für uns sind zunächst die beiden Wahlmöglichkeiten **ENDE** und **QUIT** wichtig, mit denen man den *Zeichnungseditor* mit oder ohne Speicherung der aktuellen Zeichnung *verlassen* kann. Nach einer Sicherheitsabfrage (Beantwortung im Bildschirm-Menü mit der Maus) gelangt man ins AutoCAD-Hauptmenü. Dort kann man mit der Eingabe <u>0</u> **<RETURN>** AutoCAD *beenden*.

3D: Die hier zusammengefaßten Befehle zur *3-dimensionalen* Graphik werden in Kapitel 10 behandelt.

SICHERN: Dies ist kein Menü, sondern ein einzelner Befehl, mit dem der aktuelle Stand der Zeichnung auf Platte gesichert wird. Man sollte ihn hin und wieder benutzen, damit bei Stromausfall keine Tränen fließen ...

Eventuell enthält Ihre AutoCAD-Installation noch einen weiteren Punkt **ASHADE** im Bildschirm-Menü **AutoCAD**. Unter diesem Punkt findet man weitere Befehle zur Handhabung von 3D-Szenen. Der zugehörige Programm-Modul ist jedoch nicht Bestandteil des Standardpakets AutoCAD. Wir behandeln ihn in diesem Buch nicht.

2.6 Aufgaben

Der vorletzte Abschnitt jedes Kapitels enthält jeweils einige Aufgaben zur Wiederholung und Vertiefung des Stoffes. Dabei werden auch Befehlsvarianten demonstriert, die in den vorhergehenden Beispielen noch nicht enthalten sind. Lösungshinweise finden Sie am Ende des Buches im Abschnitt "Lösung der Aufgaben".

Aufgabe 2.1

Laden Sie zunächst die Zeichnung der Raumfähre Columbia in den Zeichnungseditor, wie in Abschnitt 2.1 beschrieben. In der folgenden Tabelle ist eine AutoCAD-Sitzung dargestellt, in der die uns bereits bekannten Befehle **ZOOM Fenster** und **PAN** verwendet werden. Hinzu kommen zwei neue Varianten des ZOOM-Befehls **ZOOM Li. Ecke** und **ZOOM Mitte,** deren Beschreibung Sie im folgenden Abschnitt nachschlagen können.

13. Punkt in Nähe linke untere Ecke des Graphikbereichs markieren <ML>	**1. ANZEIGE**	**10. LETZTES**	
	2. ZOOM	**11. ZOOM**	
17. Punkt an der Bugspitze der Raumfähre markieren <ML>	**3. Fenster**	**12. Li. Ecke**	
	6. LETZTES	**15. ZOOM**	
	7. PAN	**16. Mitte**	

4. Erste Ecke: <u>0.00,0.00</u> <RETURN>
5. Andere Ecke: <u>4.00,4.00</u> <RETURN>
8. Befehl: PAN Verschiebung: <u>0.00,1.00</u> <RETURN>
9. Zweiter Punkt: <u>1,2</u> <RETURN>
14. Vergroesserung oder Hoehe <4.00>: <RETURN>
18. Vergroesserung oder Hoehe <4.00>: <u>2</u> <RETURN>

(oft sehr nützlichen) Hinweise führen wir in der Regel nicht in unseren Tabellen auf, damit sie nicht zu umfangreich und damit unübersichtlich werden.

b) Fertigen Sie eine verbale Beschreibung zu dieser Tabelle an, in der jeweils Gruppen von zusammengehörigen Aktionen zusammengefaßt werden (s. Beispiel in Abschnitt 2.4).

c) Im 4., 5., 8. und 9. Schritt werden die Koordinaten von Punkten über die Tastatur eingegeben. Beschreiben Sie dieses Verfahren kurz mit Worten (unterschiedliche Rolle von Punkt und Komma).

d) Der 14. Schritt wird einfach nur mit **<RETURN>** ohne sonstige Eingaben beantwortet. Welche "Hoehe" (des Zoomfensters) nimmt AutoCAD als Eingabe dieses Schritts an? Diese Frage kann man am besten beantworten, indem man verschiedene Zahlenwerte für die Höhe eingibt und das Ergebnis mit dem 14. Schritt vergleicht. Nach jedem solchen Experiment kann man mit **ZOOM Vorher** wieder zur alten Ausgangslage zurückkehren.

e) Im 14. Schritt kann man anstelle einer Tastatureingabe die Höhe des Zoomfensters auch mit der Maus markieren. Umgekehrt kann man im 13. Schritt die linke untere Ecke des Zoomfensters auch durch Eingabe von Koordinaten mit der Tastatur festlegen. Versuchen sie es!

Aufgabe 2.2

Ausgangslage dieser Aufgabe ist das Bild am Ende von Aufgabe 2.1, auf dem man den Vorderteil der Raumfähre in sehr starker Vergrößerung sieht. Wir wollen den Bildausschnitt mit einer neuen Variante des Zoom-Befehls ändern, nämlich mit **ZOOM Dynamik**. Eine Beschreibung des dynamischen Zoom-Befehls finden Sie wieder im nächsten Abschnitt, ein Beispiel in folgender Tabelle:

3. Auswahlbildschirm auf die Ladebucht von Columbia schieben	1. ZOOM
	2. Dynamik
4. Mit <ML> auf Vergrößerungsmodus umstellen (Pfeil am rechten Rand des Auswahlfensters)	7. ZOOM
	8. Alles
	9. AUTOCAD
5. Mit Mausbewegung nach rechts Auswahlfenster vergrößern	10. DIENST
	11. QUIT
6. Mit <MR> Zoom ausführen	13. Ja
12. Wollen Sie wirklich alle Aenderungen in der Zeichnung verlieren?	

a) Führen Sie die Aktionsfolge der Tabelle durch. Neben dem dynamischen Zoom wird Ihnen dabei auch der Ausstieg aus dem Zeichnungseditor demonstriert. Sie befinden sich nach Ausführung aller Anweisungen im Hauptmenü von AutoCAD (vgl. Abschnitt 2.1). Von dort können Sie AutoCAD mit der Eingabe 0 <RETURN> verlassen und zur DOS-Ebene zurückkehren. Durch Wahl des 2. Menüpunkts können Sie vom Hauptmenü auch wieder in den Zeichnungseditor gelangen. Dabei schlägt Ihnen AutoCAD wieder COLUMBIA als aktuelle Zeichnung vor.

b) Was geschieht, wenn man nach dem 6. Schritt <ML> statt <MR> drückt?

c) Führen Sie die Aktionsfolge der Tabelle noch einmal aus. Starten Sie dabei nicht mit dem Ergebnis von Aufgabe 2.1, sondern mit dem vollständigen Bild, wie man es mit **ZOOM Alles** erhält. Machen Sie sich durch einen Vergleich mit a) noch einmal die Bedeutung der verschiedenen Rahmen klar, die man beim dynamischen Zoom sieht (vgl. Abschnitt 2.7).

d) Führen Sie den Ausstieg aus dem Zeichnungseditor nicht in den Schritten 9 - 13 aus, sondern mit der Tastatureingabe Quit <RETURN>. Was geschieht? Welche Gefahr besteht beim Ausstieg mit Quit?

e) Was geschieht, wenn man statt **Quit** aus dem Dienst-Menü den Punkt **Ende** wählt bzw. über die Tastatur Ende <RETURN> eingibt. *Vorsicht!* Machen Sie eine Sicherungskopie (auf Diskette) des Originalfiles COLUMBIA.DWG, ehe Sie dies ausprobieren, damit Ihnen keine Daten verlorengehen.

2.7 Die AutoCAD-Funktionen dieses Kapitels

In diesem Abschnitt fassen wir noch einmal die AutoCAD-Funktionen des Kapitels zusammen. Dabei beschreiben wir auch die Varianten der Funktionen, die in den bisherigen Beispielen noch nicht vorgekommen sind. Einen solchen Abschnitt finden Sie jeweils am Ende aller folgenden Kapitel. Er dient vor allem zum schnellen Nachschlagen von Funktionsbeschreibungen beim täglichen Gebrauch von AutoCAD.

ZOOM

Der Befehl dient der Vergrößerung von Bildausschnitten. Mit der Option **Fenster** kann man ein rechteckiges Fenster mit der Maus oder durch Eingabe der Koordinaten von zwei diagonal gegenüberliegenden Fensterecken markieren. Das Fenster wird auf den gesamten Zeichenbereich vergrößert. Mit den Optionen **Li. Ecke** und **Mitte** kann man die linke Ecke bzw. die Mitte des Zoomfensters verschieben. Dabei kann man die bisherige Höhe des Fensters beibehalten (Übernahme des von AutoCAD vorgeschlagenen Wertes mit **<RETURN>**) oder eine neue Höhe eingeben (Eingabe über die Tastatur oder Markierung mit der Maus). Die Option **Vorher** macht den letzten Zoom rückgängig. Die Optionen **Alles** und **Grenzen** machen alle bisherigen Zoomoperationen rückgängig und zeigen wieder die gesamte Zeichnung. Bei der Option **Alles** wird die Zeichnung innerhalb der *Zeichnungsgrenzen* wiederhergestellt, bei **Grenzen** werden auch Zeichnungsteile dargestellt, die außerhalb der Zeichnungsgrenzen liegen. (Mehr über Zeichnungsgrenzen bei der Beschreibung des Befehls **LIMITEN** im folgenden Kapitel.)

Bei der Option **Dynamik** wird der bisherige Bildschirm durch einen *Auswahlbildschirm* ersetzt. Er zeigt die gesamte Zeichnung, wobei der zuletzt gewählte Zeichnungsausschnitt in einem punktierten Rahmen steht (Bild 2-4). Der neue Bildausschnitt kann durch das *Ansichtsfenster* festgelegt werden. Es hat zu Beginn die gleiche Größe wie der bisherige Bildausschnitt und kann mit der Maus verschoben werden. sein Mittelpunkt ist durch ein x gekennzeichnet. Durch **<ML>** wird das Ansichtsfenster in der gewünschten Position fixiert. An seinem rechten Rand erscheint ein Pfeil (Bild 2-4). Durch horizontale Mausbewegung kann dann die Fensterbreite verändert werden. Die Höhe des Fensters wird dabei automatisch geändert (Das Verhältnis von Höhe zu Breite des Bildschirms liegt ja fest.). Ist die gewünschte Größe des Ansichtsfensters erreicht, bestätigt man mit **<ML>**. Es erscheint wieder x in der Fenstermitte, und man kann das Fenster noch einmal mit der Maus verschieben. Durch **<MR>** führt man dann den Zoom aus. Der Auswahlbildschirm zeigt ggfs. noch zwei weitere Rahmen: Einen, der die Zeichnungsgrenzen (s. nächstes Kapitel) markiert. Er ist in Bild 2-4 nicht zu sehen, da die gesamte Zeichnung innerhalb der Grenzen liegt. Ein weiterer Rahmen zeigt den Bereich, in dem ein *Schnellzoom* möglich ist. Seine Ecken sind durch hervorgehobene Markierungen dargestellt. Verläßt man diesen Bereich, erfordert der Zoom eine Neugenerierung des Bildes, die u.U recht zeitaufwendig ist. Auf Farbbildschirmen werden die verschiedenen Rahmen durch verschiedene Farben unterschieden.

Man findet den **ZOOM**-Befehl im Untermenü **ANZEIGE**.

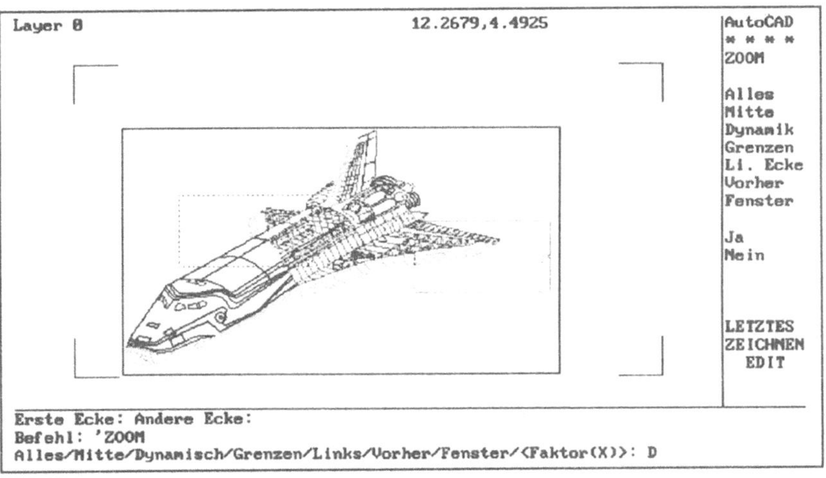

Bild 2-4 Dynamischer Zoom

PAN

Mit diesem Befehl kann man den Zeichnungsausschnitt, der auf dem Bildschirm dargestellt wird, verschieben. Nach Auswahl des Befehls markiert man den Anfangspunkt der Verschiebung mit **<ML>**. Anschließend wählt man mit der Maus den Endpunkt der Verschiebung und bestätigt mit <ML>. Anfangs- und Endpunkt der Verschiebung kann man auch durch Koordinaten über die Tastatur eingeben. Der **PAN**-Befehl steht im Untermenü **ANZEIGE**.

QUIT

Mit diesem Befehl aus dem Untermenü **DIENST** verläßt man den Zeichnungseditor ohne Speicherung der Zeichnung.

ENDE

Mit diesem Befehl aus dem Untermenü **DIENST** verläßt man den Zeichnungseditor. Die Zeichnung wird unter ihrem Namen gespeichert.

3 Selber zeichnen: Ein Stadtplan

Die Themen dieses Kapitels

- Einstellen der Zeichnungsgrenzen (Abschnitt 3.1)

- Zeichnen von geraden Linien (Abschnitt 3.2)

- Orthogonalmodus, Fangraster, Rasteranzeige (Abschnitt 3.2)

- Löschfunktion (Abschitt 3.2)

- Neuzeichnen und Regenerieren des Bildes (Abschnitte 3.2, 3.6)

- Befehle rückgängig machen (Abschnitt 3.3)

- relative Koordinaten und Polarkoordinaten (Abschnitt 3.3)

- Stutzen, Verlängern und Unterbrechen von Linien (Abschnitte 3.3, 3.6)

- Objektfangmodus (Abschnitt 3.3)

- Sichern der Zeichnung (Abschnitt 3.3)

- Layertechnik (Abschnitt 3.4)

- Einfügen von Text in die Zeichnung (Abschnitt 3.4)

- Definition eines eigenen Textstils (Abschnitt 3.4)

- nachträgliche Änderung von Objekten (Abschnitt 3.5)

3.1 Vorbereitung der Zeichnung: Limiten

In diesem Kapitel führen wir am Beispiel des Stadtplans aus Bild 3-1 eine Reihe wichtiger Grundfunktionen von AutoCAD ein. Der Stadtplan ist bewußt sehr klein gehalten, damit die Übersichtlichkeit der Konstruktion gewahrt bleibt.

Nach dem Start von AutoCAD wählen wir aus dem Hauptmenü den Punkt "1. NEUE ZEICHNUNG erstellen". Es wird daraufhin der Name der Zeichnung erfragt, und wir geben <u>Plan</u> <RETURN> ein. Der aktuelle Stand der Zeichnung wird bei Aufruf des Befehls **SICHERN** bzw. bei Verlassen des Zeichnungseditors mit dem Befehl **ENDE** jeweils in der Datei PLAN.DWG gespeichert.

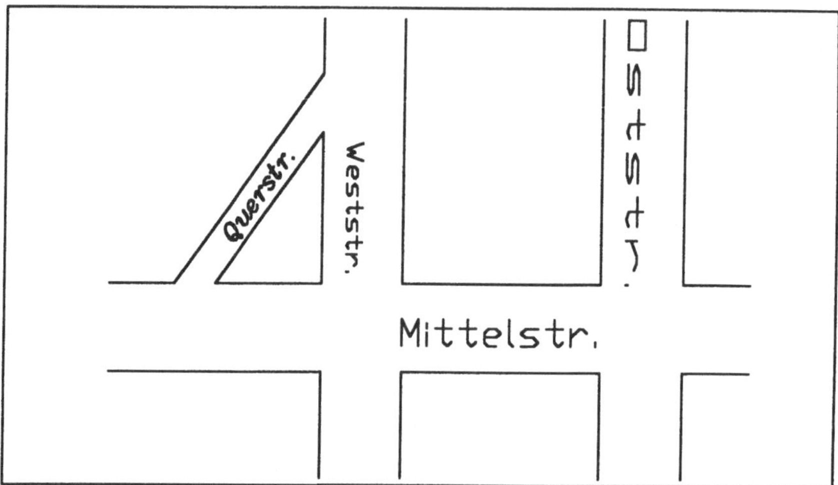

Bild 3-1 Ein einfacher Stadtplan

Nach der Eingabe des Zeichnungsnamens schaltet AutoCAD in den Zeichnungseditor, und man kann mit dem Zeichnen beginnen. Zunächst wollen
wir die Grenzen der Zeichnung mit dem Befehl **LIMITEN** festlegen, d.h. die
linke untere und rechte obere Ecke unseres elektronischen Zeichenblatts.

	1. MODI	**2. LIMITEN**
3. EIN/AUS/<Linke untere Ecke>/<0.00,0.00>: **<RETURN>**		
4. Rechte obere Ecke <410.00,287.00>: **<RETURN>**		

a) Auswahl des Befehls **LIMITEN** aus dem Untermenü **MODI** (*Schritte
   1 - 2*)

b) Festlegen der linken unteren und rechten oberen Ecke der Zeichnung
   durch Bestätigung der vom Programm in der Befehlszeile vorgeschlagenen Koordinaten (*Schritte 3 - 4*)

Anstatt die vorgeschlagenen Werte zu übernehmen kann man auch andere
Koordinaten über die Tastatur eingeben oder die beiden Ecken mit der
Maus markieren. Mit den Optionen **EIN/AUS** des Befehls **LIMITEN** kann
man die Wirksamkeit der Zeichnungsgrenzen ein- und ausschalten.

Die festgelegten Zeichnungsgrenzen werden z.B. vom Befehl **ZOOM Alles**
verwendet, um die gesamte Zeichnung auf dem Bildschirm anzuzeigen.

3.2 Hauptstraßen: Linien, Orthogonalmodus, Fang

Unser kleiner Stadtplan besteht aus drei horizontal bzw. vertikal verlaufenden Hauptstraßen und einer Nebenstraße, der Querstr. In diesem Abschnitt zeichnen wir zunächst die Hauptstraßen. Wir beginnen mit dem Teil der Mittelstr. links von der Weststr. und dem linken Rand der Weststr.:

8. Punkt (20,120) mit <ML> markieren **9. Punkt (150,120) mit <ML> markieren** **10. Punkt (150,270) mit <ML> markieren,** **<MR>**	**1. AUTOCAD** **2. ZEICHNEN** **3. LINIE** **7. LINIE**
4. Von Punkt: <u>20,70</u> **<RETURN>** **5.** Nach Punkt: <u>150,70</u> **<RETURN>** **6.** Nach Punkt: <u>150,10</u> **<RETURN>** **<RETURN>**	

a) Rückkehr ins oberste Bildschirm-Menü (*Schritt 1*)

b) Auswahl des Befehls **LINIE** aus dem Untermenü **ZEICHNEN** (*Schritte 2 - 3*)

c) Zeichnen der linken unteren Straßenecke der Kreuzung Mittelstr., Weststr. (Eingabe der Koordinaten über Tastatur), Abschluß des **LINIE**-Befehls im 6. Schritt durch ein weiteres **<RETURN>** (*Schritte 4 - 6*)

d) Neue Aktivierung des **LINIE**-Befehls und Zeichnen der linken oberen Straßenecke der Kreuzung Mittelstr., Weststr. (Markierung der Punkte mit der Maus), Abschluß des **LINIE**-Befehls im 10. Schritt durch **<MR>**. (*Schritte 7 - 10*)

Mit dem **LINIE**-Befehl kann man die gerade Verbindungslinie zwischen zwei Punkten zeichnen. Die Endpunkte der Linie kann man entweder durch Eingabe ihrer Koordinaten festlegen, oder, indem man den Graphikcursor mit der Maus an die gewünschte Stelle bewegt und **<ML>** drückt. Nachdem man die erste Verbindungslinie gezeichnet hat setzt sich der Befehl automatisch fort: Man kann vom Endpunkt dieser Linie aus eine weitere Linie zeichnen usw. Auf diese Weise kann man mit einem einzigen Aufruf von **LINIE** einen ganzen Polygonzug zeichnen. Der Befehl wird mit **<RETURN>** oder **<MR>** beendet. Eine weitere Möglichkeit, den **LINIE**-

Befehl zu beenden, ist die Auswahl der Option **schliess** aus dem Bildschirm-Menü. Hierdurch wird der Polygonzug geschlossen, d.h. die Verbindungslinie von seinem Start- zu seinem Endpunkt gezeichnet. Mit der Option **zurueck** aus dem Bildschirm-Menü von **LINIE** kann man die letzte Linie des Polygonzugs wieder Löschen. Diese Option kann man auch mehrfach anwenden.

Beim Ausprobieren des obigen Beispiels werden Sie bei den Schritten 8 - 10 Schwierigkeiten haben, die genaue Position der Punkte mit dem Graphikcursor zu treffen. Abhilfe schafft hier der *Fangmodus*, in dem der Cursor sich nicht beliebig bewegt, sondern nur in fest eingestellten Schritten, z.B. nur auf Punkte mit ganzzahligen Koordinaten oder auf Punkte, deren Koordinaten Vielfache von 10 sind. Die folgende Sequenz stellt den Fangmodus hierauf ein. Sie sollten sie vor dem obigen Beispiel ausführen.

	1. AUTOCAD 3. naechste 2. MODI 4. FANG
5. Fangwert oder EIN/AUS/Aspekt/Drehen/Stil <1.00>: <u>10</u> <RETURN>	

a) Rückkehr ins oberste Bildschirm-Menü (*Schritt 1*)

b) Auswahl des Befehls **FANG** aus dem Untermenü **MODI** (**FANG** steht in der zweiten Hälfte des Untermenüs, die durch **naechstes** erreicht wird.) (*Schritte 2 - 4*)

c) AutoCAD schlägt als *Fangwert* 1.00 vor, d.h. es werden nur Punkte mit ganzzahligen Koordinaten angesteuert. Wir ändern diesen Wert in 10, d.h. nur Koordinaten, die ein Vielfaches von 10 sind. (*Schritt 5*)

Der eingestellte Fangwert von 10 ist für unser Beispiel geeignet. Oft ist jedoch ein kleinerer Wert für die Bedienung von AutoCAD angenehmer. Man kann diesen Wert jederzeit durch Aufruf des **FANG**-Befehls ändern und der jeweiligen Situation anpassen. Mit den Optionen **EIN/AUS** kann man den Fangmodus ein- und ausschalten.

Die Hauptstraßen unseres Stadtplans verlaufen nur horizontal und vertikal. Diese Situation tritt bei sehr vielen Konstruktionsaufgaben auf (Grundrisse, Organogramme, Schaltpläne etc.). AutoCAD stellt deshalb hierfür eine besondere Zeichnungshilfe, den *Orthogonalmodus*, bereit. Er wird mit der

Funktionstaste <F8> ein- und ausgeschaltet. Im Orthogonalmodus sind nur horizontale oder vertikale Cursorbewegungen, Linien etc. möglich. Dies vereinfacht die Bearbeitung von Zeichnungsteilen, in denen nur solche Linien vorkommen. Die Ränder der Hauptstraßen im Stadtplan werden damit z.B. automatisch parallel. Bei der Bearbeitung einer Zeichnung kann man den Orthogonalmodus beliebig ein- und ausschalten, je nachdem, ob man gerade nur horizontale und vertikale Linien eingeben möchte, oder aber Diagonalen.

Mit der obigen Einstellung des Fangrasters und im Orthogonalmodus können Sie die Hauptstraßen des Stadtplans leicht zu Ende zeichnen. Sie sollten dabei die Vorgaben von Bild 3-1 nur ungefähr berücksichtigen. Auf Techniken, mit denen man z.B. erreicht, daß Weststr. und Oststr. die gleiche Breite haben, gehen wir im Laufe des Kapitels noch ein.

Zur besseren Orientierung kann man das Fangraster auch in die Zeichnung einblenden:

	1. AUTOCAD	3. RASTER
	2. MODI	5. rst=fang
4. Rasterwert(X) oder EIN/AUS/Fang/Aspekt <0.00>:		

a) Auswahl des Befehls **RASTER** aus dem Untermenü **MODI** (*Schritte 1 - 3*)

b) Als Raster wird das Fangraster gewählt (*Schritte 4 - 5*)

Mit der Auswahl der Option **rst=fang** aus dem Bildschirm-Menü haben wir bestimmt, daß das Fangraster angezeigt wird. Die Befehlszeile in der obigen Tabelle haben wir nicht benutzt. Hier hätte man auch einen anderen Wert für das angezeigte Raster angeben können. Beispielsweise kann es sinnvoll sein, ein enges Fangraster (Wert 1) zu verwenden, und sich ein gröberes Raster (Wert 10) zur Orientierung beim Zeichnen einzublenden. Mit den Optionen **EIN/AUS** kann man die Anzeige des Rasters ein- und ausschalten. Der Bereich, in dem das Raster angezeigt wird, ist durch die mit dem Befehl **LIMITEN** festgelegten Zeichnungsgrenzen bestimmt.

Die Umschaltung von Fang- und Orthogonalmodus und der Rasteranzeige benötigt man häufig. Sie sind deshalb auch über Funktionstasten erreichbar:

<F7>: Raster ein/aus

<F8>: Orthogonalmodus ein/aus

<F9>: Fangmodus ein/aus

Bei der Arbeit mit AutoCAD kommt man öfter in die Situation, daß einem die bisherige Zeichnung nicht gefällt, so daß man bereits gezeichnete Objekte wieder löschen möchte. Dies geht mit der folgenden Sequenz:

5. Erste Fensterecke mit <ML> markieren 6. Zweite Fensterecke mit <ML> markieren 7. Mit <MR> Objekte im Fenster löschen	1. AUTOCAD 9. ANZEIGE 2. EDIT 10. NEUZEICH 3. LOESCHEN 4. Fenster 8. AUTOCAD

a) Befehl **LOESCHEN** aus dem Untermenü **EDIT** wählen (*Schritte 1 - 3*)

b) Die Objekte, die gelöscht werden sollen, in ein Fenster einschließen (*Schritte 4 - 6*)

c) Alle Objekte, die ganz im Fenster liegen, löschen (*Schritt 7*)

d) Zeichnung mit dem Befehl **NEUZEICH** aus demUntermenü **ANZEIGE** neu zeichnen (*Schritte 8 - 10*)

Nach dem 3. Schritt erscheint in der Befehlszeile die Meldung "Objekte wählen". Man muß dann die Objekte bezeichnen, die gelöscht werden sollen. Hierfür gibt es verschiedene Methoden. Im Beispiel schließen wir die zu löschenden Objekte in ein Fenster ein. Bewegt man nach der Markierung der ersten Fensterecke (5. Schritt) die Maus, so sieht man das Fenster in der jeweils aktuellen Form ständig auf dem Bildschirm ("Gummibanddarstellung"), so daß man es leicht auf die gewünschte Größe "aufziehen" und mit <ML> fixieren kann. Die Objekte im Fenster, die zur Löschung anstehen, werden punktiert dargestellt. Im Befehlsfeld wird die Anzahl der gefundenen Objekte mitgeteilt. Ist man mit der Auswahl zufrieden, veranlaßt man durch <MR> oder <RETURN> die Löschung. Stattdessen kann man aber auch noch weitere Objekte zur Löschung auswählen:

Wahl der Option **Fenster** aus dem Bildschirm-Menü und Aufziehen eines weiteren Fensters.

Hat man aus Versehen Objekte zur Löschung ausgewählt, die man behalten möchte, so kann man **LOESCHEN** (wie viele andere Befehle auch) mit <Ctrl C> abbrechen. Sie können auch bereits gelöschte Objekte wieder zurückholen. Wählen Sie dazu die Option **HOPPLA** aus dem Bildschirm-Menü von **LOESCHEN**. Daraufhin erscheinen die zuletzt gelöschten Objekte wieder. Allerdings kann man durch mehrfachen Aufruf von **LOESCHEN HOPPLA** nicht mehr die Objekte herbeizaubern die man bei früheren Aufrufen von **LOESCHEN** entfernt hat. Zu Beginn des nächsten Abschnitts behandeln wir ein Verfahren, mit dem man auch solche früheren Löschungen wieder rückgängig machen kann.

Die Option **Fenster** ist nur eine Möglichkeit zur Auswahl der zu löschenden Objekte. Eine andere ist **Kreuzen**. Sie wirkt ähnlich wie **Fenster**, mit dem Unterschied, daß jetzt nicht nur alle Objekte gelöscht werden, die vollständig im Fenster liegen, sondern alle, die das Fenster "kreuzen", also auch diejenigen, die nur teilweise darin liegen. Man kann die Objekte auch ohne ein Fenster mit der Maus wählen. Nach Auswahl des Befehls **LOESCHEN** wird der Graphikcursor durch einen kleinen Kreis ersetzt. Mit diesem Kreis wählt man das Objekt an (es muß den Kreis schneiden) und drückt <ML>. Diese Methode ist empfehlenswert, wen man nur relativ wenige Objekte löschen will, die über verschiedene Teile der Zeichnung verstreut sind.

Wenn bisher von "Objekten" die Rede war, so bezog sich das immer auf Strecken, die einzigen graphischen Objekte, die wir bisher zeichnen können. Die weiteren Objekte (Kreise, Bögen, Text etc.), die wir demnächst kennenlernen, können auf die gleiche Weise ausgewählt und gelöscht werden.

Nach dem Löschen bleiben noch einige unschöne "Reste" auf dem Bildschirm zurück (Endpunkte von gelöschten Strecken, Markierungen der Fensterecken). Mit dem Befehl **NEUZEICH** veranlaßt man einen Neuaufbau des Bildes (Schritte 8 - 10 im obigen Beispiel), in dem diese Unsauberkeiten nicht mehr erscheinen. Im Untermenü **ANZEIGE** gibt es den Befehl **REGEN** (für "Regenerieren" der Zeichnung), der äußerlich die gleiche Wirkung hat. **REGEN** erledigt jedoch noch einige weitere Aufgaben, was man vor allem daran merkt, daß dieser Befehl bei großen Zeichnungen sehr

lange Rechenzeiten benötigt. Mit **NEUZEICH** kann man die Zeichnung i.a.
wesentlich viel schneller säubern.

3.3 Nebenstraße: Bruch, Stutzen, Objektfang

Ehe wir die Querstr. in unseren Stadtplan einzeichnen, sehen wir uns noch
eine sehr praktische Hilfe für das experimentelle Arbeiten mit AutoCAD an,
nämlich die Möglichkeit, Befehle *rückgängig* zu machen.

	1. EDIT **3. ZURUECK** **2. naechste**
4. ZURUECK Auto/Rueck/Steuern/Ende/Gruppe/Markierung/<Zahl>: <u>5</u> <RETURN>	

a) Auswahl des Befehls **ZURUECK** aus dem Untermenü **EDIT** (*Schritte
   1 - 3*)

b) Benutzung des Befehls mit der von AutoCAD (in spitzen Klammern)
   vorgeschlagenen Option Zahl: Durch Eingabe <u>5</u> <**RETURN**> werden die
   letzten 5 Befehle rückgängig gemacht. (*Schritt 4*)

Gibt man im 4. Schritt nur <**RETURN**> ein, so wird der letzte Befehl rückgängig gemacht. Noch einfacher geht die experimentelle Arbeit mit Auto-
CAD, wenn man sich den Beginn eines Experiments *markiert*. Man kann
dann mit einem einzigen Befehl zu dieser Ausgangssituation zurückkehren,
ohne daß man etwa zählen müßte, wieviele Befehle man in der Zwischenzeit
ausgeführt hat:

	1. EDIT **96. EDIT** **2. naechste** **97. naechste** **3. ZURUECK** **98. ZURUECK** **4. Markrn** **99. Rueck**

a) Markieren der aktuellen Position im Befehlsablauf (*Schritte 1 -4*)

b) Anschließend kann man nach Belieben mit Befehlen die Zeichnung verändern (*Schritte 5 - 95*)

c) Rückkehr zur in a) markierten Position, alle Befehle aus b) werden rückgängig gemacht. (*Schritte 96 - 99*)

AutoCAD kann sich zwischen **ZURUECK Markrn** und **ZURUECK Rueck** so viele Befehle merken, daß man diese Grenze beim praktischen Arbeiten nie erreicht. Man kann auch mehrere Stellen im Ablauf markieren. Die Option **Rueck** löscht dann jeweils rückwärts, bis sie auf die erste Markierung trifft. *Aber Vorsicht!* Wenn keine Markierung mehr gefunden wird, gibt **ZURUECK Rueck** die Meldung "Dies loescht alles OK? <J>" aus. Dies sollten Sie in der Regel *nicht* mit **<RETURN>** bestätigen ...

Der Befehl **ZURUECK** ist in einige andere Befehle, z.B. **LOESCHEN** als Option eingebaut, damit man bequem darauf zugreifen kann. **LOESCHEN Zurueck** ruft den Befehl **ZURUECK** auf, macht also alle Befehle rückgängig, nicht nur Löschbefehle!

Nachdem Sie den bisherigen Stand Ihrer Zeichnung markiert haben, können wir nun mit dem Bau der Querstr. beginnen. Für den Verlauf dieser Straße formulieren wir zwei Bedingungen, die zwar nicht gerade der Praxis des Straßenbaus entnommen sind, aber nützliche Beispiele für neue AutoCAD-Funktionen liefern:

a) Die beiden Ecken der Querstr. mit der Mittelstr. sollen die Koordinaten (60,120) und (85,120) haben. (Die Querstr. ist also 25 Einheiten breit.)

b) Die Querstr. soll mit der Mittelstr., also mit der Horizontalen einen Winkel von 53° einschließen.

Bedingung a) läßt sich mit unseren bisherigen Mitteln noch gut verwirklichen. Im passenden Fangmodus ist es kein Problem, die beiden Straßenecken auf dem nördlichen Rand der Mittelstr. zu markieren. Bei Bedingung b) sieht es schlechter aus, weil wir ja bisher keine Winkel messen oder eingeben können. Ein Ausweg wäre, alte Schulkenntnisse über Winkelfunktionen auszugraben und die beiden Straßenecken zwischen Querstr. und Weststr. auszurechnen. Dann könnten wir die Straßenränder mit dem **LINIE**-Befehl zeichnen. Allerdings wäre es schwierig, die nicht-ganzzahligen Koordinaten der Linienenden auf dem Rand der Weststr. mit der Maus genau zu markieren. Das Ergebnis wäre wahrscheinlich eine Querstr., deren

Straßenränder nicht ganz parallel sind. (Sie können es ja mal ausprobieren.) Durch Koordinateneingabe über die Tastatur statt mit der Maus kann man diese Schwierigkeit natürlich überwinden, aber diese Konstruktion wäre insgesamt sehr zeitraubend. Mit AutoCAD geht's viel einfacher:

3. Punkt (60,120) mit <ML> markieren **6. Punkt (85,120) mit <ML> markieren**	**1. ZEICHNEN 5. LINIE** **2. LINIE**
4. Nach Punkt: <u>@200<53</u> <RETURN> <RETURN> 7. Nach Punkt: <u>@200<53</u> <RETURN> <RETURN>	

a) Befehl **LINIE** wählen und Anfangspunkt des nordwestlichen Randes der Querstr. markieren (*Schritte 1 - 3*)

b) Der Straßenrand wird nicht durch seinen Endpunkt definiert, sondern durch Länge und Richtung in Polarkoordinaten (*Schritt 4*)

c) Der südöstliche Rand der Querstr. wird nach dem gleichen Verfahren gezeichnet (*Schritte 5 - 7*)

Im 4. Schritt haben wir zwei spezielle Möglichkeiten zur Koordinateneingabe in AutoCAD genutzt, um unsere Bedingung b) für den Verlauf der Querstr. direkt umzusetzen. Zunächst haben wir anstelle der Eingabe von *absoluten Koordinaten*, wie wir sie im vorigen Abschnitt kennengelernt haben, *relative Koordinaten* benutzt. Relative Koordinaten werden nicht vom Koordinatenursprung (0,0) aus gerechnet, sondern vom zuletzt markierten Punkt, also hier vom Punkt (60,120) aus. Die Verwendung relativer Koordinaten teilt man AutoCAD durch das vorangestellte @-Symbol mit. Die Eingabe @30,50 bewirkt, daß eine Strecke vom Punkt (60,120) zum Punkt 30 Einheiten weiter rechts und 50 Einheiten höher, also nach (90,170) gezeichnet wird. Aber das wollen wir ja gar nicht! Wir wollen vielmehr den Winkel von 53° ins Spiel bringen. Dies können wir durch Eingabe von *Polarkoordinaten*. Dabei wird ein Punkt nicht durch seine x-, und y-Koordinate bestimmt, sondern durch seinen Abstand vom Bezugspunkt, hier also (60,120), und den Winkel mit der Horizontalen. Die Eingabe @200<53 im 4. Schritt bewirkt also, daß eine Linie der Länge 200 mit Steigung 53° vom Punkt (60,120) aus gezeichnet wird. Durch das <-Symbol vor der zweiten Koordinate teilt man AutoCAD mit, daß man Polarkoordinaten eingibt. Diese Koordinate wird dann als Winkel (mit der Horizontalen) interpretiert, die erste

Koordinate als die Entfernung, die man in der durch den Winkel bestimmten Richtung zurücklegen soll.

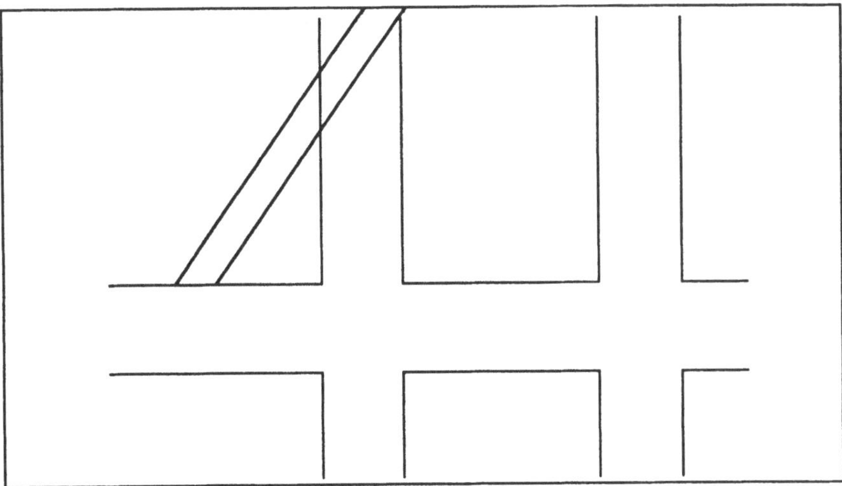

Bild 3-2 Stadtplan mit teilweise gezeichneter Querstr.

In Bild 3-2 sind die Ränder der Querstr. exakt parallel und steigen auch im vorgeschriebenen Winkel von 53°. Wir müssen jetzt noch die überstehenden Enden am linken Rand der Weststr. "abschneiden" oder mit anderen Worten **STUTZEN:**

5. Linke Seite derWeststr. wählen (kleiner Kreis als "Objektwahlcursor") mit <ML>	**1.** EDIT
6. Objektwahl mit <MR> abschließen	**2.** naechste
8. Oberen Straßenrand der Querstr. mit <ML> wählen	**3.** STUTZEN
9. Unteren Straßenrand der Querstr. mit <ML> wählen	
10. STUTZEN mit <MR> abschließen	

4. Schnittkante(n) waehlen ...
   Objekte waehlen:
7. Objekt waehlen, das gestutzt werden soll ...

a) Befehl **STUTZEN** aus dem Untermenü **EDIT** wählen (*Schritte 1 - 3*)

b) Kante wählen, an der gestutzt werden soll (*Schritte 4 - 6*)

c) Stutzen der Straßenränder der Querstr. (*Schritte 7 - 10*)

Der Befehl **STUTZEN** besteht aus zwei Teilen. Zuerst muß man eine oder mehrere Kanten Wählen, an denen gestutzt werden soll (entsprechende Mitteilung im Anzeigefeld im 4. Schritt). Anschließend wählt man die Objekte, die man stutzen will (Anweisung hierzu im Anzeigefeld im 7. Schritt). Dabei wird jedes dieser Objekte sofort gestutzt. Man hat also eine direkte Kontrolle des Ergebnisses. ... und wenn's falsch war, hat man den **ZURUECK**-Befehl gleich als Option **Zurueck** im Bildschirm-Menü von **STUTZEN** eingebaut. Bei den Schritten 8 und 9 muß man aufpassen: Man wählt nicht nur das Objekt, das gestutzt wird, sondern auch, welcher Teil gestutzt wird. AutoCAD kann ja nicht wissen, daß wir die Straßenränder der Querstr. östlich des linken Randes der Westr. abschneiden wollen. Wenn man mit dem Objektwahlcursor auf einen Teil westlich der Weststr. zeigt, wird gerade das verkehrte Stück abgeschnitten. Aber es gibt ja **Zurueck** ...

Die Straßenränder der Querstr. sind damit gezeichnet. Wir müssen nun noch den Straßenrand von Mittelstr. und Weststr. jeweils an der Einmündung der Querstr. unterbrechen. Dies tun wir in der folgenden Befehlssequenz mit Hilfe des Befehls **BRUCH**. Dabei führen wir auch ein sehr nützliches Hilfsmittel von AutoCAD ein, den *Objektfangmodus*, in dem man markante Punkte von Objekten (Mittelpunkt eines Kreises, Endpunkte einer Strecke etc.) einfach und präzise mit der Maus markieren kann. Zu Beginn zoomen wir auf den Ausschnitt von Bild 3-3, damit man die relevanten Bildteile etwas besser sieht.

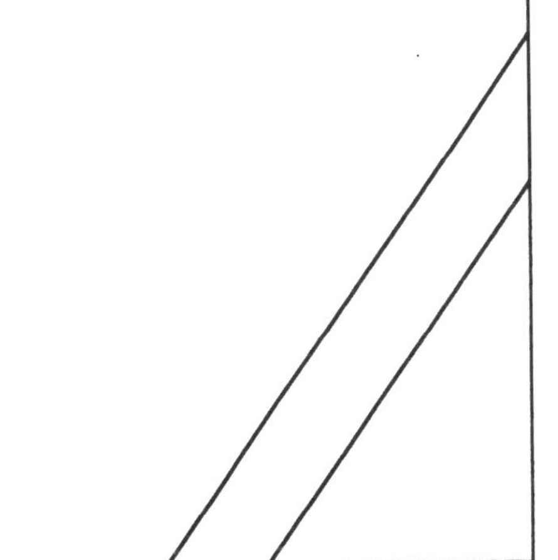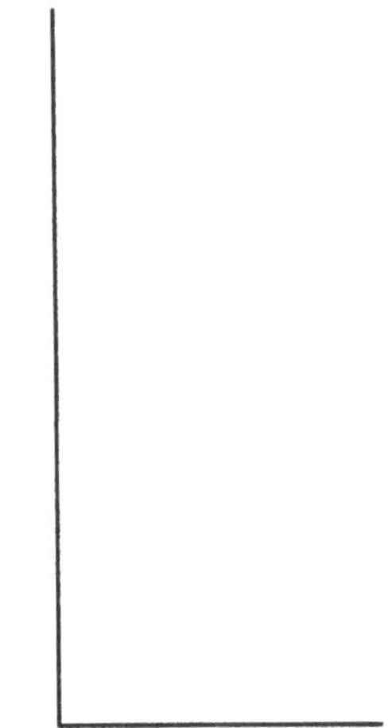

Bild 3-3 Die Einmündungen der Querstr. müssen geöffnet werden

5. Linke untere Fensterecke mit <ML> markieren	1. AUTOCAD
	2. ANZEIGE
6. Rechte obere Fenstertecke mit <ML> markieren	3. ZOOM
	4. Fenster
10. Oberen Rand der Mittelstr. mit <ML> markieren	7. EDIT
	8. BRUCH
12. Erste Ecke Mittelstr., Querstr. mit <ML> markieren	14. BRUCH
	18. ****
13. Zweite Ecke Mittelstr., Querstr. mit <ML> markieren	19. ENDpunkt
	21. ****
16. Linken Rand der Weststr. mit <ML> markieren	22. ENDpunkt
	24. AUTOCAD
20. Ersten Straßenrand der Querstr. in der Nähe des oberen Endes mit <ML> markieren (viereckiger Cursor für "Objektfang")	25. ANZEIGE
	26. NEUZEICH
23. Zweiten Straßenrand der Querstr. in der Nähe des oberen Endes mit <ML> markieren	

9. Befehl: Bruch: Objekt waehlen
11. Eingabe des zweiten Punktes (oder E fuer ersten Punkt): E <RETURN>
15. Befehl Bruch: Objekt waehlen
17. Eingabe des zweiten Punktes (oder E fuer ersten Punkt): E <RETURN>

a) Zoom auf Ausschnitt von Bild 3-3 (*Schritte 1 - 6*)

b) Befehl **BRUCH** wählen (*Schritte 7 - 8*)

c) Linie wählen, die gebrochen wird (*Schritte 9 - 10*)

d) Punkte wählen, zwischen denen die Linie gelöscht wird (*Schritte 11 -13*)

e) Straßenrand der Weststr. unterbrechen (analog wie bei b) - d), aber Wahl der Punkte durch "Objektfang" s.u.) (*Schritte 14 -23*)

e) Bereinigen des Bildes (*Schritte 24 -26*)

Der Befehl **BRUCH** dient zum Unterbrechen von Linien, d.h. zum Löschen des Teils einer Linie zwischen zwei Punkten. Nach Aufruf des Befehls muß zuerst die Linie gewählt werden, die unterbrochen werden soll (Anwahl mit dem Objektwahlcursor wie beim Befehl **LOESCHEN**). Als nächstes werden dann die beiden Punkte gewählt, zwischen denen die Linie gelöscht wird. Oft ist es praktisch, die Linie und den ersten Unterbrechungspunkt mit einem einzigen Mausklick auszuwählen. **BRUCH** nimmt an, daß man diesen verkürzten Weg wählt, daß also in den Schritten 10 und 16 auch bereits der erste Unterbrechungspunkt markiert wurde. Im Beispiel wollen wir diesen verkürzten Weg nicht gehen. Deshalb teilen wir **BRUCH** durch Eingabe von <u>E</u> im 11. und 17. Schritt mit, daß wir die erste Ecke neu markieren möchten.

Die beiden Unterbrechungspunkte im 12. und 13. Schritt lassen sich im Fangmodus ohne Schwierigkeiten mit der Maus markieren. Sie haben ja die ganzzahligen Koordinaten (60,120) und (85,120). Schwieriger ist diese Markierung bei den beiden Kreuzungspunkten zwischen Querstr. und Weststr. Diese Punkte wurden uns ja durch den Befehl **STUTZEN** geliefert. Ihre Koordinaten sind nicht ganzzahlig. Um sie mit der Maus zu treffen, muß man also mit <F9> den Fangmodus ausschalten. Sie sollten das ruhig einmal ausprobieren. Mit etwas Übung gelingt die Markierung recht genau - allerdings nie ganz präzise. Das merkt man spätestens dann, wenn man sich nach Ausführung von **BRUCH** die Umgebung der Bruchstellen mit **ZOOM** stark vergrößert. Deshalb haben wir zur Markierung der beiden Punkte den *Ojektfangmodus* von AutoCAD benutzt: Auswahl des Untermenüs **OFANG**, das nicht unter seinem Namen, sondern unter ******** im Bildschirm-Menü steht. **OFANG** hat in seinem Bildschirm-Menü eine Reihe von Befehlen, um bestimmte Objekte "zu fangen". Wir verwenden **ENDpunkt,** um die (oberen) Endpunkte der Straßenränder der Querstr. zu fangen, denn das sind ja gerade die Unterbrechungspunkte, die wir suchen. Nach Wahl des Befehls **ENDpunkt** ändert sich die Form des Graphikcursors: zusätzlich zum Fadenkreuz erscheint noch ein kleines Viereck. Mit diesem *Objektfangcursor* markiert man die Linie, deren Endpunkt man fangen will. (Die Linie muß das Viereck schneiden.) Da eine Linie zwei Enden hat, muß man AutoCAD natürlich mitteilen, welches davon man fangen möchte. Das geschieht einfach dadurch, daß man die Linie in der Nähe dieses Endes mit dem Objektfangcursor anwählt.

Nachdem Sie die Querstr. konstruiert haben, können Sie mit **ZOOM Alles** wieder zum gesamten Bild zurückkehren. Sie sehen dann Bild 3-1, allerdings noch ohne Straßennamen. Ehe wir uns im nächsten Abschnitt der Beschriftung des Plans widmen, sollten Sie Ihr Kunstwerk erst einmal **SICHERN.** Dieser Befehl (aus dem Menü **AUTOCAD**) schlägt Ihnen als Namen für die Sicherungsdatei den Zeichnungsnamen Plan vor. Sie können hier auch einen anderen Namen eingeben, um z.B. eine bestimmte Version der Zeichnung in einer gesonderten Datei zu speichern. Der Name Ihrer Zeichnung wird dadurch nicht verändert. Er heißt weiterhin Plan.

3.4 Straßennamen: Layer und Text

Bei der Beschriftung des Plans wollen wir uns noch einen Sonderwunsch erfüllen: Es soll möglich sein, den Plan wahlweise mit oder ohne Beschriftung anzuzeigen bzw. zu plotten. Dies kann man mit der sog. *Layer-Technik* erreichen. Dabei organisiert AutoCAD die Zeichnung in mehreren Schichten (engl. Layer), die man sich wie übereinandergelegte transparente Folien vorstellen kann. Zeichnet man nun den Stadtplan auf die unterste Folie und legt darüber eine Folie mit den Straßennamen, so kann man entweder beide Folien gleichzeitig betrachten (Plan mit Beschriftung), oder die obere Folie herunternehmen (Plan ohne Beschriftung). Man könnte natürlich auch nur die obere Folie betrachten (Beschriftung ohne Plan ...).

Bisher haben wir immer auf der untersten Folie gezeichnet. AutoCAD hat das links oben mit der Meldung "Layer 0" angezeigt. Wir schaffen uns nun einen neuen Layer für die Beschriftung des Plans:

<table>
<tr><td></td><td>1. AUTOCAD
2. LAYER
3. Mach</td><td>5. Farbe
6. rot</td></tr>
<tr><td colspan="3">4. Neuer aktueller Layer <0>: <u>1</u> <RETURN>
7. Layernamen fuer Farbe 1 (rot) <1>: <RETURN> <RETURN></td></tr>
</table>

a) Befehl **LAYER** aus dem Menü **AUTOCAD** wählen (*Schritte 1 - 2*)

b) Neuen Layer mit Layernummer 1 erzeugen (*Schritte 3 - 4*)

c) Neuer Layer erhält die Farbe rot (*Schritte 5 - 7*)

Nach Wahl des Befehls **LAYER** erscheint jeweils eine Meldung mit allen Optionen des Befehls im Befehlsfeld. Man kann dann eine davon durch Eingabe ihres Namens auswählen. Wir haben aber den einfacheren Weg genommen: Auswahl mit der Maus aus dem Bildschirm-Menü. Nach Abschluß der ersten Option **Mach** wird der Befehl **LAYER** nicht automatisch beendet, sondern es erscheint wieder die Befehlszeile mit allen Optionen. Wir konnten deshalb die weitere Option **Farbe** direkt aus dem Bildschirm-Menü auswählen (ohne vorher noch einmal **LAYER** anzuklicken). Auch nach Abschluß dieser Option bleibt der Befehl weiter aktiv (und man könnte z.B. mit der Option **Ltyp** noch die Art der Linien auf dem Layer manipulieren). Will man den Befehl **LAYER** verlassen, gibt man ein weiteres Mal **<RETURN>** ein. Bei der Option **Mach** sollte man übrigens beachten, daß AutoCAD nicht eine neue Nummer für den Layer vorschlägt, sondern die Nummer des bisher aktuellen Layers (im Beispiel 0). Übernimmt man diesen Vorschlag mit **<RETURN>**, so wird gar kein neuer Layer erzeugt! Am Ende unseres Beispiels ist der neu erzeugte Layer 1 der *aktuelle Layer*, d.h. der, auf dem ab jetzt gezeichnet wird.

Man erkennt dies an der Meldung "Layer 1" in der obersten Zeile des Zeichnungseditors.

Zur Beschriftung der Hauptstraßen schalten wir den Orthogonalmodus mit **<F8>** ein. Die Beschriftung der Mittelstr. soll am rechten Rand der

Kreuzung mit der Weststr. im Punkt (200,85) beginnen. Die Schrift soll eine Höhe von 15 Einheiten haben. Die folgende Sequenz führt diese Beschriftung aus.

5. Startpunkt (200,85) mit <ML> markieren	**1. ZEICHNEN 3. Text** **2. naechste**
4. Befehl: TEXT Startpunkt oder Ausrichten/Zentrieren/Einpassen/Mitte/ Rechts/Stil: **6.** Hoehe <10.00>: <u>15</u> <RETURN> **7.** Drehwinkel <0>: <RETURN> **8.** Text: <u>Mittelstr.</u> <RETURN>	

a) Wahl des Befehls **TEXT** aus dem Untermenü **ZEICHNEN** (*Schritte 1 - 3*)

b) Markierung des Startpunkts für den Text (*Schritte 4 - 5*)

c) Festlegung der Schrifthöhe und des Drehwinkels (*Schritte 6 - 7*)

d) Eingabe des Texts (*Schritt 8*)

Die Beschriftung der Weststr. geben wir auf die gleiche Weise ein. Die Schrifthöhe ist 10 (kleinere Straße). Der Startpunkt ist (165,200). Durch Angabe eines Drehwinkels von -90° drehen wir die Schrift um 90° im Uhrzeigersinn:

3. Startpunkt (165,200) mit <ML> markieren	**1. TEXT**
2. Befehl: TEXT Startpunkt oder Ausrichten/Zentrieren/Einpassen/Mitte/ Rechts/Stil: **4.** Hoehe <15.00>: <u>10</u> <RETURN> **5.** Drehwinkel <0>: <u>-90</u> <RETURN> **6.** Text: <u>Weststr.</u> <RETURN>	

Zur Beschriftung der Oststr. verwenden wir ein anderes Verfahren, nämlich die Option **Einpass** des Befehls **TEXT**. Der Text soll wieder die Höhe 10 haben, aber diesmal vom oberen Rand der Straße, Punkt (335,270), bis zur Kreuzung mit der Mittelstr., Punkt (335,120), gedehnt werden.

<table>
<tr><td>

4. Startpunkt (335,270) mit <ML> markieren

5. Endpunkt (335,120) mit <ML> markieren

</td><td>

1. TEXT

3. Einpass

</td></tr>
<tr><td colspan="2">

2. Befehl: TEXT Startpunkt oder Ausrichten/Zentrieren/Einpassen/Mitte/ Rechts/Stil:

6. Hoehe <10.00>: **<RETURN>**

7. Text: <u>Oststr.</u> **<RETURN>**

</td></tr>
</table>

a) Befehl **TEXT** mit Option **Einpass** aufrufen (*Schritte 1 - 3*)

b) Endpunkte der Grundlinie für die Schrift markieren (*Schritte 4 - 5*)

c) Schrifthöhe festlegen (*Schritt 6*)

d) Text eingeben (*Schritt 7*)

Bei der Option **Einpass** kann man den Anfangs- und Endpunkt der Textzeile und die Texthöhe vorgeben. Der Text wird dann auf die volle Länge der Textzeile gedehnt. Bild 3-1 zeigt, daß eine solche gedehnte Schrift nicht unbedingt schön aussieht. Als Alternative gibt es hier die Option **Ausricht**, bei der man ebenfalls Anfangs- und Endpunkt der Grundlinie vorgibt. Die Texthöhe wird aber von AutoCAD automatisch so angepaßt, das die natürliche Proportion der Schrift erhalten bleibt. Allerdings hat man dann keine direkte Kontrolle mehr über die Schrifthöhe, so daß die Schrift u.U. nicht mehr vernünftig in die Zeichnung paßt. Das können Sie ausprobieren, wenn Sie die Oststr. einmal mit der Option **Ausricht** beschriften.

Zur Beschriftung der Querstr. wollen wir einen *selbstdefinierten Textstil* verwenden. Diese Schrift erzeugen wir mit dem Befehl **STIL**, der im Bildschirm-Menü von **TEXT** steht. Anschließend beschriften wir damit die Querstr., wobei wir durch Eingabe eines Drehwinkels von 53° erreichen, daß die Schrift parallel zum Straßenrand verläuft.

<table>
<tr><td colspan="2">12. Startpunkt (96,143) mit <ML>
markieren</td><td>1. STIL</td><td>11. TEXT</td></tr>
<tr><td colspan="2"></td><td colspan="2">4. italic</td></tr>
<tr><td colspan="4">

2. Befehl: STIL Name des Textstils (oder ?) <TXT>: <u>Meinstil</u> <**RETURN**>

3. Zeichensatzdatei <txt>:

5. Hoehe <0.00>: <u>10</u> <**RETURN**>

6. Breitenfaktor <1.00>: <**RETURN**>

7. Neigungswinkel <0.00>: <u>20</u> <**RETURN**>

8. Rueckwaerts? <N>: <**RETURN**>

9. Auf dem Kopf? <N>: <**RETURN**>

10. Vertikal? <N>: <**RETURN**>

13. Drehwinkel <0.00>: <u>53</u> <**RETURN**>

14. Text: <u>Querstr.</u> <**RETURN**>

</td></tr>
</table>

a) Textstil definieren: Name Meinstil, Schriftart aus der Zeichensatzdatei italic (*Schritte 1 - 4*)

b) Weitere Merkmale der Schrift festlegen (*Schritte 5 - 10*)

c) Querstr. beschriften (*Schritte 11 - 14*)

In AutoCAD stehen vier Zeichensatzdateien als Grundlage für die Definition eigener Schriftstile zur Verfügung: txt (Standardschrift), simplex, complex und italic. Darüber hinaus kann man die Schriften weiter manipulieren. Im obigen Beispiel haben wir durch Eingabe eines Neigungswinkels von 20° die Neigung der Schrift gegenüber der ohnehin im Zeichensatz italic einprogrammierten Neigung noch verstärkt. Außerdem haben wir eine feste Höhe von 10 Einheiten vorgegeben. Die Schriftart Meinstil steht dann nur in dieser Höhe zur Verfügung. Deshalb entfällt bei der Beschriftung der Querstr. auch die Frage nach der Schrifthöhe, die wir von der Beschriftung der Mittelstr. und der Weststr. her gewohnt waren. Will man bei einer selbstdefinierten Schriftart die Höhe variabel lassen, übernimmt man bei der Definition einfach den Vorschlag <0.00> für die Höhe.

Mit **STIL** <u>STANDARD</u> <**RETURN**> kann man wieder zur Standardschrift zurückkehren. Möchte man später wieder den selbst definierten Stil verwenden, so kann man mit **STIL** <u>Meinstil</u> <**RETURN**> darauf umschalten.

Hiermit haben wir die wesentlichsten Möglichkeiten des **TEXT**-Befehls vorgestellt. Drei weitere Optionen stehen noch für die Ausrichtung des Texts zur Verfügung. Bei der Option **Rechts** wird der Text rechtsbündig am Startpunkt ausgerichtet, im Gegensatz zur linksbündigen Ausrichtung bei der standardmäßigen Verwendung des Startpunktes. Die Optionen **zentr.** und **Mitte** zentrieren den Text um den Startpunkt, wobei im ersten Fall nur in horizontaler Richtung zentriert wird, im zweiten Fall auch in vertikaler. Den Befehl **DTEXT**, mit dem man Texte am Bildschirm editieren und mehrzeilige Texte eingeben kann, behandeln wir in den Aufgaben.

Am Ende dieses Abschnitts kommen wir noch einmal auf die Layer-Technik zurück. Wir ernten die Früchte unserer Bemühungen und betrachten den Stadtplan mit und ohne Beschriftung:

	1. AUTOCAD	**10. LAYER**
	2. LAYER	**11. Setz**
	3. Setz	**13. FRieren**
	5. FRieren	**15. LAYER**
	7. LAYER	**16. Tauen**
	8. Tauen	

4. Neuer aktueller Layer <1>: 0 <RETURN>
6. Layername(n) zum FRieren: 1 <RETURN> <RETURN>
9. Layername(n) zum Tauen: 1 <RETURN> <RETURN>.
12. Neuer aktueller Layer <0>: 1 <RETURN>
14. Layername(n) zum FRieren: 0 <RETURN> <RETURN>
17. Layername(n) zum Tauen: 0 <RETURN> <RETURN>

a) Vom aktuellen Layer 1 zum aktuellen Layer 0 wechseln (*Schritte 1 - 4*)

b) Layer 1 einfrieren, Ergebnis: Plan ohne Beschriftung (*Schritte 5 - 6*)

c) Layer 1 auftauen, Ergebnis: Plan mit Beschriftung (*Schritte 7 - 9*)

d) Vom aktuellen Layer 0 zum aktuellen Layer 1 wechseln (*Schritte 10 - 12*)

e) Layer 0 einfrieren, Ergebnis: Beschriftung ohne Plan (*Schritte 13 - 14*)

f) Layer 0 auftauen, Ergebnis: Plan mit Beschriftung (*Schritte 15 - 17*)

Mit den Optionen **FRieren** und **Tauen** des Befehls **LAYER** kann man einen Layer "einfrieren" und "auftauen". Eingefrorene Layer sind nicht sichtbar. Zwei technische Besonderheiten muß man bei diesen Operationen beachten. Nach dem **Tauen** und **FRieren** eines Layers bleibt der Befehl **LAYER** zunächst aktiv und wartet auf weitere Eingaben. Ein soeben eingefrorener Layer ist dann immer noch sichtbar. Erst durch nochmaliges

<RETURN> wird der Befehl **LAYER** abgeschlossen, und man sieht das Ergebnis seiner Arbeit. Der aktuelle Layer kann nicht eingefroren werden. Die Befehlsgruppen a) und d) sind im obigen Beispiel deshalb als Vorbereitung für das anschließende Einfrieren des Layers notwendig.

Statt mit **FRieren** und **Tauen** kann man Layer auch mit den Optionen **AUS** und **EIN** aus- und einblenden. Führt man das obige Beispiel mit diesen beiden Optionen anstelle von **FRieren** und **Tauen** aus, so sieht man das gleiche Ergebnis. Der Unterschied besteht darin, daß ein ausgeschalteter Layer nur unsichtbar ist, aber an Updates der Zeichnung, z.B. Löschoperationen, weiterhin teilnimmt. Ein eingefrorener Layer bleibt dagegen von weiteren Updates unberührt, bis er wieder aufgetaut wird. In den Aufgaben geben wir Ihnen ein Beispiel hierzu. Aus zwei Gründen sind deshalb die Optionen **FRieren** und **Tauen** in der Regel vorzuziehen. Man vermeidet unbeabsichtigte Änderungen an einem mit **AUS** ausgeblendeten, aber dennoch aktiven Layer. Man spart Rechenzeit, weil eingefrorene Layer an u.U. zeitaufwendigen Operationen, wie dem Regenerieren der gesamten Zeichnung, nicht teilnehmen. Ein weiterer Unterschied ist, daß man auch den aktuellen Layer (nach einer Sicherheitsabfrage) mit **AUS** ausblenden kann. Das ist allerdings nicht sehr sinnvoll ...

3.5 Aufgaben

In diesen Aufgaben und auch später im Text machen wir einige Experimente mit Zeichnungen, die Sie erstellt haben, z.B. beim Nachvollziehen der Beispiele aus den vorigen Abschnitten. Machen Sie sich stets Sicherungskopien Ihrer Zeichnungen, damit Sie den Originalzustand noch auf Diskette haben, wenn das Versuchsexemplar am Ende des Experiments etwas "gerupft" aussieht.

Aufgabe 3.1

In Abschnitt 3.3 haben wir den Befehl **BRUCH** dazu benutzt, die Straßenränder von Mittelstr. und Weststr. an der Einmündung der Querstr. zu unterbrechen. Alternativ kann man diese Konstruktion auch mit dem Befehl **STUTZEN** ausführen: Wahl der Straßenränder der Querstr. als Schnittkanten, Stutzen der Straßenränder von Mittelstr. und Weststr. an diesen Schnittkanten. Führen Sie diese Konstruktion aus. Welche der beiden Varianten gefällt Ihnen besser?

Aufgabe 3.2

a) Beschriften Sie die Westr. und die Oststr. noch einmal neu, und zwar so, daß die Schrift nicht von oben nach unten, sondern von unten nach oben verläuft.

b) Statt die Beschriftung der Weststr. unter a) neu einzugeben, kann man sie auch mit dem Befehl **AENDERN** aus dem Untermenü **EDIT** einfach umdrehen. Nach Aufruf von **AENDERN** wählt man das Objekt "Beschriftung Weststr." mit der Maus auf die gleiche Weise wie beim Befehl **LOESCHEN**. Mit **<MR>** oder **<RETURN>** schließt man die Objektwahl ab und beantwortet die anschließende Frage nach dem Modifikationspunkt ebenfalls mit **<RETURN>**. Dann werden im Dialog eine Reihe von Modifikationsmöglichkeiten angeboten, darunter auch das Verschieben und Drehen des Texts mit der Maus. Probieren Sie diese Möglichkeiten einmal aus. Nachdem Sie "Weststr." umgedreht haben, versuchen Sie es auch mit "Oststr."

Aufgabe 3.3

Bringen Sie am unteren Rand ihrer Zeichnung eine 2-zeilige Beschriftung mit Ihrem Namen und dem Datum der Zeichnung an. Benutzen Sie dazu den Befehl **DTEXT**, mit dem man beide Zeilen mit einem Befehlsaufruf eingeben kann (Übergang zur nächsten Zeile mit **<RETURN>**, Abschluß des Befehls mit zweimaligem **<RETURN>**). Im Gegensatz zum Befehl **TEXT** sehen Sie bei **DTEXT** den Text bereits an seiner späteren Position auf dem Bildschirm und können ihn dort auch (mit der Rücktaste etc.) editieren.

Aufgabe 3.4

a) Schalten Sie in Ihrer Zeichnung von Bild 3-1 den Layer 0 mit **LAYER AUS** aus. Löschen Sie dann sämtliche Beschriftungen mit einem Aufruf von **LOESCHEN Fenster**. Schalten Sie anschließend den Layer 0 wieder ein. Wenn Ihnen der Anblick nicht gefällt, hilft der Befehl **ZURUECK**, den man übrigens auch mit Z **<RETURN>** über die Tastatur eingeben kann. Führen Sie die gleiche Aufgabe noch einmal mit **FRieren** und **Tauen** statt **AUS/EIN** aus.

b) Der Befehl **AENDERN** hat eine Option **LAyer**, mit der man ein Objekt von einem Layer auf einen anderen befördern kann. Fassen Sie hiermit die beiden Layer von Bild 3-1 zusammen, d.h. transportieren Sie alle Straßennamen auf Layer 0.

3.6 Die AutoCAD-Funktionen dieses Kapitels

LIMITEN

Befehl zum Festlegen der Zeichnungsgrenzen. Die Zeichnungsgrenzen werden u.a. beim Befehl **ZOOM Alles** und bei der Anzeige eines Rasters verwendet. Mit den Optionen **EIN/AUS** kann die Wirksamkeit der Zeichnungsgrenzen ein- und ausgeschaltet werden. Der Befehl **LIMITEN** befindet sich im Untermenü **MODI**.

FANG

Befehl zum Einstellen eines Fangrasters. Der Graphikcursor kann sich bei eingeschaltetem Fangraster nicht mehr beliebig bewegen, sondern nur von einem Rasterpunkt zum anderen. Dies erleichtert die exakte Positionierung mit der Maus. Ein- und Ausschalten des Fangrasters mit den Optionen **EIN/AUS** oder mit **<F9>**. Mit der Option **Aspekt** kann man den Rasterabstand in x- und y-Richtung getrennt einstellen. Mit der Option **Drehen** kann man das Fangraster drehen. Der Befehl **FANG** befindet sich im Untermenü **MODI**.

RASTER

Befehl zur Definition und Anzeige eines Punktrasters (zur besseren Orientierung beim Zeichnen). Der Rasterabstand kann eingegeben oder mit der Option **rst=fang** auf den Fangrasterabstand gesetzt werden. Mit den Optionen **EIN/AUS** oder **<F7>** kann die Rasteranzeige ein- und ausgeschaltet werden. Mit der Option **Aspekt** können die Rasterabstände in x- und y-Richtung getrennt eingestellt werden. Der Befehl **RASTER** befindet sich im Untermenü **MODI**.

ORTHO

Im Orthogonalmodus sind nur horizontale und vertikale Cursorbewegungen möglich. Ein- und ausschalten des Orthogonalmodus' mit den Optionen **EIN/AUS** oder mit < F8 >. Der Befehl **ORTHO** ist in keinem Bildschirm-Menü enthalten.

LINIE

Befehl zum Zeichnen der geraden Verbindungslinie zwischen zwei Punkten. Der Befehl bleibt nach dem Zeichnen der ersten Linie aktiv. Man kann dann von deren Endpunkt aus eine weitere Linie zeichnen usw. Löschen der letzten gezeichneten Linie mit der Option **zurueck**. Abschließen des Befehls **LINIE** mit < MR >, zweimaligem < RETURN > oder der Option **schließen** (schließt den bisher gezeichneten Streckenzug, d.h. verbindet den End- mit dem Anfangspunkt). Wiederaufnahme des abgeschlossenen **LINIE**-Befehls mit der Option **weiter**. Der Befehl **LINIE** steht im Untermenü **ZEICHNEN**.

LOESCHEN

Befehl zum Löschen von Objekten. Auswahl der zu löschenden Objekte über den Objektwahlcursor (kleiner Kreis) mit < ML >. Auswahl über Optionen **Fenster** bzw. **Kreuzen**: Es werden alle Objekte gewählt, die ganz im Fenster liegen bzw. das Fenster schneiden. Objektwahl mit Option **Letztes**: Löschung des zuletzt gezeichneten Objekts. Es können mehrere Objektwahlen (auch nach unterschiedlichen Methoden) getroffen werden. Die zu löschenden Objekte werden gekennzeichnet, aber erst nach Abschluß des Befehls mit < MR > oder < RETURN > gelöscht. Option **Entferne**: Ein oder mehrere Objekte, die bereits zum Löschen gekennzeichnet sind, können wieder aus der Liste der zu löschenden Objekte entfernt werden (z.B. wenn man fast alle Objekte in einem Fenster mit wenigen Ausnahmen löschen will). Die Option **Hinzu** schaltet von dem durch **Entferne** eingeschalteten Modus wieder zuruck: Ab jetzt werden die markierten Objekte wieder zum Löschen vorgemerkt. Die Option **Vorher** wird im Zusammenhang mit dem Editierbefehl **WAHL** verwendet. Man benötigt sie in der Regel nicht. Mit der Option **HOPPLA** kann man versehentlich gelöschte Elemente wieder zurückholen. Mit der Option **Zurueck** erreicht man den Befehl **ZURUECK** (s.u.) Der Befehl **LOESCHEN** steht im Untermenü **EDIT**.

ZURUECK

Mit diesem Befehl können bereits ausgeführte AutoCAD-Befehle rückgängig gemacht werden. **ZURUECK <RETURN>** oder Auswahl der Option **Zurueck1** aus dem Bildschirm-Menü von **ZURUECK** macht den letzten Befehl rückgängig. **ZURUECK 17 <RETURN>** macht die letzten 17 Befehle rückgängig. Mit der Option **Markrng** markiert man einen Punkt im Befehlsablauf. Später kann man mit der Option **Rueck** alle Befehle bis zu dieser Markierung löschen. *Vorsicht*: Findet **ZURUECK Rueck** keine Markierung, werden nach einer Sicherheitsabfrage alle Befehle gelöscht! Mit den Optionen **Gruppe** und **Ende** kann man eine Gruppe von Befehlen "einklammern". Anschließender Aufruf von **ZURUECK** löscht dann diese Gruppe von Befehlen. Die Option **AUTO** bewirkt, daß sämtliche Menü-Befehlsabläufe jeweils als ein Befehl aufgefaßt, also in einem Schritt rückgängig gemacht werden.

Mit der Option **Steuern** kann man den **ZURUECK**-Befehl seinen speziellen Bedürfnissen anpassen. Die Unteroption **Nichts** schaltet ihn ganz aus, **Eine** schränkt ihn ein (**Gruppe**, **Auto** und **Markrng** stehen nicht zur Verfügung). und **Ganz** schaltet den Befehl **ZURUECK** wieder in seinem vollen Funktionsumfang ein. Die Option **Nichts** spart zwar viel Speicherplatz, aber bei Fehlern könnte man **ZURUECK** sehr schmerzlich vermissen ...

Der Befehl **ZURUECK** befindet sich im Untermenü **EDIT**. Er läßt sich aber auch von einigen anderen Untermenüs aus anwählen. Über die Tastatur kann man ihn abgekürzt mit Z eingeben.

NEUZEICH

Nach vielen AutoCAD-Operationen bleiben noch Hilfspunkte etc. auf dem Bildschirm zurück. Mit dem Befehl **NEUZEICH** veranlaßt man einen Neuaufbau des Bildes, in dem diese Reste nicht mehr erscheinen. **NEUZEICH** steht im Untermenü **ANZEIGE**.

REGEN

Dieser Befehl baut wie **NEUZEICH** das Bild neu auf, führt aber noch weitere (bei großen Zeichnungen sehr zeitintensive) Aufgaben aus. **REGEN** steht im Untermenü **ANZEIGE**.

REGENAUTO

Bei vielen Operationen von AutoCAD wird das Bild (durch einen internen Aufruf von **REGEN**) automatisch regeneriert. Um Zeit zu sparen, kann man mit **REGENAUTO EIN/AUS** diese Automatik ein- und ausschalten. Der Befehl **REGENAUTO** befindet sich im Untermenü **ANZEIGE**.

STUTZEN

Mit diesem Befehl kann man Linien (und einige andere Objekte) an einer Schnittkante abschneiden. Nach dem Aufruf des Befehls wird man zuerst aufgefordert, eine oder mehrere Schnittkanten zu wählen. Man kann die Schnittkanten ähnlich wie beim Befehl **LOESCHEN** wählen (einzeln, mit Option **Fenster** etc.). Nach der Wahl der Schnittkanten kann man dann die Objekte wählen, die an diesen Kanten abgeschnitten werden sollen. Die Wahl dieser Objekte erfolgt jeweils einzeln. Die Stelle, an der man das Objekt mit dem Objektwahlcursor anklickt, bestimmt den Teil des Objekts, der durch **STUTZEN** abgeschnitten wird. Der Befehl **STUTZEN** findet sich im Untermenü **EDIT**.

DEHNEN

Der Befehl **DEHNEN** ist die Umkehrung zu **STUTZEN**. Mit ihm können Objekte bis zu einer oder mehreren Grenzkanten (die zu Beginn des Befehls gewählt werden) verlängert werden. Die Handhabung dieses Befehls ist analog wie bei **STUTZEN**. Der Befehl **DEHNEN** steht ebenfalls im Untermenü **EDIT**.

BRUCH

Mit diesem Befehl kann man Linien (und einige weitere Objekte) unterbrechen, d.h. Teile aus ihnen herausschneiden. Zunächst muß man das Objekt wählen, dann die beiden Punkte, zwischen denen es gelöscht wird. Verkürzte Prozedur: Gleichzeitige Wahl von Objekt und erstem Punkt. Der Befehl **BRUCH** steht im Untermenü **EDIT**.

OFANG

OFANG ist eigentlich ein Untermenü, das eine Reihe von Befehlen zum "Fangen" markanter Punkte von Objekten enthält. Durch Zeigen auf das Objekt mit dem Objektfangcursor wird der ausgezeichnete Punkt automatisch gefunden, z.B. beim Befehl **ENDpunkt** der Endpunkt einer Linie (eines Kreisbogens etc.). Die Befehle aus dem **OFANG**-Menü sollten möglichst immer verwendet werden, damit Punkte wirklich exakt markiert werden. Bei "freihändiger" Markierung mit der Maus hat man zwar oft auch den Eindruck, genau zu treffen, und das Ergebnis sieht meist auf den ersten Blick ganz gut aus. Bei der Vergrößerung mit **ZOOM** kommt dann aber das böse Erwachen ... Das Menü **OFANG** kann man über das Menü **MODI** erreichen, aber unter dem Menüpunkt ******** auch von jedem anderen Menü aus.

TEXT

Mit diesem Befehl kann man AutoCAD-Zeichnungen beschriften. Beim Standardgebrauch des Befehls gibt man nach dem Aufruf einen Startpunkt an, der den linken Rand des Texts markiert. Im Dialog wählt man dann die Schrifthöhe und den Winkel (der Schriftzeile gegenüber der Horizontalen). Mit der Option **Rechts** bestimmt man, daß der Startpunkt den rechten Textrand markiert. Nach den Optionen **zentr.** und **Mitte** wird der Text um den Startpunkt zentriert, wobei die Zentrierung im ersten Fall nur in x-Richtung erfolgt, im zweiten Fall in x- und y-Richtung. Nach den Optionen **Ausricht** und **Einpass** werden Anfangs- und Endpunkt der Textzeile erfragt. Der Text wird dann der Länge der Zeile entsprechend gedehnt bzw. gestaucht. Bei **Einpass** bleibt hierbei die Schrifthöhe unverändert, bei **Ausricht** wird sie automatisch so angeglichen, daß die natürlichen Proportionen der Schriftzeichen erhalten bleiben. **TEXT** steht im Untermenü **ZEICHNEN**.

DTEXT

Dieser Befehl hat die gleichen Optionen und eine ähnliche Funktion wie **TEXT**. Der Text wird jedoch bei der Eingabe bereits an seiner korrekten Bildschirmposition angezeigt und kann interaktiv editiert werden. Mit einem Aufruf von **DTEXT** kann man mehrere Textzeilen eingeben. Der Befehl **DTEXT** steht im Untermenü **ZEICHNEN**.

STIL

Mit diesem Befehl kann man einen eigenen Schriftstil definieren. Als Grundlage dienen vier in AutoCAD eingebaute Zeichensatzdateien: **txt, simplex, complex, italic**. Neben der Wahl einer dieser Dateien gibt es weitere Möglichkeiten zur Beeinflussung des neuen Schriftstils: Höhe, Neigungswinkel etc. Sie werden vom Befehl **STIL** im Dialog abgefragt. Der Schriftstil kann unter einem einzugebenden Namen später wieder aufgerufen werden. Der Befehl **STIL** steht im Untermenü **MODI**, ist aber auch vom Bildschirm-Menü des Befehls **TEXT** aus zu erreichen.

LAYER

AutoCAD-Zeichnungen sind in übereinandergelegten Schichten, den Layern organisiert. Man kann verschiedene Teile der Zeichnung auf verschiedene Layer zeichnen. Durch das Ein- und Ausblenden von Layern kann man dann aus der gleichen Grundzeichnung verschiedene Varianten erstellen., z.B. den Grundriss eines Hauses einmal mit der Heizungs- und einmal mit der Elektroinstallation.

Mit dem Befehl **LAYER** kann man neue Layer erzeugen (Option **Mach**) und zwischen verschiedenen Layern wechseln (Option **Setz**). Die Layer werden durch Namen unterschieden. Wird ein neuer Layer mit **Mach** erzeugt, so wird er automatisch zum aktuellen Layer, d.h. zum Layer auf dem ab jetzt gezeichnet wird. Im Unterschied dazu kann man mit **Neu** einen neuen Layer erzeugen, aber den bisherigen aktuellen Layer beibehalten.

Mit den Optionen **FRieren** und **Tauen** kann man Layer zeitweilig aus der Zeichnung entfernen und wieder zurückholen. Die Optionen **AUS** und **EIN** machen einen Layer lediglich unsichtbar und wieder sichtbar. Ein mit **AUS** unsichtbar gemachter Layer nimmt im Unterschied zu einem mit **FRieren** eingefrorenen weiter an Updates der Zeichnung, wie z.B. Löschoperationen, teil.

Mit den Optionen **Farbe** und **Ltyp** kann man die Farbe und den Linientyp von einem oder mehreren Layern ändern. Die Option **?** liefert eine Liste aller Layer. Der Befehl **LAYER** befindet sich im obersten Bildschirm-Menü **AUTOCAD**.

AENDERN

Mit dem Befehl **AENDERN** kann man Eigenschaften von Objekten nachträglich ändern (Farbe, Linientyp, Neupositionierung von Text etc.). Die Auswahl der Objekte erfolg analog wie beim Befehl **LOESCHEN** (Einzelauswahl, **Fenster** etc.). Die wohl wichtigste Option des Befehls ist **LAyer**. Mit ihr kann man das Objekt auf einen anderen Layer heben. Man hat damit also die Möglichkeit, Layer zusammenzufassen. Zu beachten ist dabei, daß das Objekt dabei die Eigenschaften des neuen Layers (Farbe, Linientyp) annimmt. Wenn gewünscht, muß man dies anschließend mit **AENDERN** wieder korrigieren. Man findet den Befehl **AENDERN** im Untermenü **EDIT**.

4 Jetzt geht's rund: Kreise, Bogen und Ellipsen

Die Themen dieses Kapitels

- weitere Befehle zum Objektfang: Zentrum eines Kreises, Mittelpunkt einer Strecke, Schnittpunkte etc. (Abschnitte 4.1 bis 4.3)
- regelmäßige Vielecke (Abschnitt 4.1)
- Kreise und Kreisbogen (Abschnitte 4.1 und 4.2)
- Lot und Mittelsenkrechte (Abschnitt 4.2)
- Antragen von Winkeln (Abschnitt 4.2)
- Tangenten (Abschnitt 4.2)
- Kopieren und Verschieben von Objekten (Abschnitte 4.2 und 4.3)
- Unterteilen von Strecken und Kreisbogen, Teilen von Winkeln (Abschnitt 4.3)
- Ellipsen, Kreisringe (Abschnitt 4.4)
- gefüllte Vielecke (Abschnitt 4.4)

4.1 Kreise und regelmäßige Vielecke

In AutoCAD stehen neben der geraden Linie noch eine ganze Reihe weiterer graphischer Objekte zur Verfügung. Hier stellen wir Ihnen zunächst Kreise und regelmäßige Vielecke vor, die man z.B. für die Darstellung von Rädern, Bohrlöchern und Schraubenköpfen verwenden kann. Als erstes Beispiel zeichnen wir ein regelmäßiges 6-Eck mit In- und Umkreis (Bild 4-1). Dabei verwenden wir auch zwei neue Befehle aus dem Untermenü **OFANG** zur schnellen und exakten Markierung von Punkten mit der Maus.

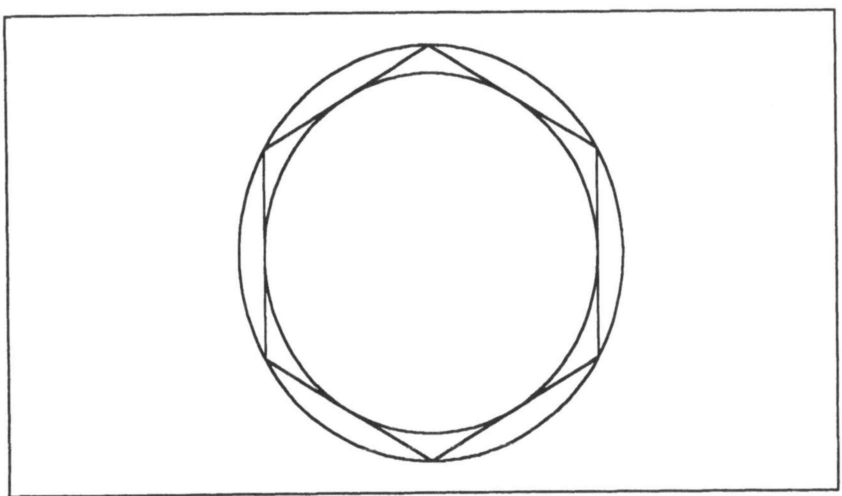

Bild 4-1 Ein regelmäßiges 6-Eck mit In- und Umkreis

Wir legen vom Hauptmenü von AutoCAD aus durch Aufruf des 1.
Menüpunkts "NEUE Zeichnung erstellen" eine Zeichnung mit dem Namen
BILD4_1 an und zeichnen zunächst das 6-Eck und seinen Umkreis:

9. Polygonmittelpunkt in der Mitte des Graphikbereichs mit <ML> markieren	1. MODI	16. SCHnittp
	2. LIMITEN	18. ****
11. 6-Eck mit Maus aufziehen und mit <ML> festlegen	5. ZEICHNEN	19. SCHnittp
	6. naechste	21. ****
17. Erste Ecke des Polygons mit <ML> markieren (Objektfangcursor)	7. POLYGON	22. SCHnittp
	10. Umkreis	
20. Zweite Ecke des Polygons mit <ML> markieren (Objektfangcursor)	12. ZEICHNEN	
	13. KREIS	
23. Dritte Ecke des Polygons mit <ML> markieren (Objektfangcursor)	14. 3 PUNKT	
	15. ****	

3. EIN/AUS/Linke untere Ecke <0.00,0.00>: <RETURN>
4. Rechte obere Ecke <410.00,287.00>: <RETURN>
8. Befehl: POLYGON Anzahl Seiten: 6 <RETURN>

a) Festlegen der Zeichnungsgrenzen (*Schritte 1 - 4*)

b) 6-Eck zeichnen mit Option **Umkreis** (*Schritte 5 - 11*)

c) Umkreis zeichnen durch Markierung von 3 Punkten auf der Kreislinie,
   exakte Markierung dieser Punkte (3 verschiedene Ecken des 6-Ecks)

durch den Befehl **SCHnittp** aus dem Untermenü **OFANG** (*Schritte 12 - 23*)

Das 6-Eck haben wir mit der Option **Umkreis** gezeichnet. Dabei "zieht man mit der Maus" am Mittelpunkt einer Seite des 6-Ecks. Wenn Sie das 6-Eck stattdessen mit der Option **Inkreis** zeichnen, ziehen Sie mit der Maus an einer Ecke des Polygons. Die beiden Optionen sind also etwas mißverständlich bezeichnet: bei **Umkreis** bewegt man mit der Maus einen Punkt auf dem *In*kreis des Polygons, bei der Option **Inkreis** einen Punkt auf dem *Um*kreis.

Den Umkreis des 6-Ecks haben wir als "3-Punkte-Kreis" gezeichnet (Option **3 PUNKT** des Befehls **KREIS**): Ein Kreis ist durch 3 Punkte auf seiner Peripherie eindeutig bestimmt. Die anderen Optionen des Befehls **KREIS** lernen wir später in diesem Kapitel kennen.

Den Inkreis des 6-Ecks zeichnen wir ebenfalls als 3-Punkte-Kreis, nämlich als Kreis durch die Mittelpunkte von 3 (beliebigen) Kanten:

5. **Erste Kante des 6-Ecks mit <ML>** **markieren (Objektfangcursor)**	1. **KREIS** 9. ********
8. **Zweite Kante des 6-Ecks mit <ML>** **markieren (Objektfangcursor)**	2. **3 PUNKT** 10. **MITtelpt**
11. **Dritte Kante des 6-Ecks mit <ML>** **markieren (Objektfangcursor)**	3. ********
	4. **MITtelpt**
	6. ********
	7. **MITtelpt**

Inzwischen sind Sie hoffentlich von der Nützlichkeit der Objektfangbefehle von AutoCAD überzeugt. Man kann damit sehr schnell End- und Mittelpunkte von Strecken, Schnittpunkte und etliche andere markante Punkte (davon später) mit der Maus genau treffen. Der Wechsel ins **OFANG**-Menü durch Auswahl von ******** aus dem Bildschirm-Menü geschieht nach etwas Übung fast automatisch, und ist keineswegs umständlich, wie das beim Lesen der obigen Tabellen vielleicht aussieht. Falls Sie noch nicht überzeugt sind, markieren Sie die Punkte in den Beispielen einmal einfach "nach Augenmaß", und betrachten Sie dann Zeichnungsausschnitte mit **ZOOM** ...

Bisher haben wir regelmäßige Polygone durch Angabe ihres Mittelpunkts und "Aufziehen mit der Maus" (Optionen **Inkreis** und **Umkreis**) gezeichnet. Mit der Option **Seite** kann man ein solches Vieleck durch Festlegung einer

Kante definieren. Diese Option eignet sich besonders dazu, solche Polygone wie in Bild 4-2 aneinanderzusetzen.

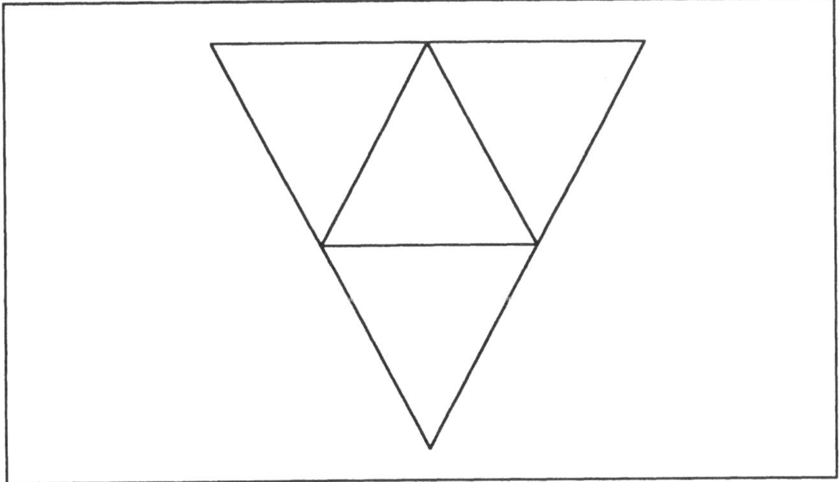

Bild 4-2 Netz des regulären Tetraeders

Erstellen Sie für dieses Beispiel zunächst wieder vom Hauptmenü von AutoCAD aus eine Zeichnung mit Namen BILD4_2 und legen Sie die Zeichnungsgrenzen wie im vorigen Beispiel fest. Nach den Angaben der folgenden Tabelle können Sie dann das innere Dreieck von Bild 4-2 und das Dreieck rechts oben zeichnen

6. Linke untere Ecke des inneren Drei- ecks mit <ML> markieren	**1. ZEICHNEN** **14. ******
7. Dreieck mit Maus aufziehen und mit <ML> fixieren	**2. naechste** **15. SCHnittp**
	3. POLYGON
13. Obere Ecke des inneren Dreiecks mit <ML> markieren	**5. Seite**
	8. POLYGON
16. Rechte untere Ecke des inneren Dreiecks mit <ML> markieren	**10. Seite**
	11. ******
	12. SCHnittp

4. Befehl: POLYGON Anzahl Seiten: 3 <RETURN>
9. Befehl: POLYGON Anzahl Seiten: 3 <RETURN>

a) Zeichnen des inneren Dreiecks von Bild 4-2 (*Schritte 1 - 7*)

b) Zeichnen des rechten oberen Dreiecks von Bild 4-2 (*Schritte 8 - 16*)

Beim Zeichnen des rechten oberen Dreiecks erreicht man durch die Option **Seite** in Verbindung mit der exakten Markierung der Endpunkte der Seite des vorher gezeichneten inneren Dreiecks mit dem Befehl **SCHnittp**, daß die beiden Dreiecke genau längs einer Seite aneinandergelegt sind. Auf die gleiche Weise können Sie auch noch die übrigen beiden Dreiecke von Bild 4-2 anfügen.

Bild 4-2 ist ein "Schnittmuster" zur Anfertigung eines 3-dimensionalen Körpers, eines sogenannten *regulären Tetraeders,* Sie können Bild 4-2 auf dem Plotter ausgeben, ausschneiden, die drei äußeren Dreiecke nach oben falten, und zu einer "Dreieckspyramide" (vornehm Tetraeder genannt) zusammenkleben. Solche Tetraeder waren einige Zeit als Milchtüten gebräuchlich, denn sie sind leicht herstellbar (s.o.) und recht stabil. Sie lassen sich allerdings nicht gut stapeln und in Kisten packen. Wegen der ungünstigen Winkel an den Kanten entstehen dabei nämlich zwangsläufig unerwünschte Hohlräume. Aus diesem Grund werden Tetraeder inzwischen kaum noch von der Verpackungsindustrie verwendet.

Zur Ausgabe Ihrer Zeichnung auf einem Plotter oder einem als Plotter konfigurierten Graphikdrucker wählen Sie den Befehl **PLOT** aus dem Bildschirm-Menü **AUTOCAD**. Sie bekommen dann die Befehle **PLOTTER** und **PRINTER** für die Ausgabe auf dem Plotter oder Graphikdrucker angeboten. Nach Wahl eines dieser Befehle können Sie im Dialog noch einige Parameter für die Zeichnungsausgabe festlegen (Größe der Zeichnung etc.). Dabei erhalten Sie auch die Möglichkeit, die Zeichnung nicht direkt auf dem Printer/Plotter auszugeben, sondern in eine Datei zu schreiben. Hinweise zur zur Konfiguration von Printern und Plottern für AutoCAD finden Sie im Anhang.

4.2 Lote, Tangenten und Bogen

Als erstes Beispiel wollen wir den Mittelpunkt des Umkreises eines Dreiecks konstruieren (Bild 4-3). Dieser Mittelpunkt ist bekanntlich der Schnittpunkt der Mittelsenkrechten der drei Seiten des Dreiecks. Es reicht uns, zwei davon zu konstruieren. Sie können mit AutoCAD ausprobieren, daß die dritte Mittelsenkrechte auch durch diesen Punkt verläuft. (Dies ist zwar kein "mathematischer Beweis", aber wegen der sehr großen Genauigkeit von AutoCAD eine recht überzeugende Demonstration ...)

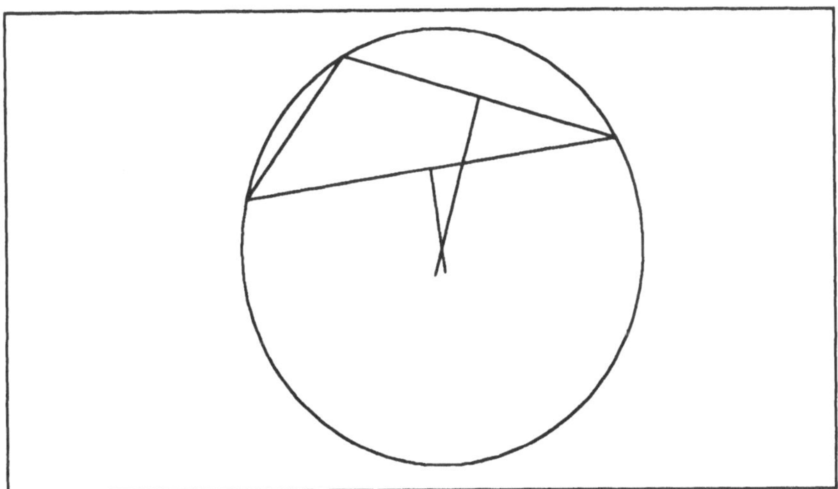

Bild 4-3 Umkreis eines Dreiecks

Wir zeichnen zunächst das Dreieck und die Mittelsenkrechte auf eine Dreiecksseite:

3. Die 3 Ecken des Dreiecks jeweils **mit <ML> markieren, mit <MR>** **abschließen**	**1. ZEICHNEN**	**15. ******
14. Punkt mit <ML> markieren	**2. LINIE**	**16. LOT**
17. Dreiecksseite mit <ML> markieren, **mit <MR> abschließen**	**4. schließen**	**18. EDIT**
21. Lot auf Dreiecksseite mit <ML> **markieren, mit <MR> abschließen**	**5. AUTOCAD**	**19. naechste**
24. Lotfußpunkt mit <ML> markieren	**6. LAYER**	**20. SCHIEBEN**
27. Dreiecksseite mit <ML> markieren	**7. Mach**	**22. ******
	9. Farbe	**23. SCHnittp**
	10. magenta	**25. ******
	12. ZEICHNEN	**26. MITtelpt**
	13. LINIE	

8. Neuer aktueller Layer <0>: <u>Hilf</u> <RETURN>
11. LAYER ?/Mach/Setzen/Neu/Ein/Aus/Farbe/Ltyp/FRieren/Tauen:
    <RETURN>

a) Dreieck zeichnen (*Schritte 1 - 4*)

b) Layer mit Namen "Hilf" für die Hilfslinien erzeugen (*Schritte 5 - 11*)

c) Lot von einem beliebigen Punkt auf eine Dreiecksseite fällen (*Schritte 12 - 17*)

d) Unter c) gezeichnetes Lot in den Mittelpunkt der Dreiecksseite verschieben (*Schritte 18 - 27*)

Beim Zeichnen des Dreiecks können Sie die Ecken ganz nach Ihrem persönlichen Geschmack wählen. Es ist eine gute Sitte, Hilfslinien, die man später löschen bzw. bei der Ausgabe der Reinzeichnung unterdrücken möchte, auf einen eigenen Layer zu legen. Wir haben ihn in diesem Beispiel "Hilf" genannt. (Man kann also nicht nur Nummern zur Benennung von Layern verwenden.)

In AutoCAD kann man ohne jede Rechnung das Lot von einem Punkt P auf eine Linie L fällen (d.h. die Senkrechte zu L durch P zeichnen), der Befehl **LOT** aus dem **OFANG**-Menü macht's möglich. Aus diesem Lot haben wir dann mit dem Befehl **SCHIEBEN** die Mittelsenkrechte erzeugt. Dieser Befehl verschiebt die gewählten Objekte (Auswahl wie bei **LOESCHEN**) parallel. Hierzu muß man den Anfangs- und Endpunkt der Verschiebung angeben. Diese Punkte haben wir über die Befehle **SCHnitp** und **MITtelpt** aus dem **OFANG**-Menü mit der Maus markiert.

In Aufgabe 4.2 können Sie das Beispiel vollenden: Nach der Konstruktion des Umkreismittelpunkts als Schnittpunkt der beiden Mittelsenkrechten können Sie den Umkreis mit der Option **MIT,RAD** des Befehls **KREIS** durch Markierung des Mittelpunkts und eines Punktes auf der Kreisperipherie zeichnen. Sie erhalten damit eine Zeichnung ähnlich wie Bild 4-3. Durch Einfrieren oder Auschalten des Layers Hilf können Sie die Hilfslinien ausblenden und erhalten die Reinzeichnung des Dreiecks mit Umkreis.

Vielleicht haben Sie sich schon über die etwas umständliche Konstruktion des Umkreises gewundert. Wir haben sie nur gewählt, um daran das Zeichnen von Loten und Mittelsenkrechten zu demonstrieren. Schneller bekommt man den Umkreis natürlich als 3-Punkte-Kreis wie im vorigen Abschnitt. In Aufgabe 4.2 zeigen wir Ihnen auch, wie man dann an den Kreismittelpunkt kommt, der bei dieser Konstruktion ja nicht direkt anfällt.

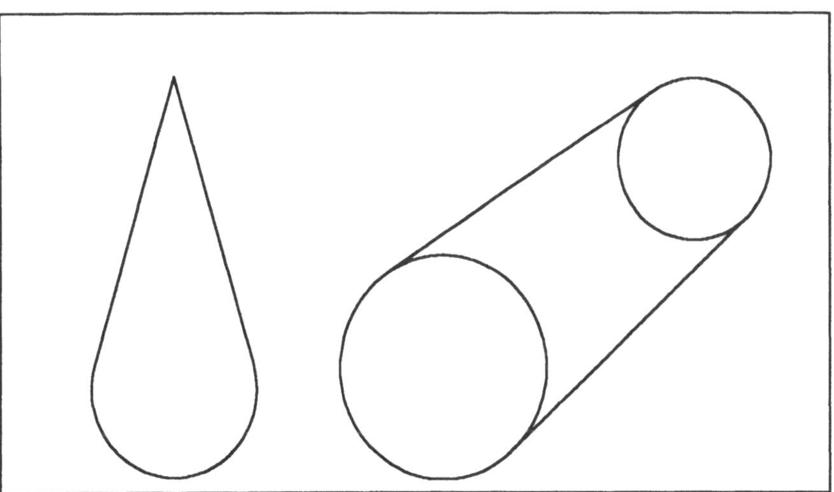

Bild 4-4 Tangentenkonstruktionen

Mit den AutoCAD-Funktionen zur Konstruktion von Tangenten zeichnen wir jetzt den Tropfen und den (stark stilisierten) Riemenantrieb aus Bild 4-4.

4. Mittelpunkt mit <ML> markieren	1. ZEICHNEN
5. Kreis aufziehen, mit <ML> fixieren	2. KREIS
8. Anfangspunkt der ersten Tangente mit <ML> markieren	3. MIT,RAD
	6. ZEICHNEN
11. Linke Seite des Kreises mit <ML> markieren (Objektfangcursor), mit <MR> abschließen	7. LINIE
	9. ****
	10. TANgente
15. Oberes Ende der ersten Tangente mit <ML> markieren (Objektfangcursor)	12. LINIE
	13. ****
18. Rechte Seite des Kreises mit <ML> markieren (Objektfangcursor), mit <MR> abschließen	14. ENDpunkt
	16. ****
	17. TANgente
22. Beide Tangenten mit <ML> markieren, mit <MR> abschließen	19. EDIT
	20. naechste
23. Kreis zwischen Tangenten mit <ML> markieren, mit <MR> abschließen	21. STUTZEN

a) Kreis zeichnen (*Schritte 1 - 5*)

b) Erste Tangente zeichnen (*Schritte 6 - 11*)

c) Zweite Tangente zeichnen (*Schritte 12 - 18*)

d) Kreisbogen zwischen den Tangenten ausschneiden (*Schritte 19 - 23*)

Bei der Konstruktion des Tropfens haben wir ausgenutzt, daß AutoCAD Tangenten an einen Kreis legen kann. Dies geschieht mit dem Objektfang-Befehl **TANgente**. Da es von einem Punkt aus zwei Tangenten an den Kreis gibt, muß man AutoCAD mitteilen, welche davon man meint, indem man mit dem Objektfangcursor die entsprechende Seite des Kreises markiert. Am Ende haben wir den überflüssigen Kreisbogen zwischen den beiden Tangenten mit dem schon bekannten Befehl **STUTZEN** entfernt. **STUTZEN** kann also nicht nur gerade Linien abschneiden.

AutoCAD kann nicht nur von einem Punkt aus die Tangenten an einen Kreis zeichnen, sondern auch Tangenten an zwei Kreise:

4. Mittelpunkt mit <ML> markieren	**1. ZEICHNEN**	**16. TANgente**
5. Kreis aufziehen, mit <ML> fixieren	**2. KREIS**	**18. LINIE**
8. Mittelpunkt mit <ML> markieren	**3. MIT,RAD**	**19. ******
9. Kreis aufziehen, mit <ML> fixieren	**6. KREIS**	**20. TANgente**
14. Ersten Kreis mit <ML> markieren	**7. MIT,RAD**	**22. ******
17. Zweiten Kreis mit <ML> markieren,	**10. ZEICHNEN**	**23. TANgente**
mit <MR> abschließen	**11. LINIE**	
21. Ersten Kreis mit <ML> markieren	**12. ******	
24. Zweiten Kreis mit <ML> markieren,	**13. TANgente**	
mit <MR> abschließen	**15. ******	

a) Ersten Kreis zeichnen (*Schritte 1 - 5*)

b) Zweiten Kreis zeichnen (*Schritte 6 - 9*)

c) Erste Tangente zeichnen (*Schritte 10 - 17*)

d) Zweite Tangente zeichnen (*Schritte 18 - 24*)

Radius und Lage der beiden Kreise können Sie wieder ganz nach Ihrem Geschmack wählen. Zwischen zwei Kreisen gibt es insgesamt vier verschiedene Tangenten. In den Schritten 14, 17, 21 und 24 müssen Sie die Kreise jeweils ungefähr am gewünschten Berührpunkt markieren, um die richtige Tangente zu erhalten.

Bild 4-5 stellt den Ausgang einer Wahl als "Tortendiagramm" dar, bei der die drei Parteien Stimmenanteile von 54%, 32% und 14% erhalten haben. Die Tortenstücke des Diagramms müssen die entsprechenden Anteile des Vollwinkels von 360° haben, also 194,4°, 115,2° und 50,4°. Mit der folgenden Befehlssequenz werden die ersten beiden Tortenstücke des Diagramms gezeichnet:

4. Mittelpunkt des Diagramms mit <ML> markieren	**1. ZEICHNEN** **28. ZEICHNEN**
5. Anfangspunkt des ersten Tortenstücks mit <ML> markieren	**2. BOGEN** **29. LINIE**
11. Endpunkt des Bogens mit <ML> markieren	**3. M,S,W** **30. ******
14. Bogen mit <ML> markieren	**7. ZEICHNEN** **31. SCHnittp**
17. Anderen Endpunkt des Bogens mit <ML> markieren, mit <MR> abschließen	**8. LINIE** **33. ***** **9. ****** **34. ENDpunkt**
23. Spitze des Tortenstücks mit <ML> markieren	**10. ENDpunkt**
26. Ende des Bogens am Tortenstück mit <ML> markieren	**12. ****** **13. ZENtrum**
32. Spitze des Tortenstücks mit <ML> markieren	**15. ****** **16. ENDpunkt**
35. Ende des Bogens am neuen Torten- stück mit <ML> markieren, mit <MR> abschließen	**18. ZEICHNEN** **19. BOGEN** **20. M,S.W** **21. ****** **22. SCHnittp** **24. ****** **25. ENDpunkt**

6. Winkel/Sehnenlaenge/<Endpunkt>: W eingeschlossener Winkel: ZUG
  194,4 **<RETURN>**

27. Winkel/Sehnenlaenge/<Endpunkt>: W eingeschlossener Winkel: ZUG
  115,2 **<RETURN>**

a) Rand des 54%-Tortenstücks als Kreisbogen mit 194,4° Öffnungswinkel zeichnen (*Schritte 1 - 6*)

b) Die beiden geraden Begrenzungen des 54%-Tortenstücks zeichnen (*Schritte 7 - 17*)

c) Rand des 32%-Tortenstücks als Kreisbogen mit 115,2° Öffnungswinkel zeichnen (*Schritte 18 - 27*)

d) Fehlendes gerades Begrenzungsstück des 32%-Tortenstücks zeichnen (*Schritte 28 - 35*)

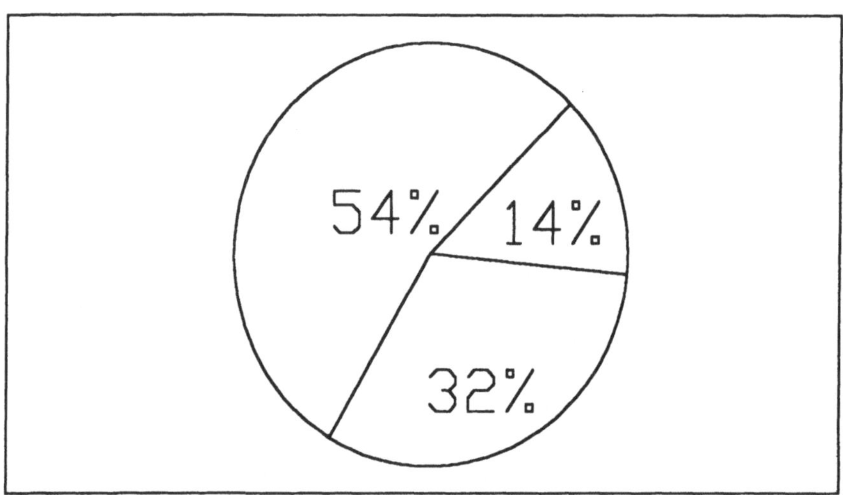

Bild 4-5 Tortendiagramm

In Aufgabe 4.3 wird das Diagramm zu Ende gezeichnet. Dabei behandeln wir auch ein Verfahren, um ein Tortenstück zur optischen Hervorhebung etwas aus dem Diagramm herauszuziehen. Zusätzlich können Sie das Diagramm mit den Textbefehlen aus dem vorigen Kapitel noch mit den Prozentzahlen und den Namen Ihrer Lieblingsparteien beschriften.

Den Befehl **BOGEN** haben wir mit der Option **M,S,W** (Mittelpunkt, Startpunkt, Winkel) benutzt. Mittel- und Startpunkt haben wir mit der Maus markiert. Den Winkel kann man dann im Zugmodus aufziehen oder, wie in unserem Fall, seinen Wert über die Tastatur eingeben. Zieht man einen Kreisbogen von einem Startpunkt aus auf, so kann man dies in zwei Richtungen tun: im oder gegen den Uhrzeigersinn. AutoCAD stellt Ihnen dies nicht frei, sondern nimmt immer die mathematisch positive Richtung, d.h. gegen den Uhrzeigersinn, an. Mit dem Befehl **EINHEIT** aus dem Untermenü **MODI** kann man den Drehsinn allerdings umkehren.

Den Befehl **BOGEN** kann man generell zum Antragen von Winkeln an beliebige Linien benutzen, auch wenn man den Bogen selbst gar nicht braucht und deshalb später wieder löscht. Will man einen Winkel an eine horizontale oder vertikale Linie antragen, ist der Weg über relative Polarkoordinaten allerdings schneller. Das haben wir ja bereits in Abschnitt 3.3 beim Zeichnen der Querstr. ausprobiert.

Die übrigen Optionen von **BOGEN** sollten Sie selbst einmal ausprobieren. Es ist nicht schwer zu raten, was die Abkürzungen bedeuten ...

4.3 Teilen und Messen

Häufig möchte man eine Strecke in eine bestimmte Anzahl gleichlanger Abschnitte einteilen, oder man möchte auf einer Linie (z.B. einer Koordinatenachse) einen Maßstab aus Abschnitten vorgegebener Länge einzeichnen. Diese Aufgaben werden von den beiden Befehlen **TEILEN** und **MESSEN** übernommen. Bild 4-6 zeigt unser Beispiel hierzu.

MESSEN und **TEILEN** zeichnen die Unterteilungspunkte mit Symbolen ein, deren Größe und Form man wählen kann. Dies tun wir mit der ersten Befehlssequenz:

	1. ZEICHNEN	**6. PModus**
	2. naechste	**8. PGroesse**
	3. PUNKT	**10. AUTOCAD**
	4. Beispiel	**11. MODI**
	5. Entferne	**12. RASTER**
	Beispiel	

7. Neuer Wert fuer PDMODE <0>: 2 **<RETURN>**
9. Neuer Wert fuer PDSIZE <0.00>: 4 **<RETURN>**
13. Rasterwert(X) oder EIN/AUS/Fang/Aspekt <10.00>: 20 **<RETURN>**

a) Befehl **PUNKT** aus dem Untermenü **ZEICHNEN** wählen und mit der Option **Beispiel** die möglichen Symbole zur Darstellung von Punkten auf den Bildschirm bringen (*Schritte 1 - 4*)

b) Beispiel entfernen und zur Zeichnung zurückkehren (*Schritt 5*)

c) Symbol 2 wählen, ein Kreuz, s. a) (*Schritte 6 - 7*)

d) Größe des Punktsymbols wählen (*Schritte 8 - 9*)

e) Raster mit Punktabstand 20 anzeigen (*Schritte 10 - 13*)

Form und Größe des Punktsymbols kann man während einer AutoCAD-Sitzung beliebig oft neu definieren. Dies wirkt sich nur auf die *danach* gezeichneten Punkte aus, so daß man verschiedene Punktformen in einer Zeichnung haben kann.

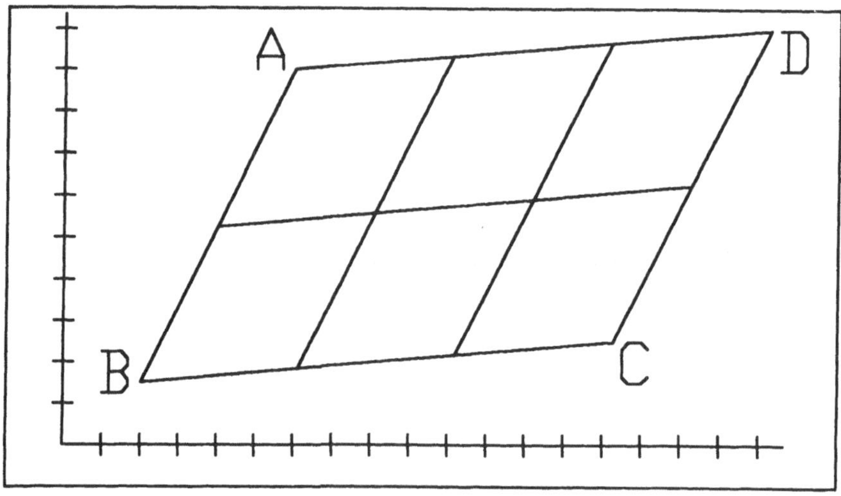

Bild 4-6 Unterteiltes Parallelogramm

3. Punkt (80,270) mit <ML> markieren	**1. ZEICHNEN**
4. Punkt (80,60) mit <ML> markieren	**2. LINIE**
5. Punkt (390,60) mit <ML> markieren,	**6. EDIT**
mit <MR> abschließen	**7. MESSEN**
9. x-Achse mit <ML> markieren	**11. MESSEN**
13. y-Achse mit <ML> markieren	

8. Objekt waehlen, das gemessen werden soll:
10. <Segmentlaenge>/Block: <u>20</u> <RETURN>
12. Objekt waehlen, das gemessen werden soll:
14. <Segmentlaenge>/Block: <u>20</u> <RETURN>

a) Zeichnen von y- und x-Achse (Koordinatenursprung im Punkt (80,60)) (*Schritte 1 - 5*)

b) Einteilung der x-Achse in Einheiten der Länge 20 (*Schritte 6 - 10*)

c) Einteilung der y-Achse in Einheiten der Länge 20 (*Schritte 11 - 14*)

Durch **MESSEN** werden auf der Linie von ihrem Anfang an Einheiten der vorgegebenen Länge (hier 20) abgeteilt. Am Ende der Linie bleibt ein kürzeres Stück übrig, wenn die Länge der Linie kein Vielfaches der Einheitenlänge ist (wie in unserem Beispiel). Die Frage ist nur, woran AutoCAD merkt wo der Anfang und wo das Ende der Linie ist (... da gibt's ja zwei Möglichkeiten)? Der Linienanfang wird dort angenommen, wo man die Linie mit dem Objektwahlcursor markiert. In den Schritten 9 und 13 des obigen Beispiels sollte man x- und y-Achse also jeweils in der Nähe des Koordinatenursprungs markieren.

Nachdem wir das Koordinatensystem haben, erstellen wir nun das Parallelogramm. Die beiden Seiten AB und AD zeichnen wir mit grob markierten Endpunkten in Anlehnung an Bild 4-6. Anschließend konstruieren wir mit dem Befehl **KOPIEREN** die parallele Gegenseite BC von AD. Durch Verbinden der beiden Punkte C und D schließen wir das Parallelogramm.

3. Punkte B, A, D mit <ML> markieren, mit <MR> abschließen	**1.** ZEICHNEN	**16.** LINIE
6. Seite AD mit <ML> markieren, mit <MR> abschließen	**2.** LINIE	**17.** ****
	4. EDIT	**18.** ENDpunkt
10. AB bei A mit <ML> markieren	**5.** KOPIEREN	**20.** ****
14. AB bei B mit <ML> markieren	**8.** ****	**21.** ENDpunkt
19. BC bei C mit <ML> markieren	**9.** ENDpunkt	
22. AD bei D mit <ML> markieren, mit <MR> abschließen	**12.** ****	
	13. ENDpunkt	
	15. ZEICHNEN	

7. <Basispunkt oder Verschiebung>/Mehrfach:
11. Verschiebung:

a) Seiten AB und AD zeichnen (*Schritte 1 - 3*)

b) Seite BC zeichnen (*Schritte 4 - 14*)

c) Seite CD zeichnen (*Schritte 15 - 22*)

KOPIEREN erzeugt eine *parallel verschobene Kopie* des gewählten Objekts (oder mehrerer gewählter Objekte). Dieser Befehl wirkt wie der Befehl **SCHIEBEN** aus dem vorigen Abschnitt, mit dem Unterschied, daß das ursprüngliche Objekt erhalten bleibt.

Im Unterschied zu **MESSEN** ermöglicht der Befehl **TEILEN** die Einteilung einer Linie in gleichlange Abschnitte. Man kann die Anzahl dieser Abschnitte vorgeben. AutoCAD errechnet dann an Hand der Gesamtlänge der Linie die Abschnittlänge. Mit diesem Befehl konstruieren wir die Gittereinteilung des Parallelogramms in Bild 4-6.

12. Seite AD mit < ML > wählen	**1. ZEICHNEN**	**11. TEILEN**
15. Seite BC mit < ML > wählen	**2. naechste**	**14. TEILEN**
18. Seite AB mit < ML > wählen	**3. PUNKT**	**17. TEILEN**
21. Seite CD mit < ML > wählen	**4. PModus**	**20. TEILEN**
	6. AUTOCAD	**23. AUTOCAD**
	7. LAYER	**24. LAYER**
	8. Mach	**25. Setz**
	10. EDIT	

```
 5. Neuer Wert fuer PMODE <2>: 3 <RETURN>
 9. Neuer aktueller Layer <0>: HILF <RETURN> <RETURN>
13. <Anzahl Segmente>/Block: 3 <RETURN>
16. <Anzahl Segmente>/Block: 3 <RETURN>
19. <Anzahl Segmente>/Block: 2 <RETURN>
22. <Anzahl Segmente>/Block: 2 <RETURN>
26. Neuer aktueller Layer <HILF>: 0 <RETURN>
```

a) Punktform wechseln, liegendes Kreuz (*Schritte 1 - 5*)

b) Layer HILF für Teilungspunkte (*Schritte 6 - 9*)

c) Seiten AD und BC in 3 Abschnitte teilen (*Schritte 10 - 16*)

d) Seiten AB und CD in 2 Abschnitte teilen (*Schritte 17 - 22*)

e) Zu Layer 0 wechseln (*Schritte 23 - 26*)

Für die Unterteilungspunkte haben wir wieder einen Layer HILF eingerichtet, damit man diese Punkte bei der Reinzeichnung leicht ausblenden kann. Die Befehle **MESSEN** und **TEILEN** markieren lediglich Unterteilungspunkte auf den Linien. Die Linien werden dabei nicht zerteilt, sondern bleiben als ein Objekt erhalten. Dies merken Sie, wenn Sie eine der Linien z.B. für den Befehl **LOESCHEN** als Objekt wählen. Wenn Sie die Linie dann löschen, bleiben die Unterteilungspunkte stehen (auch nach einer Regenerierung des Bildes mit **NEUZEICH**): sie sind eigenständige Objekte. Will man eine solche Linie mitsamt ihren Unterteilungspunkten

löschen, sollte man die Optionen **Fenster** oder **Kreuzen** des Befehls
LOESCHEN verwenden.

Wir zeichnen nun die Gittereinteilung des Parallelogramms. Dabei
markieren wir die Unterteilungspunkte auf den Parallelogrammseiten mit
dem Befehl **PUNkt** aus dem **OFANG**-Menü:

5. Ersten Unterteilungspunkt auf AD mit <ML> markieren	1. ZEICHNEN 13. ****

8. ErstenUnterteilungspunkt auf BC
  mit <ML> markieren, mit <MR>
  abschließen
	2. LINIE 14. PUNkt
	3. ****
	4. PUNkt

12. Zweiten Unterteilungspunkt auf AD mit <ML> markieren	6. **** 7. PUNkt

15. Zweiten Unterteilungspunkt auf BC
  mit <ML> markieren, mit <MR>
  abschließen
	9. LINIE
	10. ****
	11. PUNkt

a) Zeichnen der ersten Unterteilungslinie von AD nach BC (*Schritte 1 - 8*)

b) Zeichnen der zweiten Unterteilungslinie von AD nach BC (*Schritte 9 - 15*)

Die Zeichnung der letzten Unterteilungslinie von AB nach CD überlassen
wir Ihnen.

Mit **TEILEN** und **MESSEN** kann man nicht nur gerade Linien unterteilen,
sondern auch Kreise und Kreisbogen. Mit der Unterteilung eines Kreises in
12 Segmente kann man beispielsweise die Konstruktion einer Uhr beginnen.
Mit **TEILEN** kann man auch recht schnell Winkel in gleiche Teile unterteilen, also z.B. die Winkelhalbierende zeichnen. Dies tun wir im nächsten Beispiel. Dabei ist es wiederum sinnvoll, den Bogen und den Unter-
lungspunkt, die ja lediglich Hilfen zur Konstruktion der Winkelhalbierenden
sind, auf einen eigenen Layer zu legen. Ergänzen Sie das Beispiel bitte selber um die hierzu erforderlichen Operationen.

3. **Beide Schenkel eines Winkels mit Maus zeichnen, Markierung der Endpunkte der Strecken mit <ML>, mit <MR> abschließen**	1. **ZEICHNEN** 16. **EDIT** 2. **LINIE** 17. **TEILEN** 4. **ZEICHNEN** 20. **ZEICHNEN** 5. **BOGEN** 21. **LINIE**
9. **Ersten Schenkel mit <ML> markieren**	6. **S,M,E** 22. ********
12. **Scheitelpunkt mit <ML> markieren**	7. ******** 23. **SCHnittp**
15. **Zweiten Schenkel mit <ML> markieren**	8. **ENDpkt** 25. ********
18. **Bogen mit <ML> wählen**	10. ******** 26. **PUNkt**
24. **Scheitelpunkt mit <ML> markieren**	11. **SCHnittp**
27. **Unterteilungspunkt auf Bogen mit <ML> markieren, mit <MR> abschließen**	13. ******** 14. **ENDpkt**
19. <Anzahl Segmente>/Block: <u>2</u> <RETURN>	

a) Zeichnen des Winkels (*Schritte 1 - 3*)

b) Kreisbogen zum Winkel (*Schritte 4 - 15*)

c) Kreisbogen unterteilen (*Schritte 16 - 19*)

d) Winkelhalbierende zeichnen (*Schritte 20 - 27*)

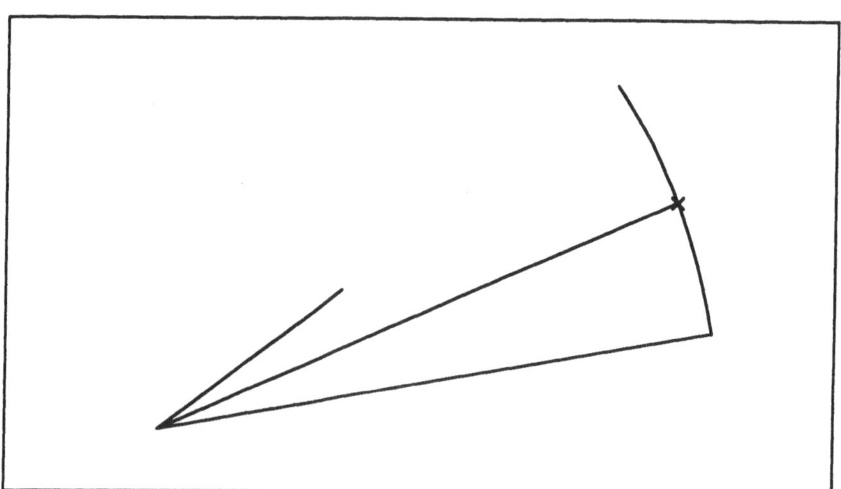

Bild 4-7 Winkelhalbierende

Bild 4-7 zeigt das Ergebnis dieses Beispiels. Der Kreisbogen endet nicht im
Endpunkt des zweiten Schenkels, weil die beiden Schenkel unterschiedlich
lang sind. Durch die Markierung des Bogenendes in den Schritten 13 - 15
haben wir aber dennoch den richtigen Winkel für den Bogen festgelegt.

Hiervon können Sie sich überzeugen, indem Sie den Schenkel mit **DEHNEN** bis an den Kreisbogen verlängern. Dabei sehen Sie gleichzeitig, daß der Befehl **DEHNEN** nicht nur auf gerade Linien, sondern z.B. auch auf Kreisbogen anwendbar ist.

4.4 Ellipsen, Ringe und gefüllte Figuren

Bild 4-8 Schneemann mit Laterne

Am Schneemann von von Bild 4-8 führen wir die AutoCAD-Funktionen dieses Abschnitts ein. Zunächst zeichnen wir Kopf und Bauch als Ellipsen. Anschließend entfernen wir das Stück des Bauchumfangs, das innerhalb des Kopfes liegt, mit dem uns schon bekannten Befehl **STUTZEN** (der nicht nur auf das Stutzen gerader Linien beschränkt ist). Für die Augen und Knöpfe benutzen wir den Befehl **RING**. Die Nase zeichnen wir schließlich als ausgefülltes Dreieck mit dem Befehl **SOLID**. AutoCAD ist natürlich nicht in erster Linie ein Programm zum Zeichnen von Illustrationen, aber man kann es auch für solche Zwecke recht effizient einsetzen (mißbrauchen ...). In Aufgabe 4.5 zeichnen wir die Laterne des Schneemanns.

4. **Mittelpunkt des Kopfs mit <ML> markieren**	1. **ZEICHNEN**
5. **Horizontale Ausdehnung des Kopfs mit <ML> markieren**	2. **ELLIPSE**
6. **Vertikale Ausdehnung des Kopfs mit <ML> markieren**	3. **Mittelp.**
9. **Mittelpunkt des Bauchs mit <ML> markieren**	7. **ELLIPSE**
10. **Horizontale Ausdehnung des Bauchs mit <ML> markieren**	8. **Mittelp.**
11. **Vertikale Ausdehnung des Bauchs mit <ML> markieren**	12. **EDIT**
15. **Kopf als Schnittkante mit <ML> wählen, mit <MR> abschließen**	13. **naechste**
16. **Bauch im Innern des Kopfes mit <ML> wählen, mit <MR> abschließen**	14. **STUTZEN**
21. **Beide Augen mit <ML> markieren, mit <MR> abschließen**	17. **ZEICHNEN**
	18. **RING**

19. **Innendurchmesser <0.50>: 10 <RETRN>**
20. **Aussendurchmesser <1.00>: 20 <RETURN>**

a) Kopf zeichnen (*Schritte 1 - 6*)

b) Bauch zeichnen (*Schritte 7 - 11*)

c) Unerwünschtes Stück des Bauchs stutzen (So leicht geht das in AutoCAD ...) (*Schritte 12 - 16*)

d) Augen zeichnen (*Schritte 17 - 21*)

Die Knöpfe können Sie auf die gleiche Weise zeichnen wie die Augen: als Ringe mit Innendurchmesser 0 und Außendurchmesser 10. Der Befehl **RING** ist besonders geeignet, um schnell viele gleichartige Ringe (Bohrlöcher, Unterlegscheiben etc.) in einer Zeichnung anzubringen: Nachdem Innen- und Außendurchmesser zu Beginn festgelegt wurden, bleibt der Befehl mit diesen Maßen aktiv, bis er mit <MR> abgebrochen wird.

Bei der Standardform des Befehls **ELLIPSE** wird zunächst durch Markierung von zwei Punkten die Lage der ersten Hauptachse festgelegt, anschließend durch Markierung eines dritten Punktes die Länge der (dazu senkrechten) zweiten Hauptachse. Diese Länge kann man alternativ über die Tastatur eingeben. Im obigen Beispiel haben wir die Option **Mittelp.**

verwendet. Dabei wird zuerst der Mittelpunkt der Ellipse markiert, dann der Endpunkt einer Hauptachse. Anschließend wird wieder die Länge der zweiten Hauptachse mit der Maus oder über die Tastatur eingegeben.

4. Drei Eckpunkte der Nase mit <ML> markieren, <MR> abschließen **7. Nase mit <ML> wählen, mit <MR> abschließen**	**1. ZEICHNEN** **6. AENDERN** **2. naechste** **8. Farbe** **3. SOLID** **9. rot** **5. EDIT**
10. Welche Eigenschaften aendern (Farbe/Erhebung/LAyer/Ltyp/Objekthoehe)? <RETURN>	

a) Nase zeichnen, ausgefüllt mit Farbe des Layers (Schwarz) (*Schritte 1 - 4*)

b) Nase in das bei Schneemännern traditionelle Rot (Mohrrübe) umfärben (*Schritte 5 - 10*)

Anstelle von **<RETURN>** im 10. Schritt kann man den Befehl **AENDERN** auch mit **<MR>** im Anschluß an den 9. Schritt beenden. Die Laterne zeichnen wir dem Schneemann in Aufgabe 4.5.

4.5 Aufgaben

Aufgabe 4.1

Im Abschnitt 4.1 haben wir das Netz eines Tetraeders gezeichnet, d.h. ein ebenes Schnittmuster, das man ausschneiden und zu einem Tetraeder zusammenfalten kann. Zeichnen Sie ein solches Netz für den Würfel (die 6 Quadrate lassen sich in Form eines Kreuzes anordnen).

Aufgabe 4.2

a) Im Abschnitt 4.2 haben wir mit der Konstruktion des Mittelpunktes des Umkreises eines Dreiecks (Schnittpunkt der Mittelsenkrechten der Seiten) begonnen. Vollenden Sie die Konstruktion: Zeichnen der Mittelsenkrechte auf eine andere Dreiecksseite, ggfs. Verlängerung einer Mittelsenkrechte mit dcm Befehl **DEHNEN**, um den Schnittpunkt zu erhalten.

b) Zeichnen Sie den Umkreis mit dem in a) konstruierten Mittelpunkt mit der Option **MIT,RAD** des Befehls **KREIS**.

c) Zeichnen Sie den Umkreis des Dreiecks mit der Option **3 PUNKT** des Befehls **KREIS**. (Das geht natürlich viel schneller als die umständliche Konstruktion über den Mittelpunkt.) Benutzen Sie diesen Umkreis zur schnellen Konstruktion der Mittelsenkrechten der Dreiecksseiten.

Aufgabe 4.3

a) Zeichnen Sie das dritte Tortenstück des Diagramms aus Bild 4-5, und zwar mit allen seinen Begerenzungen auf einem eigenen Layer.

b) Ziehen Sie das Tortenstück wie in Bild 4-5 etwas aus dem Diagramm heraus (Befehl **SCHIEBEN**). Damit's schön symmetrisch wird, sollten Sie längs der Winkelhalbierenden des Tortenstücks schieben.

Aufgabe 4.4

a) Zeichnen Sie den Inkreis eines Dreiecks als 3-Punkte-Kreis. Benutzen Sie zur Markierung der 3 Punkte auf dem Kreisumfang den Befehl **TANgente** aus dem **OFANG**-Menü.

b) Mit der Option **TTR** (Tangente, Tangente, Radius) des Befehls **KREIS** kann man einen Kreis zwischen zwei Tangenten einpassen: Wahl der beiden Tangenten, Eingabe des Radius'. Konstruieren Sie damit die Winkelhalbierende eines Winkels. (Das geht etwas schneller als mit dem Verfahren aus Abschnitt 4.3.)

Aufgabe 4.5

Zeichnen Sie die Laterne des Schneemanns aus Bild 4-8: Befehle **LINIE**, **POLYGON** und **SOLID**.

4.6 Die AutoCAD-Funktionen dieses Kapitels

POLYGON

Befehl zum Zeichnen regelmäßiger Vielecke. Zuerst muß man die Anzahl der Seiten des Vielecks eingeben, dann eine der Optionen **Inkreis**,

Umkreis oder **Seite** wählen. Bei den ersten beiden Optionen markiert man den Mittelpunkt des Polygons und legt anschließend seine Größe und Lage (Drehung um den Mittelpunkt) durch Markierung eines Punktes auf dem Rand fest. Bei **Inkreis** ist dies eine Ecke, bei **Umkreis** der Mittelpunkt einer Seite des Polygons. Mit der Option **Seite** definiert man das Vieleck durch Markierung der Endpunkte einer Seite. Der Befehl **POLYGON** steht im Untermenü **ZEICHNEN**.

KREIS

Befehl zum Zeichnen von Kreisen mit den Optionen **MIT,RAD, MIT,DUR, 2 Punkt, 3 PUNKT, TTR**. Bei den beiden ersten Optionen markiert man den Mittelpunkt und bestimmt anschließend die Größe des Kreises durch Eingabe oder Markierung des Radius' bzw. des Durchmessers. Bei der Option **2 PUNKT** legt man den Kreis durch zwei diametral gegenüberliegende Punkte auf der Peripherie, d.h. die Endpunkte eines Kreisdurchmessers, fest. Die Option **3 PUNKT** definiert den Kreis durch Angabe von drei verschiedenen Punkten auf der Kreisperipherie. **TTR** steht für "Tangente, Tangente, Radius". Für diese Option benötigt man zwei Linien, die man durch Objektwahl als Tangenten für den Kreis auswählt. Anschließend bestimmt man die Größe des Kreises durch Eingabe des Radius'. **KREIS** steht im Untermenü **ZEICHNEN**.

BOGEN

Befehl zum Zeichnen von Kreissegmenten. Option **3 PUNKTE**: Kreisbogen durch drei Punkte. Option **M,S,E**: Angabe von Mittelpunkt, Startpunkt und Endpunkt. Option **M,S,W**: Angabe von Mittelpunkt, Startpunkt und Winkel. Option **M,S,L**: Angabe von Mittelpunkt, Startpunkt und Länge des Bogens. Einige weitere, ähnliche Optionen stehen zur Verfügung. Mit der Option **WEITER** kann man an das Ende des letzten Kreisbogens einen weiteren anschließen. Bei der Angabe von Start- und Endpunkt ist zu beachten, daß der Kreisbogen immer im mathematisch positiven Sinn, d.h. gegen den Uhrzeigersinn, vom Start- zum Endpunkt gezeichnet wird. Der Befehl **BOGEN** befindet sich im Untermenü **ZEICHNEN**.

ELLIPSE

Befehl zum Zeichnen von Ellipsen. Bei der Option **Mittelp.** wird zuerst
der Mittelpunkt der Ellipse angegeben, dann der Endpunkt einer Halbachse, zum Schluß die Länge der anderen (darauf senkrecht stehenden)
Halbachse. Bei der Option **Durchm** werden zuerst die Endpunkte einer
Achse angegeben, dann die Länge der zweiten Achse. Die Länge der
zweiten Achse kann man alternativ durch Wahl der Option **Drehen** festlegen: Es wird die Ellipse gezeichnet, die als Projektion eines Kreises
entsteht, der um den angegebenen Winkel gegenüber der Zeichenebene
gedreht ist. Der Befehl **ELLIPSE** steht im Untermenü **ZEICHNEN**.

RING

Befehl zum Zeichnen von ausgefüllten Kreisringen. Die Form des Rings
wird durch Eingagabe von Innen- und Außendurchmesser festgelegt.
Danach kann man beliebig viele Ringe mit diesen Maßen durch Angabe
des Mittelpunkts in die Zeichnung einfügen. Abschließen des Befehls mit
<MR> oder **<RETURN>**. Der Befehl **RING** steht im Untermenü
ZEICHNEN.

SOLID

Befehl zum Zeichnen ausgefüllter Polygone. Gefülltes Dreieck: mit
<ML> die drei Ecken markieren, mit **<MR>** abschließen. Gefülltes
Viereck: Markierung der vier Ecken in Form eines "Z", also z.B. in der
Reihenfolge "links oben, rechts oben, links unten, rechts unten". Markiert
man die vier Ecken im Uhrzeigersinn (oder Gegenuhrzeigersinn), so wird
das Viereck nicht vollständig gefüllt, sondern es entsteht eine Figur wie
bei der Laterne des Schneemanns in Aufgabe 4.5. **SOLID** bleibt bis zum
Abschluß mit **<MR>** aktiv, so daß man meherere (aneinander anschlies-
sende) gefüllte Polygone mit einem Aufruf des Befehls zeichnen kann.
Mit den Optionen **EIN/AUS** kann man den Füllmodus ein- und ausschalten. Der Befehl **SOLID** steht im Untermenü **ZEICHNEN**.

SCHIEBEN

Befehl zum Verschieben von Objekten. Nach Aufruf des Befehls wählt man die zu verschiebenden Objekte (nach dem gleichen Verfahren wie beim Befehl **LOESCHEN**). Anschließend wählt man den Anfangs- und Endpunkt der Verschiebung. Bei Markierung mit der Maus wird das Objekt sichtbar auf dem Bildschirm verschoben. Der Befehl **SCHIEBEN** steht im Untermenü **EDIT**.

KOPIEREN

Befehl zum Kopieren von Objekten. Gleiche Wirkung wie **SCHIEBEN**, mit dem Unterschied, daß das ursprüngliche Objekt erhalten bleibt. Mit der Option **Mehrfach** kann man mehrere verschobene Kopien des Objekts mit einem Aufruf von **KOPIEREN** erzeugen.

TEILEN

Befehl zum Teilen eines Objekts (Linie, Kreis, Kreisbogen etc.) in Abschnitte gleicher Länge. Nach Auswahl des Objekts gibt man die Anzahl der Abschnitte ein. Die Teilung erfolgt durch Anbringen von Unterteilungspunkten. Die Form dieser Punkte kann man vorab mit dem Befehl **PUNKT** (s.u.) festlegen. Es werden nur Unterteilungspunkte eingezeichnet. Das Objekt selber bleibt als einheitliches Objekt erhalten. Mit der Option **Block** kann man anstelle der Unterteilungspunkte auch einen als "Block" definierten Zeichnungsteil einfügen (s. Kapitel 8). Der Befehl **TEILEN** steht im Untermenü **EDIT**.

MESSEN

Mit diesem Befehl kann man auf einem Objekt Abschnitte gleicher Länge abteilen. Die Handhabung und Wirkung ist ähnlich wie bei **TEILEN**. Der Unterschied besteht darin, daß man nicht die Anzahl der Abschnitte angibt, sondern die Abschnittlänge. Auf dem Objekt wird dann vom Anfangspunkt aus die größtmögliche Anzahl von Abschnitten dieser Länge abgeteilt. Dabei bleibt am Ende evtl. noch ein kürzeres Stück übrig. Der Befehl **MESSEN** steht im Untermenü **EDIT**.

PUNKT

Mit diesem Befehl kann man die Darstellungsart von Punkten verändern, die z.B. von den Befehlen **TEILEN** und **MESSEN** gezeichnet werden. Mit der Option **Beispiel** erhält man die Liste der möglichen Punktsymbole. Mit **Entferne Beispiel** kehrt man wieder zur eigenen Zeichnung zurück. Mit der Option **PModus** kann man dann (an Hand der Nummer aus der Beispieltabelle) das gewünschte Symbol wählen. Mit der Option **PGroesse** legt man die Größe des Symbols fest. Gibt man einen positiven Wert ein, wird das Symbol bei Änderung des Bildausschnitts entsprechend verkleinert bzw. vergrößert. Bei Eingabe eines negativen Wertes ist die Größe des Punktsymbols von der Wahl des Bildausschnitts unabhängig. Die mit **PModus** und **PGroesse** gewählte Symbolform ist nur für die nachfolgend gezeichneten Punkte gültig. Damit kann man verschiedene Symbole in einer Zeichnung verwenden.

Mit **PUNKT** kann man Punkte auch direkt in der Zeichnung markieren. Diese Punkte kann man, wie die von den Befehlen **TEILEN** und **MESSEN** gezeichneten Punkte, zur Positionierung von Objekten mit dem Befehl **PUNkt** aus dem **OFANG**-Menü verwenden (Anfangspunkt einer Linie, Mittelpunkt eines Kreises etc.)

Der Befehl **PUNKT** steht im Untermenü **ZEICHNEN**.

Weitere Befehle aus dem **OFANG**-Menü

Mit **MITtelpt** kann man den Mittelpunkt einer Linie aufsuchen, mit **ZENtrum** das Zentrum eines Kreises oder Kreisbogens. Mit **SCHnittp** findet man den Schnittpunkt von zwei Objekten. Dabei sollte man darauf achten, daß nur ein Schnittpunkt im Viereck des Objektfangcursors liegt (ggfs. relevanten Ausschnitt vorher mit **ZOOM** vergrößern). Mit **LOT** (in Verbindung mit dem Befehl **LINIE**) kann man das Lot auf eine Linie, einen Kreis oder einen Kreisbogen fällen. **PUNkt** dient zum Aufsuchen vorher (z.B. mit **TEILEN** oder **MESSEN**) markierter Punkte. Mit **PUNkt** kann man außerdem Punkte in der Zeichnung markieren (gleiche Handhabung wie beim Befehl **PUNKT** aus dem Untermenü **ZEICHNEN**). Liegen viele Punkte dicht zusammen, so kann man statt **PUNkt** den Befehl **NAEchst** verwenden, der den Punkt fängt, der am nächsten am

Fadenkreuz des Objektfangcursors liegt. Mit **QUAdrant** findet man den am weitesten links, rechts, oben oder unten gelegenen Punkt auf einem Kreis. Mit **TANgente** kann man (in Verbindung mit dem Befehl **LINIE**) die Tangente von einem Punkt an einen Kreis zeichnen oder die Tangente zu zwei Kreisen. Mit **TANgente** kann man auch einen Kreis tangential an eine bereits vorhandene Linie oder einen vorhandenen Kreis legen. Der Befehl **BASispkt** fängt den Einfügepunkt eines Blocks, z.B. eines Textblocks (Abschnitt 3.4).

OFANG dauerhaft einschalten

Bei den bisherigen Beispielen wurde der Objektfangmodus mit ******** innerhalb eines Befehls (z.B. **LINIE**) aufgerufen. Der danach aufgerufene **OFANG**-Befehl blieb dann nur für das Einfangen eines Punktes aktiv. Manchmal möchte man jedoch einen bestimmten Objektfangmodus dauerhaft einschalten, z.B. wenn man die Endpunkte einer größeren Anzahl von Linien miteinander verbinden möchte. Hierzu wählt man den Befehl **OFANG** aus dem Untermenü **MODI**. Aus dem Bildschirm-Menü kann man dann den gewünschten Objektfangmodus wählen. Er bleibt aktiv, bis man ihn mit der Option **KEIner** des **OFANG**-Befehls wieder ausschaltet.

5 Vielfalt durch Polylinien

Die Themen dieses Kapitels

- Zeichnen von Polylinien aus Strecken und Kreisbogen (Abschnitt 5.1)
- Polylinien modifizieren: Scheitelpunkte verschieben, Segmente durch gerade Linie ersetzen (Abschnitt 5.1)
- Polylinien teilen (Abschnitt 5.1)
- Umwandeln herkömmlicher Linien in Polylinien (Abschnitt 5.2)
- mehrere Polylinien zu einer verbinden (Abschnitt 5.2)
- Splinekurve durch vorgegebene Punkte legen (Abschnitt 5.2)
- B-Spline-Kurve zu einem Kontrollpolygon konstruieren (Abschnitt 5.2)
- Splinekurven durch Editieren der Scheitelpunkte ändern (Abschnitt 5.2)
- Freihandzeichnen (Abschnitt 5.3)

5.1 Polylinien aus Strecken und Bogen

Bild 5-1 Schachfiguren

Der Umriß des Bauern in Bild 5-1 ist aus geraden Linien und Kreisbogen zusammengesetzt. Man könnte ihn also mit den Befehlen **LINIE** und **BO-**

GEN zeichnen. Schneller geht das aber mit dem Befehl **PLINIE**, mit dem man aus Strecken und Kreisbogen zusammengesetzte *Polylinien* ohne Wechsel zwischen verschiedenen Befehlen zeichnen kann. Zusätzlich kann man dabei noch die Strichstärke variieren. Im Gegensatz zur Konstruktion aus einzelnen Strecken und Bogen wird ein mit **PLINIE** konstruierter Gegenstand als ein einziges Objekt angesehen. Dies beschleunigt die Objektwahl bei **SCHIEBEN, KOPIEREN, LOESCHEN** etc.

Zur vereinfachten Markierung der Punkte sollten Sie ein Fangraster mit Rasterwert 10 einstellen. Mit den folgenden Befehlen wird der Umriß der Figur im Uhrzeigersinn gezeichnet, beginnend bei einem Punkt des Bodens.

3. Punkte (110,40), (30,40), (40,60), (70,60), (90,130), (70,130) mit <ML> markieren	1. ZEICHNEN
	2. PLINIE
5. Punkt (70,160) mit <ML> markieren	4. Bogen
	6. Linie
7. Punkte (100,160), (100,180) mit <ML> markieren	8. Bogen
	9. RIchtung
10. Punkt (70,200) mit <ML> markieren	12. Linie
11. Punkt (130,180) mit <ML> markieren	14. Bogen
13. Punkte (130,160), (160,160) mit <ML> markieren	16. Linie
	18. Schliess
15. Punkt (160,140) mit <ML> markieren	
17. Punkte ((160,140), (130,130), (150,60), (180,60), (190,40) mit <ML> markieren	

a) Befehl **PLINIE** aufrufen und geradlinigen Teil des Umrisses bis zum ersten Bogen zeichnen *(Schritte 1 - 3)*

b) Bogen zeichnen *(Schritte 4 - 5)*

c) Zeichnung des weiteren geradlinigen Teils bis zum Kopf *(Schritte 6 - 7)*

d) Kopf der Figur Zeichnen *(Schritte 8 - 11)*

e) Zeichnung des rechten Teils der Figur bis zur rechten unteren Ecke des Fußes *(Schritte 12 - 17)*

f) Figur schließen *(Schritt 18)*

Der Befehl **PLINIE** hat die beiden Optionen **Bogen** und **Linie** zum Zeichnen von Kreisbogen und geraden Linien. Jede der beiden Optionen bleibt solange aktiv, bis zur jeweils anderen umgeschaltet wird. Nach dem Aufruf befindet sich **PLINIE** im **Linie**-Modus. Im Beispiel haben wir **PLINIE** mit der Option **Schliess** beendet, wodurch die Polylinie durch eine Linie vom letzten Punkt zum Anfangspunkt geschlossen wurde. Will man nicht geschlossene Polylinien zeichnen, schließt man den Befehl mit < MR > ab.

Mit der Option **Linie** wirkt **PLINIE** ähnlich wie der Befehl **LINIE** aus dem Menü **ZEICHNEN**. Im **Bogen**-Modus gibt es dagegen einige Besonderheiten. Der Kreisbogen wird tangential an die zuletzt gezeichnete Linie bzw. den zuletzt gezeichneten Bogen angesetzt, so daß kein Knick in der Kurve entsteht. Dies haben wir beim Punkt b) des obigen Beispiels ausgenutzt. Will man stattdessen einen Knick erzeugen, kann man diese Automatik durch Wahl zusätzlicher Optionen aus dem Untermenü von **Bogen** ausschalten. Dies haben wir im Beispiel unter d) getan. Mit **RIchtung** läßt sich die Tangentenrichtung am Anfang des Bogens willkürlich festlegen. Nach Auswahl der Option markiert man die Tangente vom bisherigen Endpunkt der Polylinie aus durch einen weiteren Punkt (Schritt 10, der dort markierte Punkt (70,200) wird also kein Punkt der Polylinie). Anschließend zeichnet man den Bogen wie bisher durch Markierung seines Endpunktes. Im Untermenü von **Bogen** stehen noch die Optionen **Winkel**, **Mittelpt**, **RAdius** und **2. Pkt**, mit denen man den Kreisbogen durch Angabe des Öffnungswinkels, des Mittelpunktes, des Radius' oder als 3-Punkte-Kreis (Anfangspunkt, "2. Punkt", Endpunkt) festlegen kann.

Bei Polylinien kann man zusätzlich die Linienbreite wählen. Die Breite 0 entspricht der gewöhnlichen Strichstärke. Zum Zeichnen des rechten Bauern in Bild 5-1 wählt man nach der Markierung des ersten Punktes die Option **Breite** und beantwortet die Fragen nach der Start- und Endbreite jeweils mit 2. Mit **Fuellen ein/aus** kann man dann noch wählen, ob die Linie ausgefüllt oder durch zwei parallele Linien dargestellt wird. Durch unterschiedliche Wahl von Start- und Endbreite kann man Linien erzeugen, die sich z.B. zum Ende hin verjüngen. Dies wirkt jedoch nur auf das erste Segment, alle weiteren werden in der Endbreite gezeichnet. Mit der Option **H.Breite** kann man anstelle der Breite die halbe Breite der Linie definieren.

Mit der Option **Laenge** kann man das letzte Liniensegment um die eingegebene Länge verlängern bzw. an den letzten Kreisbogen tangential ein Liniensegment dieser Länge ansetzen.

AutoCAD hat auch noch einen Befehl **BAND**, der ausschließlich zum Zeichnen gerader Linien mit vorgegebener Breite dient. Dieser Befehl kann aber weniger als **PLINIE**, so daß man ihn eigentlich nicht braucht.

Auf Polylinien kann man die gewöhnlichen Editierbefehle (**LOESCHEN**, **SCHIEBEN** etc.) anwenden. Sie müssen also den rechten Bauern in Bild 5-1 nicht neu zeichnen, sondern können ihn mit **KOPIEREN** aus dem linken erzeugen. Bei der Wahl der zu kopierenden Objekte wird Ihnen eine Besonderheit der Polylinien auffallen: Eine Polylinie wird von AutoCad als ein einziges Objekt betrachtet. Sie können also die ganze Schachfigur mit einem Mausklick wählen. Dies unterscheidet eine Polylinie etwa von einem Linienzug, der mit dem Befehl **LINIE** gezeichnet wurde. Dort ist jede Strecke ein einzelnes Objekt. Die Strichstärke des kopierten Bauern kann man mit **PEDIT**, einem speziellen Editierbefehl für Polylinien ändern. Nach Aufruf von **PEDIT**, Auswahl des Objekts mit dem Objektwahlcursor und Wahl der Option **Breite** aus dem Bildschirmmenü kann man in der Befehlszeile die neue Breite (für alle Segmente der Polylinie) eingeben.

PEDIT bietet eine Reihe weiterer Editiermöglichkeiten. Mit den Optionen **Schliess** bzw. **Oeffne** kann man eine offene Polylinie schließen bzw. aus einer geschlossenen Polylinie das letzte Segment löschen. Mit **Verbinde** kann man mehrere Polylinien, oder auch mit dem Befehl **LINIE** gezeichnete Linien, zu einer Polylinie verbinden. Damit kann man die Möglichkeiten der Polylinien auch für Linien ausnutzen, die ursprünglich nicht mit **PLINIE** erstellt wurden. Mit der Option **Ed Schpt** von **PEDIT** kann man die *Scheitelpunkte* der Polylinien, d.h. die Nahtstellen zwischen den Segmenten, editieren. Der jeweils aktuelle Scheitelpunkt wird durch ein Kreuz markiert, und man kann zwischen den Scheitelpunkten mit den Optionen **Naechste** und **Vorher** aus dem Bildschirmmenü von **Ed Schpt** zum nächsten bzw. vorherigen Scheitelpunkt springen. Mit der Option **Bruch** kann man die Segmente zwischen zwei Scheitelpunkten löschen. Insbesondere kann man damit auch eine Polylinie in mehrere Stücke teilen, die man dann getrennt weiter bearbeiten kann. Mit der Option **Linie** kann man die Segmente zwischen zwei gewählten Scheitelpunkten durch eine gerade Linie ersetzen. Mit **Einfuege** kann man einen neuen Scheitelpunkt einfügen, der automatisch mit seinen Nachbarn verbunden wird. Mit **Schieben** kann man den Scheitelpunkt verschieben. Bild 5-2 zeigt links den Bauern aus Bild 5-1 und rechts die Figur, die durch die nachfolgenden Befehlsfolgen daraus entsteht. Als Ausgangspunkt sollten Sie Bild 5-1 verwenden und den rechten Bauern daraus löschen.

Bild 5-2 Modifikation der Schachfigur

Zuerst schrägen wir den Fuß des Bauern ab:

3. Wahl des Bauern mit <ML>, Abschluß mit <MR>	1. EDIT
	2. KOPIEREN
4. Startpunkt (190,40) und Endpunkt (380,40) der Verschiebung mit <ML> markieren	5. EDIT
	6. naechste
	7. PEDIT
8. Rechten Bauer mit <ML> wählen, mit <MR> abschließen	9. Ed Schpt
	10. Naechste (3)
12. Punkt (260,70) mit <ML> markieren	11. Schieben

a) Erstellung des rechten Bauern durch Kopieren (*Schritte 1 - 4*)

b) Aufruf von **PEDIT** und Wahl des rechten Bauern (*Schritte 5 - 8*)

c) Aufruf der Option **Ed Schpt** und Wahl des Scheitelpunkts mit den Koordinaten (260,60) zum Editieren: durch **Naechste** (3) symbolisierte 3-malige Wahl der Option **Naechste** im 10. Schritt (*Schritte 9 - 10*)

d) Verschieben des Scheitelpunkts auf die Position (260,70) (*Schritte 11 -12*)

Die anschließende Abschrägung des rechten Teils des Fußes übrlassen wir Ihnen. Am Ende sollten Sie den Befehl **PEDIT** durch Auswahl der Option **eXit** verlassen. Jetzt entfernen wir die Abrundung am "Kragen" des Bauern:

4. Wahl des rechten Bauern mit <ML>, Abschluß mit <MR>	1. EDIT 2. naechste 3. PEDIT 5. Ed Schpt	6. Naechste (5) 7. Linie 8. Naechste 9. Los

a) Aufruf von **PEDIT** und Wahl des rechten Bauern (*Schritte 1 - 4*)

b) Aufruf der Option **Ed Schpt** und Wahl des Scheitelpunkts mit den Koordinaten (460,140) zum Editieren (*Schritte 5 - 6*)

c) Ersetzen des Bogens durch eine gerade Linie (*Schritte 7 - 9*)

Die entsprechende Ersetzung am rechten Teil des Kragens sollten Sie wieder selber vornehmen und den Befehl **PEDIT** anschließend mit **eXit** verlassen. Die Figur sieht dann wie in Bild 5-2 aus. Der Umriß der Figur ist weiterhin eine einzige Polylinie. Wir teilen den Umriß jetzt in zwei Polylinien, den Kopf und den unteren Teil der Figur:

4. Rechten Bauern mit <ML> wählen, mit <MR> abschließen **13. Kopf des rechten Bauern mit <ML> wählen, mit <MR> abschließen**	1. EDIT 2. naechste 3. PEDIT 5. Ed Schpt 6. Naechste (8) 7. Bruch 8. Los 9. eXit	10. EDIT 11. naechste 12. PEDIT 14. Ed Schpt 15. Naechste 16. Bruch 17. Los 18. eXit

a) Aufruf von **PEDIT** und Wahl des rechten Bauern (Schritte 1 - 4)

b) Aufruf der Option **Ed Schpt** und Wahl des Scheitelpunkts mit den Koordinaten (290,180) zum Editieren (*Schritte 5 - 6*)

c) Teilen der Polylinie, **PEDIT** verlassen (*Schritte 7 - 9*)

d) Aufruf von **PEDIT** und Wahl des Kopfes des rechten Bauern (*Schritte 10 - 13*)

e) Aufruf der Option **Ed Schpt** und Wahl des Scheitelpunkts mit den Koordinaten (320,180) zum Editieren (*Schritte 14 - 15*)

f) Teilen der Polylinie, **PEDIT** verlassen (*Schritte 14 - 18*)

Der Kopf des Bauern ist jetzt als eigenständige Polylinie abgeteilt. Der untere Teil des Umrisses besteht allerdings noch aus zwei getrennten Polylinien. Nach dem 8. Schritt in der obigen Befehlsfolge wurde die letzte Strecke (im Boden der Figur) gelöscht. Dies ist auch konsequent: Diese Strecke wurde ja mit der Option **Schliess** gezeichnet. Durch die Trennung der Polylinie wurde diese Schließung gegenstandslos. Wir schließen jetzt diese Lücke und fassen den unteren Teil der Figur zu einer Polylinie zusammen:

5. Ersten Endpunkt der Lücke mit <ML> markieren	**1. ZEICHNEN**
	2. LINIE
8. Zweiten Endpunkt der Lücke mit <ML> markieren, mit <MR> abschließen	**3. ******
	4. ENDpunkt
	6. ****
12. Rechte Seite des Bauern mit <ML> wählen, mit <MR> abschließen	**7. ENDpunkt**
	9. EDIT
14. Rechte Seite, im Boden neu eingefügtes Stück und linke Seite des Bauern mit <ML> wählen, mit <MR> abschließen	**10. naechste**
	11. PEDIT
	13. Verbinde
	15. eXit

a) Lücke im Fuß des Bauern durch eine (gewöhnliche) Linie schließen (*Schritte 1 - 8*)

b) Aufruf von **PEDIT** und Wahl eines Objekts (um das Bildschirmmenü von **PEDIT** zu erreichen) (*Schritte 9 - 12*)

c) Verbinden der drei Teile des unteren Teils der Figur zu einer Polylinie, **PEDIT** verlassen (*Schritte 13 - 15*)

Diese Befehlsfolge zeigt, wie man einerseits eine Polylinie in mehrere teilen kann, andererseits mehrere Polylinien und gewöhnliche Linien zu einer Polylinie zusammenfassen kann. Der Nebeneffekt, daß dabei ein mit der Option **Schliess** von **PLINIE** gezeichnetes Segment wieder gelöscht wird, ist zwar auf den ersten Blick etwas überraschend, entspricht aber der Logik dieser Option. Teilen und Zusammenfassen von Polylinien wirkt sich auf das Aussehen des Bildes nicht aus, sondern nur auf die weiteren Möglichkeiten der Bearbeitung. So könnte man jetzt z.B. den Kopf der Figur mit **LOE-SCHEN** entfernen, anschließend ein anderes Oberteil aufsetzen und mit dem Unterteil wieder zu einer Polylinie verbinden.

5.2 Splines mit Polylinien

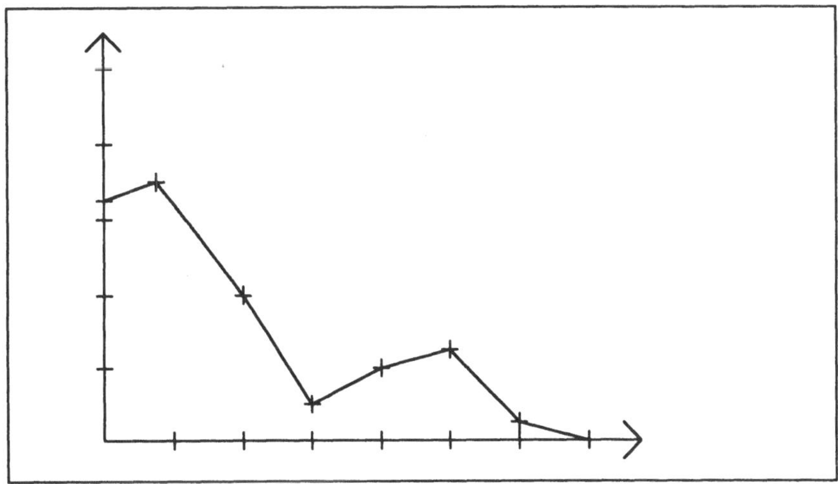

Bild 5-3 Umsatzkurve als Polygonzug

Splines sind glatte Kurven, d.h. Kurven ohne Knick, die man auf verschiedene Weise manipulieren kann. Z.B. kann man Punkte vorschreiben, durch die die Splinekurve laufen muß. Damit hat man ein sehr mächtiges Hilfsmittel zur Hand, das die Konstruktionsmöglichkeiten über die uns schon bekannten Elemente (gerade Linien, Kreisbogen etc.) hinaus auf allgemeine gekrümmte Kurven erweitert. Als Anwender von AutoCAD müssen Sie sich dazu nicht mit der (nicht ganz einfachen) Mathematik befassen, die den Splines zugrunde liegt. Splinekonstruktionen werden Ihnen nämlich als Teil des Befehls **PEDIT** fertig angeboten. In den folgenden Beispielen zeigen wir Ihnen einige Anwendungsmöglichkeiten von Splines. Sie sollen Ihnen helfen "vorauszusehen", wie die konstruierte Kurve am Ende aussieht. Dennoch erlebt man hierbei immer wieder mal eine Überraschung. Es braucht eine gewisse Zeit, bis man das richtige Fingerspitzengefühl entwickelt hat.

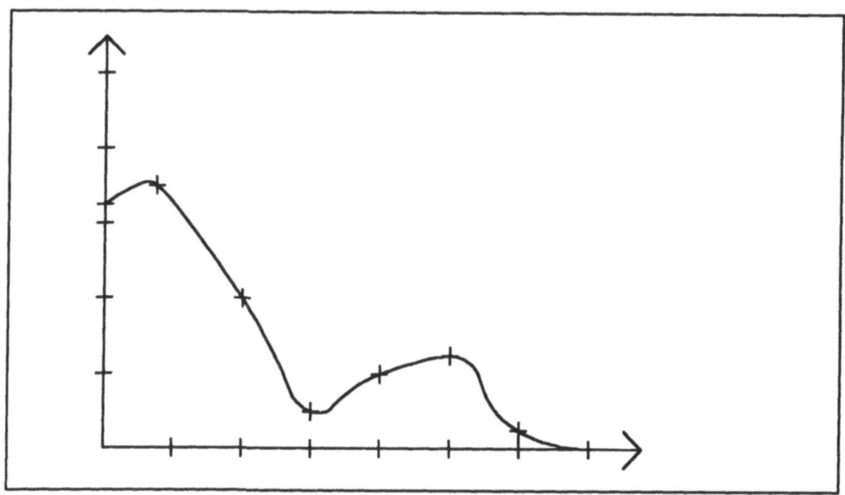

Bild 5-4 Umsatzkurve durch Splines geglättet

Als erstes Beispiel nehmen wir die Umsatzkurve einer Firma (Bild 5-3). Sie ist dadurch entstanden, daß der Umsatz jeder Woche in das Koordinatensystem eingetragen und die einzelnen Meßpunkte durch gerade Linien verbunden wurden. Um das traurige Betriebsergebnis wenigstens optisch etwas aufzuhellen, soll der Polygonzug durch eine knickfreie Kurve ersetzt werden (Bild 5-4). Zeichnen Sie zunächst Bild 5-3. Wenn Sie dabei den Polygonzug mit dem Befehl **LINIE** gezeichnet haben, fassen Sie die einzelnen Strecken zu einer Polylinie zusammen, wie im vorigen Abschnitt beschrieben.

4. **Polygonzug mit <ML> wählen, mit** <MR> **abschließen**	1. **EDIT** 2. **naechste** 3. **PEDIT**	5. **Kurve Ang** 6. **eXit**

a) **PEDIT** aufrufen und Polygonzug zum Editieren wählen (*Schritte 1 - 4*)

b) Polygonzug mit **Kurve Ang** durch eine Splinekurve ersetzen (*Schritt 5*)

c) **PEDIT** verlassen (*Schritt 6*)

Es sei hier bemerkt, daß die so angeglichene Kurve keinen Anspruch darauf erhebt, die Umsatzdaten zwischen den einzelnen Meßpunkten besonders gut zu interpolieren. Die Berechnung solcher Kurven liegt nicht im Aufgabenbereich von AutoCAD. In Aufgabe 5.2 geben wir ein Beispiel dafür, daß der Versuch, auf diese Weise Funktionen zu glätten, zu recht unerwünschten Ergebnissen führen kann.

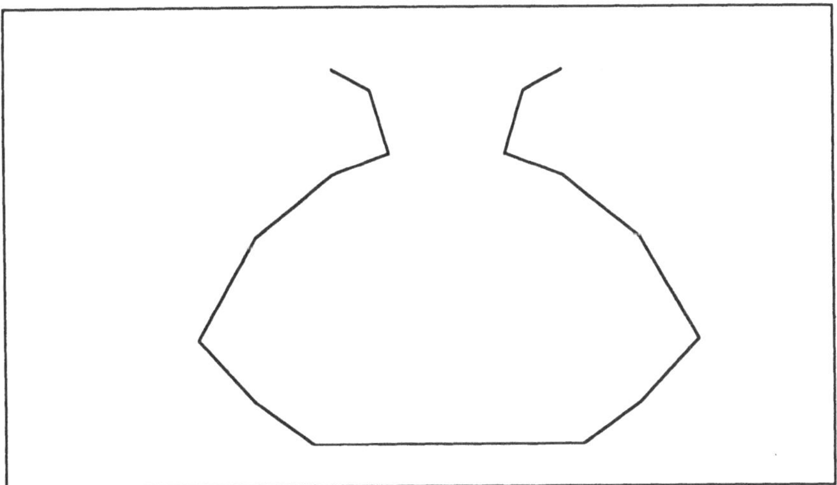

Bild 5-5 Umriß der Vase als Polylgonzug

Als nächstes konstruieren wir den Umriß einer Vase mit Hilfe von Splinekurven. Hierzu zeichnen wir zunächst den linken Teil des Umrisses als Polylinie mit den Scheitelpunkten (160,20), (130,40), (100,70), (130,120), (170,150), (200,160), (190,190), (170,200). Die Konstruktion dieser Polylinie überlassen wir Ihnen. Bild 5-5 zeigt die grobe Darstellung des Umrisses durch einen Streckenzug. Ein einfaches Verfahren, um den spiegelsymmetrischen rechten Teil der Zeichnung zu erhalten, behandeln wir im nächsten Kapitel. Für die folgenden Experimente reicht der linke Teil aus. Wenn Sie darauf die Option **Kurv Ang** des Befehls **PEDIT** anwenden, erhalten Sie die (mäßig schöne) Vase von Bild 5-6.

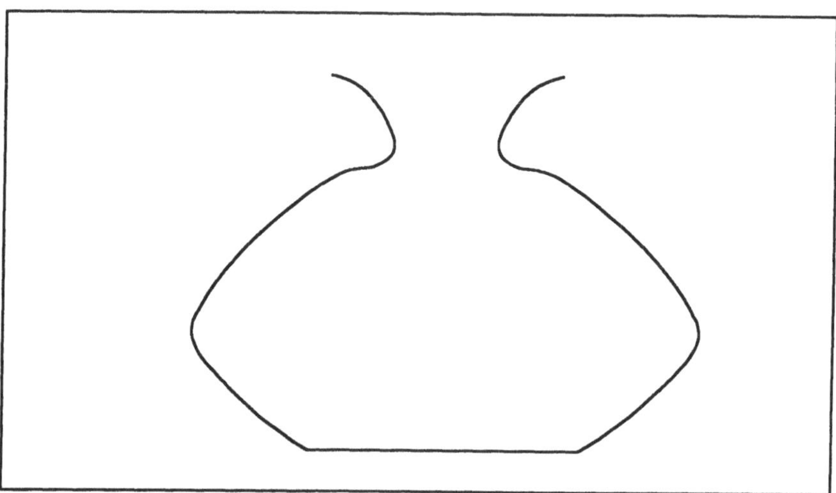

Bild 5-6 Vase mit gewöhnlichen Splines konstruiert

In Bild 5-6 wurden die geraden Strecken der Polylinie durch Splinekurven ersetzt. Der Umriß verläuft durch die in Bild 5-5 festgelegten Scheitelpunkte. Die Kurve hat zwar keinen Knick, erscheint aber dennoch nicht so "rund", wie man sich die Vase eigentlich vorgestellt hat. Abhilfe schafft hier die Option **Kurv Lin** von **PEDIT**, mit der man eine andere Art von Splines, die sog. *B-Splines* erzeugen kann (Bild 5-7).

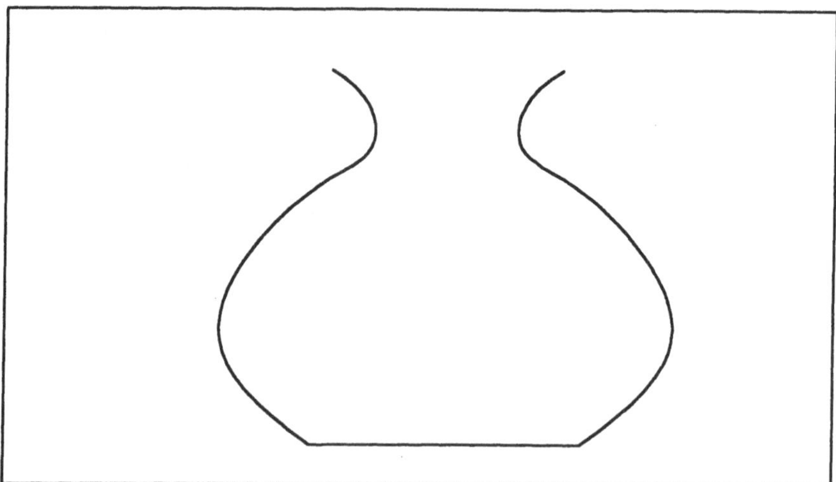

Bild 5-7 Vase mit B-Splines konstruiert

Bild 5-7 können Sie aus Bild 5-6 oder 5-5 einfach konstruieren: Aufruf von **PEDIT**, Wahl der Polylinie, Auswahl der Option **Kurv Lin** aus dem Bildschirmmenü. Sie werden feststellen, daß die Kurve in Bild 5-7 nicht mehr durch die Scheitelpunkte der Polylinie von Bild 5-5 verläuft. Bild 5-8 zeigt Ihnen den Verlauf der B-Splines an zwei einfachen Beispielen. Es ist jeweils die ursprüngliche Polylinie aus geraden Stücken dargestellt, die man zunächst mit dem Befehl **PLINIE** zeichnet, und die Kurve, die man daraus mit **Kurv Lin** erhält. Der Polygonzug, aus dem die B-Spline-Kurve durch **Kurv Lin** entsteht, heißt *Kontrollpolygon* der Kurve, seine Scheitelpunkte sind die *Kontrollpunkte*.

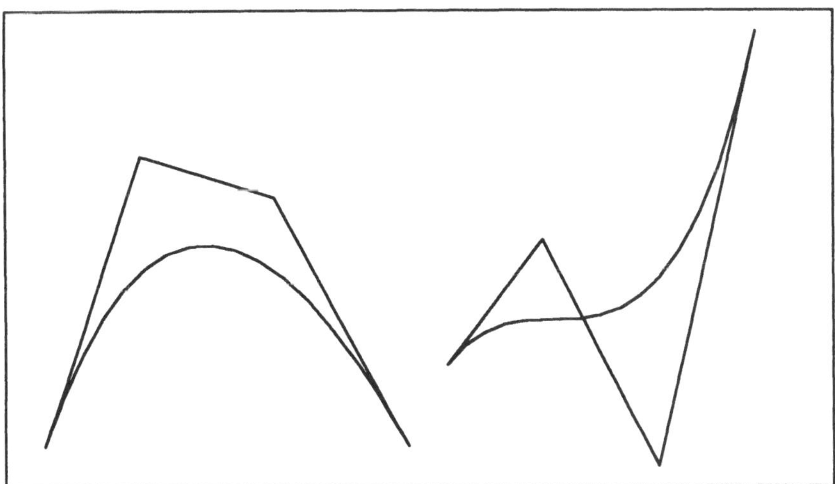

Bild 5-8 kubische B-Splines

B-Splines haben die folgenden wesentlichen geometrischen Eigenschaften, mit denen man die Konstruktion beeinflussen kann:

- Die Kurve verläuft durch Anfangs- und Endpunkt des Kontrollpolygons und liegt tangential an der Anfangs- und Endkante an.

- Die Kurve liegt in der *konvexen Hülle* der Kontrollpunkte. Die konvexe Hülle ist das kleinste konvexe Polygon (d.h. Polygon ohne "Einbuchtungen"), das die Kontrollpunkte enthält. Anschaulich kann man sich die Bildung der konvexen Hülle mit einem kleinen Experiment vorstellen: Die Kontrollpunkte sind als Nägel in die Zeichenebene eingeschlagen. Die konvexe Hülle wird durch ein Gummiband berandet, das man um die Nägel spannt.

- Die Kurve ist in der gleichen Richtung gekrümmt wie das Kontrollpolygon. Im linken Teil von Bild 5-8 treten also keine Schwankungen der Kurve auf. Im rechten Teil ändert das Kontrollpolygon einmal die Richtung. Das gleiche trifft auf die Kurve zu.

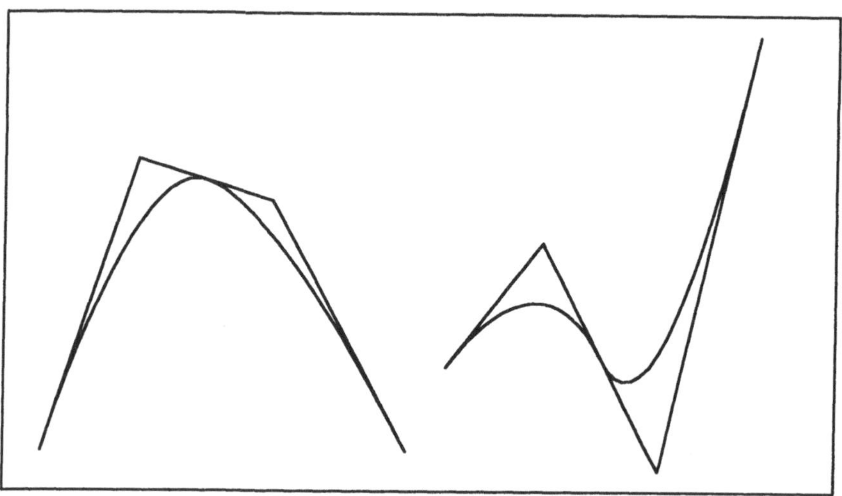

Bild 5-9 quadratische B-Splines

Die verschiedenen Möglichkeiten zur Konstruktion von Splines mit **PEDIT** erproben wir jetzt am linken Teil von Bild 5-8 und einigen Experimenten mit dieser Zeichnung. Für die einfache Markierung der Punkte ist wieder ein Fangraster mit Rasterwert 10 praktisch.

3. Punkte (20,20), (60,160), (140,140), (210,20) mit <ML> markieren, mit <MR> abschließen	1. ZEICHNEN 10. SPLframe
	2. PLINIE 11. EIN
7. Polylinie mit <ML> wählen, mit <MR> abschließen	4. EDIT 12. LETZTES
	5. naechste 13. Kurv Lin
9. Auswahlfläche durch Markierung von Exit mit <ML> schließen	6. PEDIT
	8. Poly Var

a) Polylinie zeichnen (*Schritte 1 - 3*)

b) **PEDIT** aufrufen und Polylinie wählen (*Schritte 4 - 7*)

c) "Spline-Frame" einschalten, d.h. AutoCAD veranlassen, auch das Kontrollpolygon zu zeichnen (*Schritte 8 - 11*)

d) Zum Menü von **PEDIT** wechseln und B-Spline zeichnen (*Schritte 12 - 13*)

Im 9. Schritt bietet Ihnen AutoCAD (ab Version 9.0) eine Auswahlfläche an, auf der Sie mit der Maus einige Optionen direkt anwählen können, u.a. auch **SPLFRAME setzen**. Probieren Sie diese Alternative zur Auswahl aus dem Bildschirmmenü einmal selbst aus.

Die oben aufgeführten geometrischen Eigenschaften der B-Splines legen den Schluß nahe, daß die Krümmung des Kontrollpolygons die Krümmung der Kurve beeinflußt. Dies prüfen wir experimentell:

4. Neue Position des 2. Scheitelpunkts (80,70) mit <ML> markieren	**1. Ed Schpt**	**6. Schieben**
	2. Naechster	**8. eXit**
7. Neue Position des 3. Scheitelpunkts (140,70) mit <ML> markieren	**3. Schieben**	
	5. Naechster	

a) Zweiten Kontrollpunkt verschieben (*Schritte 1 - 4*)

b) Dritten Kontrollpunkt verschieben (*Schritte 5 - 7*)

c) Menü von **Ed Schpt** verlassen und zum Menü von **PEDIT** zurückkehren (*Schritt 8*)

Erwartungsgemäß haben wir mit dem flacheren Kontrollpolygon auch eine entsprechend flachere Kurve erhalten. Bisher haben wir mit sog. kubischen B-Splines gearbeitet. In AutoCAD stehen daneben auch quadratische B-Splines zur Verfügung, die sich enger an das Kontrollpolygon anschmiegen (Bild 5-9). Der Wechsel zu dieser Art von Splines geschieht in **PEDIT** so:

2. Auswahlfläche mit Markierung von Exit mit <ML> abschließen	**1. Poly Var**	**5. LETZTES**
	3. SPLtype	**6. Kurv Lin**
	4. Quad	**7. eXit**

a) Umschalten auf quadratische Splines (*Schritte 1 - 4*)

b) Wechsel ins Menü von **PEDIT**, B-Spline-Kurve neu zeichnen, **PEDIT** verlassen (*Schritte 5 - 7*)

Mit etwas Übung kann man mit B-Splines recht hübsche Kurven konstruieren. Die gewöhnlichen Splines, bei denen man einfach eine Reihe von Kurvenpunkten vorschreibt, erscheinen zwar auf den ersten Blick einfacher, neigen aber zu unangenehmen "Schnörkeln", die man auch durch weitere Maßnahmen nur mühsam entfernen kann (Aufgabe 5.2)

5.3 Freihandzeichnen

Man kann AutoCAD auch hilfsweise als Malprogramm verwenden (mißbrauchen): Mit dem Befehl **SKIZZE** kann man mit der Maus freihändig zeichnen. Mit <ML> bewirkt man dabei jeweils, daß die Zeichenfeder gesenkt (es wird gezeichnet) bzw. angehoben wird (man kann mit der Maus zu einem anderen Punkt gehen, ohne daß diese Bewegung gezeichnet wird). Mit der folgenden Befehlsfolge können Sie zwei Linien zeichnen (ganz nach Ihrem Geschmack). Man braucht etwas Übung, um hübsche Bilder mit der Maus zu skizzieren. Nicht aus Zufall enthält dies Buch kein Bild dazu ...

5. Cursor an den Anfang der 1. Linie **bewegen, <ML> drücken**	**1. ZEICHNEN**
6. Linie zeichnen, mit <ML> abschließen	**2. naechste**
8. Mit Mausbewegungen Linie aus- **radieren, mit <ML> abschließen**	**3. SKIZZE**
9. Cursor an den Anfang der 1. Linie **bewegen, <ML> drücken**	**7. Loeschen**
10. Linie zeichnen, mit <ML> abschließen	**11. Speichern**
12. Cursor an den Anfang der 2. Linie **bewegen, <ML> drücken**	**14. eXit**
13. Linie Zeichnen, mit <ML> abschließen	
4. Befehl: SKIZZE Skizziergenauigkeit <1.00>: <RETURN>	

a) Befehl **SKIZZE** aufrufen und Skizziergenauigkeit wählen (*Schritte 1 - 4*)

b) Erste Linie zeichnen (*Schritte 5 - 6*)

c) Erste Linie wieder ausradieren (*Schritte 7 - 8*)

d) Erste Linie noch einmal zeichnen (*Schritte 9 - 10*)

e) Bisherige Zeichnung speichern (*Schritt 11*)

f) Zweite Linie zeichnen (*Schritte 12 - 13*)

g) Befehl **SKIZZE** beenden (mit automatischer Speicherung der Zeichnung)
   (*Schritt 14*)

Zusätzlich zu den hier gezeigten Möglichkeiten kann man noch durch Eingabe des Punktsymbols eine gerade Linie von der aktuellen Cursorposition zum Ende der zuletzt gezeichneten Linie zeichnen. Mit der Option **Verbinde** kann man an einer vorher gezeichneten Linie wieder ansetzen. Die gezeichneten Linien werden beim Verlassen des Befehls mit **eXit** gespeichert oder bei Aufruf der Option **Speichern**. Gespeicherte Linien können nicht mehr mit der Option **Loeschen** ausradiert werden. Verläßt man den Befehl **SKIZZE** mit **Quit**, gehen die nicht gesicherten Teile der Zeichnung verloren.

Die mit **SKIZZE** gezeichneten Linien werden von AutoCAD in (meist sehr viele) gerade Linien umgewandelt. Ihre Anzahl wird am Ende des Befehls oder bei Aufruf der Option **Speichern** angezeigt. Beim Skizzieren kann man schnell den vorhandenen Speicherplatz erschöpfen, insbesondere, wenn man als Skizziergenauigkeit eine kleine Zahl eingibt. Mit **SKIZZE** gezeichnete Linienzüge kann man mit den Editierfunktionen von AutoCAD weiterbearbeiten. Das ist aber meist sehr mühsam, weil sie aus vielen kurzen Stücken bestehen. Es ist deshalb sinnvoll, vor dem Skizzieren die Systemvariable SKPOLY auf den Wert 1 zu setzen (Auswahl von **SKPOLY** aus dem Bildschirmmenü von **SKIZZE**). Eine skizzierte Linie wird dann in *eine* Polylinie umgewandelt, die man z.B. mit **PEDIT** weiterbearbeiten kann. Mit zittriger Hand entworfene Skizzen werden aber meist auch nicht besser, wenn man sie mit Splinekurven glättet.

AutoCAD ist kein Malprogramm. Seine diesbezüglichen Fähigkeiten sind beschränkt. Freihandzeichnen sollte deshalb nur eingesetzt werden, wenn man mit den anderen Funktionen von AutoCAD nicht zum Ziel kommt. Wer öfter ganze Zeichnungen skizzieren möchte, ist mit einem Malprogramm wie Paintbrush oder GEM besser bedient.

5.4 Aufgaben

Aufgabe 5.1

Zeichnen Sie den Bilderrahmen in Bild 5-1 als Polylinie aus vier Segmenten.

Aufgabe 5.2

Verschieben Sie in Bild 5-3 den Anfangspunkt der Polylinie auf der y-Achse nach unten bis zum ersten Teilstrich. Ersetzt man anschließend den Polygonzug mit **Kurv Ang** durch eine Splinekurve, so entseht ein "Bauch". Die Kurve sieht nicht mehr wie eine Umsatzkurve aus. Versuchen Sie, diesen Fehler zu beseitigen, indem Sie mit der Option **Ed Schpt** des Befehls **PEDIT** weitere Punkte einfügen, durch die die Kurve verlaufen muß. Eine andere Möglichkeit, den Kurvenverlauf zu beeinflussen, besteht darin, die Richtung der Kurventangenten in den Scheitelpunkten mit der Unteroption **Tangente** von **Ed Schpt** vorzuschreiben

5.5 Die AutoCAD-Funktionen dieses Kapitels

PLINIE

Befehl zum Zeichnen von Polylinien aus geraden Stücken und Kreisbogen. Zwischen dem Linien- und Bogenmodus kann mit den Optionen **Linie** und **Bogen** umgeschaltet werden. Im Bogenmodus wird ein neuer Bogen tangential an die letzte Linie oder den letzten Bogen angesetzt, so daß kein Knick entsteht. Durch die Option **RIchtung** aus dem Bildschirmmenü von **Bogen** kann man diese Automatik ausschalten und die Richtung der Tangente vorschreiben. Mit den Optionen **Winkel**, **Mittelpt**, **RAdius** und **2. Pkt** kann man die Form des Bogens ebenfalls direkt vorschreiben: durch den Öffnungswinkel, den Mittelpunkt, den Radius oder als 3-Punkte-Kreis (Anfangspunkt, "2. Punkt", Endpunkt).

Mit den Optionen **Breite** und **H. Breite** kann man die Breite der Polylinie festlegen. Dabei wird man zur Eingabe der Breite am Anfang und am Ende der Linie aufgefordert. Durch unterschiedliche Eingaben kann man

Linien zeichnen, die sich zum Ende hin verjüngen. Diese Verjüngung wirkt jedoch nur auf das erste Segment der Polylinie, alle weiteren werden in der Endbreite gezeichnet. Mit der Option **Fuellen EIN/AUS** kann man bestimmen, ob die Linie ausgefüllt oder durch zwei parallele Linien dargestellt wird. **PLINIE** hat eine Option **Schliess**, mit der die Polylinie automatisch geschlossen wird.

Ein mit **PLINIE** gezeichneter Gegenstand wird von AutoCAD als ein einziges Objekt behandelt, im Unterschied zu einem mit **LINIE** gezeichneten Streckenzug, bei dem jede Strecke ein einzelnes Objekt ist. Der Befehl **PLINIE** befindet sich im Untermenü **ZEICHNEN**.

BAND

Mit diesem Befehl kann man ebenfalls Linien beliebiger Breite zeichnen, allerdings nur solche aus geraden Stücken. Der Befehl **BAND** befindet sich im Untermenü **ZEICHNEN**.

PEDIT

Befehl zum Editieren von Polylinien. Mit der Option **Schliess** kann man eine offene Polylinie nachträglich schließen, mit **Oeffnen** eine geschlossene Polylinie wieder öffnen. Die Option **Breite** dient zum Ändern der Breite. Mit der Option **Verbinde** kann man mehrere Polylinien und mit **LINIE** gezeichnete Streckenzüge zu einer Polylinie verbinden.

Mit **Ed Schpt** kann man die Scheitelpunkte der Polylinie editieren. Diese Option hat ein eigenes Untermenü. Mit **Naechste** und **Vorher** bewegt man sich zum nächsten bzw. vorherigen Scheitelpunkt. Mit **Schieben** kann man den gewählten Scheitelpunkt verschieben. Mit **Einfuege** fügt man hinter dem gewählten Scheitelpunkt einen weiteren ein. Er wird automatisch mit seinen Nachbarpunkten verbunden. Mit **Bruch** kann man den Teil der Polylinie zwischen zwei Scheiteln löschen: 1. Scheitelpunkt mit **Naechste** wählen, Option **Bruch**, 2. Scheitelpunkt mit **Naechste** wählen, Option **Los**. Die Option **Linie** wirkt ähnlich wie **Bruch** mit dem Unterschied, daß die Lücke in der Polylinie durch ein Liniensegment ausgefüllt wird.

PEDIT hat Optionen zur Konstruktion verschiedener Arten von Splinekurven. Mit **Kurv Ang** zeichnet man eine Splinekurve durch die Scheitelpunkte der Polylinie. Mit **Kurv Lin** konstruiert man eine B-Spline-Kurve. **Kurv Loe** macht die Kurvenkonstruktion rückgängig und stellt die ursprüngliche Polylinie wieder her. Mit der Option **Poly Var** kann man Vorgaben für die Konstruktion einstellen. Hierfür gibt es mehrere Unteroptionen. **SPLtype** wechselt zwischen kubischen und quadratischen Splines: **Kubisch** und **Quad**. Mit **SPLframe EIN/AUS** stellt man ein, ob bei B-Splines die ursprüngliche Polylinie, der "Spline-Frame", gezeichnet wird. Die übrigen Unteroptionen von **Poly Var** beziehen sich auf die Konstruktion von Flächen und werden in Kapitel 10 behandelt.

Der Befehl **PEDIT** befindet sich im Untermenü **EDIT**.

SKIZZE

Befehl zum Freihandzeichnen mit der Maus. Absenken und Anheben der "Zeichenfeder" mit <ML>. Zu Beginn gibt man die Skizziergenauigkeit ein. Je kleiner dieser Wert gewählt wird, umso größer ist der (erhebliche!) Speicherplatzbedarf. **SKIZZE** hat die Optionen **Loesche** zum ausradieren von Linien, **Verbinde**, zum ansetzen an einer vorher gezeichneten Linie, **Speichern** zum Sichern der bisherigen Zeichnung. Verlassen des Befehls mit **eXit** (Speicherung der Skizze) oder **Quit** (keine Speicherung). Skizzierte Linien werden von AutoCAD in Streckenzüge oder Polylinien umgewandelt. Zwischen diesen Möglichkeiten kann man mit den Optionen **SKPOLY** und **SKLINIE** wählen. Der Befehl **SKIZZE** befindet sich im Untermenü **ZEICHNEN**.

6 Zeichnen und zeichnen lassen

Die Themen dieses Kapitels

- Objekte drehen und spiegeln (Abschnitt 6.1)
- Objekte skalieren (Abschnitt 6.1)
- Parallelkurven zeichnen (Abschnitt 6.1)
- Objekte innerhalb einer Zeichnung verschieben mit automatischer Mitführung der Anschlüsse (Abschnitt 6.1)
- Schnelle Konstruktion symmetrischer Anordnungen (Abschnitt 6.2)
- Angenäherte Darstellung von Kreisen in AutoCAD (Abschnitt 6.2)

6.1 Objekte bewegen und verändern

Technische (und andere) Zeichnungen bestehen oft aus einer Vielzahl gleichartiger Objekte (z.B. die acht Bauern in der ersten Reihe beim Schach). Beim Aufbau der Zeichnungen ist es natürlich sinnvoll, solche Objekte nur einmal wirklich zu zeichnen und anschließend Kopien davon mit den Editierbefehlen von AutoCAD an den passenden Stellen einzufügen. Hiermit kann man bei der Konstruktion erheblich Zeit sparen. Einige Editierbefehle haben wir bereits kennengelernt: **SCHIEBEN** zum Verschieben eines Objekts, **KOPIEREN**, um Kopien eines Objekts an einer anderen Stelle der Zeichnung einzufügen, **AENDERN**, um die Farbe oder Strichstärke eines Objekts zu ändern oder es auf einen anderen Layer zu heben. In diesem und dem nächsten Abschnitt bauen wir diese Möglichkeiten systematisch aus.

Als erstes Beispiel führen wir die Konstruktion der Vase aus den Bildern 5-6 und 5-7 zu Ende. Im vorigen Kapitel haben wir den linken Teil der Vase als Polylinie konstruiert und anschließend mit **Kurv Ang** bzw. **Kurv Lin** die Polylinie durch eine Spline- bzw. B-Spline-Kurve ersetzt.

4. Polylinie mit <ML> wählen, mit <MR> abschließen	1. EDIT
5. Punkte (220,20), (220,40) mit <ML> markieren	2. naechste
9. Punkte (160,20), (280,20) mit <ML> markieren, mit <MR> abschließen	3. SPIEGELN 7. ZEICHNEN 8. LINIE
6. Alte Objekte loeschen? <N>: <RETURN>	

a) Polylinie an der Achse durch die Punkte (220,20) und (220,40) spiegeln (*Schritte 1 - 6*)

b) Vasenboden zeichnen (*Schritte 7 - 9*)

Beim Befehl **SPIEGELN** legt man nach der üblichen Objektwahl die Spiegelachse durch zwei Punkte fest. Anschließend kann man sich noch aussuchen, ob das alte Objekt gelöscht wird, wobei AutoCAD vorschlägt, daß dies nicht geschieht.

In Bild 5-7 ist der Umriß der Vase eine einfache Linie, Bild 6-1 stellt die Wandstärke der Vase dar.

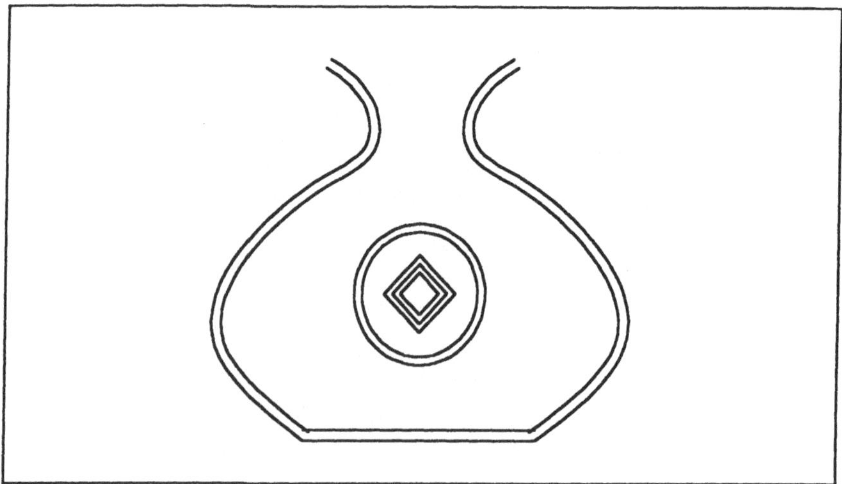

Bild 6-1 Vase mit Verzierungen

Die Innenwand der Vase ist eine *Parallelkurve* zur Außenwand, die wir mit dem Befehl **VERSETZ** erzeugen.

5. Linken Vasenteil mit <ML> wählen
6. Punkt im Innern der Vase mit <ML>
    markieren
7. Rechten Vasenteil mit <ML> wählen
8. Punkt im Innern der Vase mit <ML>
    markieren
9. Vasenboden mit <ML> wählen
10. Punkt im Innern der Vase mit <ML>
     markieren, mit <MR> abschließen
	1. EDIT
	2. naechste
	3. VERSETZ

4. Abstand oder durch Punkt <durch Punkt>: 5 <RETURN>	

a) Aufruf von **VERSETZ** und Eingabe des Abstands der Parallelkurve
   (*Schritte 1 - 4*)

b) Linken Vasenteil zum Versetzen markieren (*Schritt 5*)

c) Die Seite markieren, auf die versetzt werden soll (*Schritt 6*)

d) Rechten Teil und Vasenboden auf die gleiche Weise versetzen
   (**VERSETZ** bleibt aktiv bis zum Abschluß mit <MR>) (*Schritte 7 - 10*)

Mit der Befehlssequenz aus der obigen Tabelle haben wir unser Problem
noch nicht vollständig gelöst. Das sehen Sie, wenn Sie einen Zeichnungsausschnitt im Bereich der linken (oder rechten) Ecke des Vasenbodens einmal
mit **ZOOM** vergrößern. Die beiden Kurven des Vaseninnenrands stoßen
nicht sauber aneinander, sondern überschneiden sich. Diesen "Fehler" kann
man AutoCAD nicht anlasten. Mit **VERSETZ** haben wir den Vasenboden
einfach um 5 Einheiten nach oben versetzt, ohne seine Länge zu ändern, die
Innenseite des Bodens muß aber natürlich kürzer sein als die Außenseite.
Diese kleine Unsauberkeit in der Zeichnung kann man leicht beseitigen, indem man mit **STUTZEN** die überstehenden Enden der Kurven abschneidet.

Als schnellere Alternative könnte man zuerst die drei Teile der Außenhaut
der Vase mit **PEDIT** zu einer Polylinie zusammenfassen und anschließend
mit einer einzigen Operation versetzen. Dies führt aber nicht zum gleichen
Ergebnis: Die Operation **Kurv Lin** wird dabei nämlich rückgängig gemacht,
d.h. die ganze Polylinie erscheint wieder als Streckenzug aus geraden Strek-
ken. Das ist zwar lästig, aber konsequent: **Kurv Lin** ist eine Operation, die
auf die ganze Polylinie wirkt. Durch die Zusammenfassung der drei Teile
haben wir eine neue Polylinie (aus verschiedenartigen Segmenten) erzeugt,

die wir durch eine neuerliche Anwendung von **Kurv Lin** erst wieder ausgleichen müssen. Dabei wird der Vasenboden in die Kurvenkonstruktion einbezogen: Die Vase bekommt einen runden Boden.

Weniger Probleme bereitet das Versetzen von einfachen Objekten, wie Kreisen und Polygonen. Die damit gezeichneten Verzierungen der Vase im rechten Teil von Bild 6-1 können Sie in Aufgabe 6.1 ausprobieren.

Mit dem Befehl **VARIA** können Sie Objekte *skalieren*, d.h. ihre Größe ändern. Damit erzeugen wir die Sammlung unterschiedlich großer Bauern in Bild 6-2, wobei wir die Lage der beiden rechten Bauern noch mit dem Befehl **DREHEN** ändern. Ausgangspunkt ist der linke Bauer aus Bild 5-1.

4. Bauern mit <ML> wählen, mit <MR> abschließen	**1. EDIT**
5. Basispunkt (30,40) mit <ML> wählen	**2. naechste**
9. Bauern mit <ML> wählen, mit <MR> abschließen	**3. VARIA**
11. Punkte ((230,40), (350,40) mit <ML> markieren, mit <MR> abschließen	**7. EDIT**
15. Mittleren Bauern mit <ML> wählen, mit <MR> abschließen	**8. KOPIEREN**
16. Basispunkt (230,40) mit <ML> markieren	**10. Mehrfach**
19. Rechten Bauern mit <ML> wählen, mit <MR> abschließen	**12. EDIT**
20. Basispunkt (310,140) mit <ML> markieren	**13. naechste**
	14. DREHEN
	18. DREHEN

6. <Groessenfaktor>/Bezug: <u>0.5</u> <RETURN>
17. <Drehwinkel>/Bezug: <u>-30</u> <RETURN>
21. <Drehwinkel>/Bezug: <u>90</u> <RETURN>

a) Bauern skalieren auf halbe Größe (*Schritte 1 - 6*)

b) Mittleren und rechten Bauern durch mehrfache Kopie erzeugen (*Schritte 7 - 11*)

c) Mittleren Bauern drehen (*Schritte 12 - 17*)

d) Rechten Bauern drehen (*Schritte 18 - 21*)

Bei **VARIA** werden Sie nach Wahl des Objekts zur Eingabe des *Basispunkts* aufgefordert. Dieser Punkt bleibt bei der anschließenden Skalierung unverändert, das Objekt wird gewissermaßen auf diesen Punkt zu zusammengezogen. Wir haben hier den linken Eckpunkt des Fußes gewählt (Schritt 5). Nach der Objektwahl muß man bei **DREHEN** ebenfalls einen *Basispunkt* angeben. Dies ist der Punkt, um den gedreht wird. Den mittleren Bauern haben wir um die rechte Ecke seines Fußes gedreht, also so, wie er umfällt, wenn man ihn anstößt. Beim linken Bauern haben wir den Drehpunkt oben am Kopf gewählt. Bei der Eingabe des Drehwinkels muß man die Drehrichtung beachten: negative Eingabe dreht im Uhrzeigersinn, positive im Gegenuhrzeigersinn.

Beim Befehl **DREHEN** kann man statt mit einer Tastatureingabe für den Winkel das Objekt auch mit der Maus drehen. Dabei wird das gedrehte Objekt ständig auf dem Bildschirm dargestellt und kann mit <ML> in der gewünschten Position fixiert werden. Bei **VARIA** kann man den Vergrößerungsfaktor ebenfalls mit der Maus festlegen. Das ist jedoch nicht sehr handlich.

Bild 6-2 Gedrehte Figuren

Im nächsten Beispiel verwandeln wir die Vase aus Bild 6-1 in die Schale aus Bild 6-3, indem wir sie mit dem Befehl **STRECKEN** auseinanderziehen.

Damit wir hierfür ausreichend Platz haben, schieben Sie vorher bitte die Vase an den linken Bildrand.

4. Fenster aufziehen, das den rechten Teil der Vase und ein Stück vom Boden umschließt, mit <MR> abschließen	1. EDIT 2. naechste 3. STRECKEN
5. Basispunkt (irgendeinen) mit <ML> markieren	
6. Neuen Punkt rechts vom Basispunkt mit <ML> markieren	

a) Befehl **STRECKEN** aufrufen (*Schritte 1 - 3*)

b) Rechten Teil der Vase auswählen (*Schritt 4*)

c) Rechten Teil der Vase verschieben mit automatischer Verlängerung des Vasenbodens (*Schritte 5 - 6*)

Bild 6-3 Vase zur Schale gestreckt

Die Objektwahl weist beim Befehl **STRECKEN** eine Besonderheit auf: Zu Beginn ist nicht die einzelne Wahl von Objekten eingestellt, sondern die Option **Kreuzen.** Man zieht also ein Fenster auf, mit dem man alle Objekte wählt, die das Fenster kreuzen. Dabei werden die Objekte, die ganz im Innern des Fensters liegen, für die anschließende Verschiebung ausgewählt. Die Objekte, die den Fensterrahmen schneiden, stellen die Verbindung zwischen den verschobenen Objekten und der "Außenwelt" dar. Diese Verbindungen (im Beispiel der Vasenboden) werden bei der Verschiebung automatisch nachgeführt. Mit **STRECKEN** kann man also einen Teil einer Zeichnung verschieben, wobei seine Verbindungen zur übrigen Zeichnung wie "Gummibänder" nachgezogen werden. Anwendungen sind die nachträgliche Ausrichtung von Schalt- und Ablaufplänen, bei denen man die einzelnen Elemente zunächst grob plaziert hat, oder etwa die Versetzung von Türen in Bauzeichnungen.

6.2 Symmetrie beschleunigt die Konstruktion

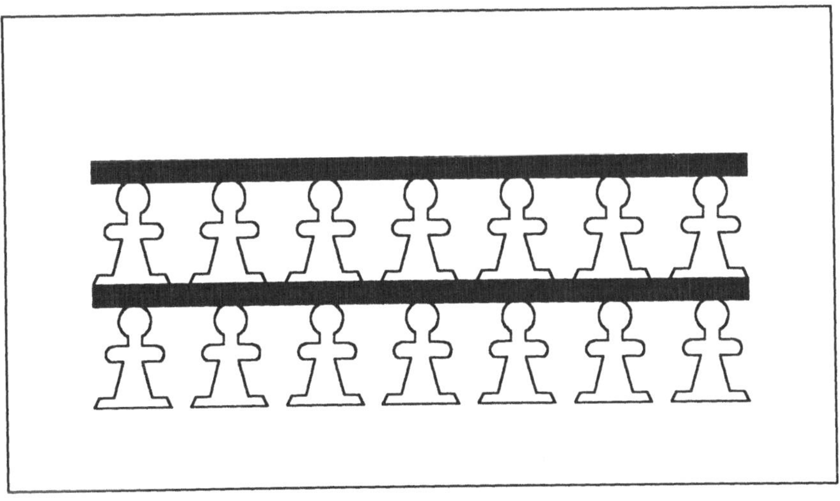

Bild 6-4 Treppengeländer

Durch Kopieren von Zeichnungsteilen haben wir bereits einige Konstruktionen vereinfacht. Besonders günstig ist es hierbei, wenn man die Plazierung der kopierten Teile nicht von Hand vornehmen muß, sondern AutoCAD anweisen kann, dies aufgrund von Symmetrien selbständig zu tun. Ein Beispiel hierfür war die Spiegelung von Objekten im vorigen Abschnitt. Mit dem Befehl **REIHE** kann man Symmetrien in Zeichnungen noch besser ausnutzen. Mit diesem Befehl lassen sich mehrfache Kopien eines Objekts nach rechteckigen oder drehsymmetrischen Mustern automatisch erzeugen. In ei-

nem ersten Beispiel verwenden wir den Bauern aus Bild 5-1 als Säule für das
Treppengeländer aus Bild 6-4.

4. Bauern mit <ML> wählen, mit <MR> abschließen	1. EDIT	22. EDIT
5. Basispunkt (30,40) mit <ML> markieren	2. naechste	23. KOPIEREN
9. Bauern mit <ML> wählen, mit <MR> abschließen	3. VARIA	
21. Punkte (30,95), (370,95) mit <ML> markieren, mit <MR> abschließen	7. EDIT	
24. Band mit <ML> wählen, mit <MR> abschließen	8. REIHE	
25. Punkte (370,95), (370,155) mit <ML> markieren	10. Rechteck	
	15. ZEICHNEN	
	16. naechste	
	17. BAND	
	18. Fuellen	
	19. Ein	

6. <Groessenfaktor>/Bezug: 0.25 <RETURN>
11. Anzahl Reihen (---) <1>: 2 <RETURN>
12. Anzahl Kolonnen (|||) <1>: 7 <RETURN>
13. Zelle oder Abstand zwischen den Reihen (---): 60 <RETURN>
14. Abstand zwischen den Kolonnen (|||): 50 <RETURN>
20. Bandbreite <1.00>: 10 <RETURN

a) Bauern auf 25% seiner Größe verkleinern (*Schritte 1 - 6*)

b) Rechtecksanordnung (2 Reihen, 7 Kolonnen) aus Bauern erzeugen
(*Schritte 7 - 14*)

c) In der Mitte und am oberen Rand des Geländers je ein Band zeichnen
(*Schritte 15 - 25*)

Mit **REIHE Rechteck** kann man rechteckige Anordnungen aus
(waagerechten) *Reihen* und (senkrechten) *Kolonnen* herstellen, die aus Kopien der gewählten Objekte bestehen. Die Anzahlen der Reihen und Kolonnen kann man frei wählen. Anschließend gibt man die Abstände zwischen
den Reihen und Kolonnen ein. Anstatt mit Zahleneingaben kann man die
beiden Abstände auch anschaulicher durch eine *Zelle* festlegen. Hierzu
müßte man im 13. Schritt des Beispiels die linke untere Ecke der Zelle mit
<ML> markieren, die Zelle (wie ein gewöhnliches Fenster) aufziehen und
mit <ML> in der gewünschten Größe fixieren. Durch die rechteckige Zelle

um den Bauern sind die waagerechten und senkrechten Abstände festgelegt (der 14. Schritt entfällt): **REIHE** legt einfach Kopien der Zelle aneinander.

Mit dem Befehl **REIHE** kann man auch *polare*, d.h. drehsymmetrische Anordnungen konstruieren. Dies demonstrieren wir am Beispiel eines Zahnrads mit 30 Zähnen, von denen wir aber nur einen einzigen wirklich zeichnen. Die übrigen 29 Zähne kopieren wir dann mit einem Aufruf von **REIHE**. Ein Zahn nimmt den dreißigsten Teil des Vollwinkels von 360° ein, d.h. einen Kreisbogen von 12° Öffnungswinkel. Bild 6-5 zeigt die Konstruktion des Zahns (zur besseren Anschaulichkeit mit kleinerem Radius und größerem Öffnungswinkel). Auf den linken Teil des Kreisbogens setzen wir ein gleichschenkliges (symmetrischer Zahn!) Dreieck auf. Hierzu teilen wir den Bogen in vier Abschnitte und zeichnen eine Hilfslinie durch den Mittelpunkt und den ersten Unterteilungspunkt. Die Hilfslinie endet zunächst am Unterteilungspunkt. Wir verlängern sie mit dem Befehl **DEHNEN** bis zur Spitze des Zahns (mit einer Schnittkante als weiterer Hilfslinie). Den Zahn zeichnen wir vom linken Ende des Kreisbogens über das Ende der Hilfslinie zum zweiten (mittleren) Unterteilungspunkt. Die Größe des Zahns legen wir nach Augenmaß fest. Für ein technisch brauchbares Zahnrad wären hier natürlich genaue Maße zu berücksichtigen.

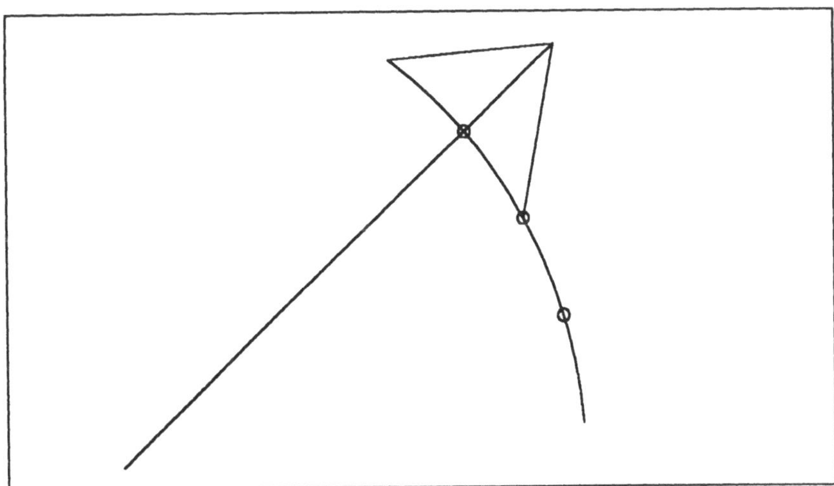

Bild 6-5 Der erste Zahn ...

4. Punkt (220,140) mit <ML> markieren	1. ZEICHNEN	46. LOESCHEN
8. Startpunkt (220,240) mit <ML> markieren	2. naechste	48. AUTOCAD
	3. PUNKT	49. ANZEIGE
9. Mittelpunkt (220,140) mit <ML> markieren	5. ZEICHNEN	50. ZOOM
	6. BOGEN	51. Vorher
15. Fenster um Kreisbogen aufziehen und mit mit <ML> fixieren	7. S,M,W	52. EDIT
	11. AUTOCAD	53. REIHE
18. Bogen mit <ML> wählen, mit <MR> abschließen	12. ANZEIGE	54. Fenster
	13. ZOOM	56. ****
24. Ersten Teilungspunkt mit <ML> wählen	14. Fenster	57. PUNkt
27. Bogen mit <ML> wählen, mit <MR> abschließen	16. EDIT	
	17. TEILEN	
29. Enden der Schnittkante zur Verlängerung der Hilfslinie mit <ML> markieren, mit <MR> abschließen	20. ZEICHNEN	
	21. LINIE	
	22. ****	
32. Schnittkante mit <ML> wählen, mit <MR> abschließen	23. PUNkt	
	25. ****	
33. Hilfslinie mit <ML> wählen, mit <MR> abschließen	26. ZENtrum	
	28. LINIE	
38. Bogen mit <ML> <ML> wählen	30. EDIT	
41. Hilfslinie mit <ML> wählen	31. DEHNEN	
44. Zweiten Unterteilungspunkt mit <ML> wählen, mit <MR> abschließen	34. ZEICHNEN	
	35. LINIE	
47. Schnittkante und Hilfslinie mit <ML> wählen, mit <MR> abschließen	36. ****	
	37. ENDpunkt	
55. Fenster um Zahnradsegment aufziehen, mit <ML> fixieren, mit <MR> abschließen	39. ****	
	40. ENDpunkt	
	42. ****	
58. Mittelpunkt des Zahnrads mit <ML> wählen	43. PUNkt	
	45. EDIT	

10. Winkel/sehnenLaenge/<Endpunkt>: W eingeschlossener Winkel: ZUG
    <u>12</u> <RETURN>
19. <Anzahl Segmente>/Block: <u>4</u> <RETURN>
59. Anzahl Elemente: <u>30</u> <RETURN>
60. Auszufuellender Winkel (+ =GUZ -=UZ)/<360>: <RETURN>
61. Objekte drehen beim Kopieren <J>: <RETURN>

a) Mittelpunkt der Anordnung zeichnen (*Schritte 1 - 4*)

b) Bogen von 12° Öffnungswinkel zeichnen (*Schritte 5 - 10*)

c) Zoom auf Bogen (*Schritte 11 - 15*)

d) Bogen teilen (*Schritte 16 - 19*)

e) Hilfslinien für Spitze des Zahns konstruieren (*Schritte 20 - 33*)

f) Zahn zeichnen (*Schritte 34 - 44*)

g) Hilfslinien löschen (*Schritte 45 - 47*)

h) Zoom auf gesamtes Bild (*Schritte 48 - 51*)

i) Mit **REIHE Polar** Zahnrad erzeugen (*Schritte 52 - 61*)

Das war eine "Mammutsitzung"! Der größte Teil davon besteht jedoch aus bereits Bekanntem. Die ersten 51 Schritte führen Sie am besten an Hand der Grobbeschreibung a) - h) selbst aus. Die Details in der Tabelle können Sie zur Kontrolle verwenden. Neu ist hierbei die Verwendung der Zoomfunktion im Konstruktionsprozeß. Der Kreisbogen von 12° erscheint in der Gesamtansicht als winziger Strich. Zur weiteren Bearbeitung muß man ihn zunächst vergrößern.

Nachdem ein Segment konstruiert ist, kann man das gesamte Zahnrad mit **REIHE Polar** schnell konstruieren. Zuerst gibt man die Anzahl der benötigten Kopien ein. Dann wird der Winkel der Anordnung erfragt, wobei Auto-CAD den Vollwinkel von 360° vorschlägt. Schließlich kann man sich noch aussuchen, ob die Objekte beim Kopieren gedreht werden sollen. Diese Frage haben wir mit der von AutoCAD vorgeschlagenen Antwort "Ja" beantwortet. Hierdurch werden die Zähne des Zahnrads jeweils korrekt auf den Mittelpunkt ausgerichtet. Die Antwort "Nein" ergäbe ein Gebilde, das kaum noch an ein Zahnrad erinnert. Diese Antwort wäre bei der Konstruktion eines Riesenrades passend, wo die Gondeln zwar entlang des Rades kreisförmig angeordnet sind, aber alle ihre (waagerechte) Ausrichtung behalten sollen.

Zu Beginn der Konstruktion haben wir den Mittelpunkt der Anordnung mit dem Befehl **PUNKT** eingezeichnet, nach dem man am Ende von **REIHE Polar** gefragt wird. Dies sollte man vor Anwendung dieses Befehls stets tun, damit man am Ende nicht vergeblich danach sucht ...

Eventuell haben Sie bei der Konstruktion des Zahnes eine irritierende Beobachtung gemacht. Nach der Vergrößerung mit **ZOOM** erschien der Kreisbogen nicht rund, sondern als gerader Strich. Die mit **TEILEN** erzeugten Unterteilungspunkte lagen nicht auf diesem Strich, sondern ein wenig darüber. Der Grund für diese Effekte ist die Darstellung von gekrümmten Linien in AutoCAD. Diese Linien werden durch Streckenzüge angenähert. Die Feinheit dieser Annäherung reicht aus, um einen Kreis bei normaler Darstellung rund erscheinen zu lassen. Bei starker Vergrößerung fallen die Ecken der angenäherten Darstellung jedoch zunehmend auf, im Extremfall sieht man von einem Kreis nur noch ein gerades Stück. Intern weiß Auto-CAD aber dennoch, daß es sich um eine gebogene Linie handelt. Deshalb wurden im obigen Beispiel die Unterteilungspunkte exakt auf dem Kreisbogen plaziert, nicht auf der geradlinigen Annäherung. Wenn Sie das stört, können Sie mit dem Befehl **AUFLOES** aus dem Untermenü **ANZEIGE** eine feinere Darstellung von Kreisen und Bogen wählen. Nach Aufruf des Befehls beantworten Sie die Frage "Wollen Sie Schnellzoom? <J>" mit **<RETURN>** und wählen anschließend eine der beiden Auflösungen **100** oder **500** aus dem Bildschirmmenü oder geben eine Auflösung zwischen 1 und 20000 ein. Je größer die Auflösung, desto runder die Kreise, desto grösser aber auch die Rechenzeit.

6.3 Aufgaben

Aufgabe 6.1

a) Verzieren Sie die Vase wie in Bild 6-1 (oder mit einem Muster Ihres Geschmacks) mit dem Befehl **VERSETZ**.

b) Testen Sie die Reaktion von AutoCAD bei "verbotenen" Eingaben für den Befehl **VERSETZ**, z.B. beim Versuch, einen Kreis vom Radius 100 um 101 nach innen zu versetzen.

Aufgabe 6.2

a) Stumpfen Sie die Zähne des Zahnrads ab, wie in Bild 6-6. Achten Sie darauf, daß die Abstumpfung "symmetrisch" ist. (Was heißt "symmetrisch"?)

b) Zeichnen Sie die Nabe und die Aussparungen gemäß Bild 6-6 in Ihr Zahnrad ein.

c) Fügen Sie zwei Exemplare Ihres Zahnrads wie in Bild 6-6 ineinander.

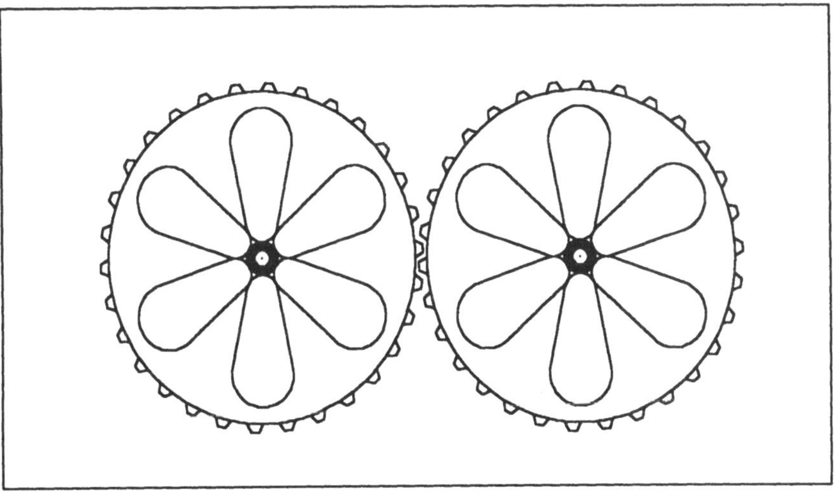

Bild 6-6 Verbesserte Zahnräder

6.4 Die AutoCAD-Funktionen dieses Kapitels

SPIEGELN

Befehl zum Spiegeln von Objekten. Nach der Objektwahl wird die Achse der Spiegelung durch Eingabe von zwei Punkten festgelegt. Man hat dann noch die Wahl, ob die ursprünglichen Objekte gelöscht werden sollen oder weiterhin bestehen. Der Befehl **SPIEGELN** befindet sich im Untermenü **EDIT**.

VERSETZ

Befehl zum Zeichnen von parallelen Kurven (anwendbar auf Linien, Polylinien, Kreise, Kreisbogen, Ellipsen, Polygone etc.). Nach der Objektwahl (nur 1 Objekt wählbar) gibt man den Abstand der Parallelkurve ein. Anschließend markiert man, auf welcher der beiden möglichen Seiten die versetzte Kurve gezeichnet werden soll. Nachdem man das erste Objekt auf diese Weise versetzt hat, wird man zur Wahl eines weiteren Objekts aufgefordert. Man kann hierzu wiederum eine Parallelkurve mit dem gleichen Abstand zeichnen (Wahl des Objekts und Markierung der Seite, auf der die versetzte Kurve erscheinen soll). **VERSETZ** bleibt aktiv bis zum Abschluß mit **<MR>** oder **<RETURN>**. Der Befehl **VERSETZ** steht im Untermenü **EDIT**.

VARIA

Befehl zum Skalieren von Objekten. Nach der Objektwahl gibt man den Basispunkt ein. Dieser Punkt bleibt bei der anschließenden Streckung bzw. Schrumpfung der Objekte an seinem alten Platz. Durch Angabe des Vergrößerungsfaktors (ein Faktor zwischen 0 und 1 verkleinert die Objekte) schließt man den Befehl ab. Der Befehl **VARIA** befindet sich im Untermenü **EDIT**.

DREHEN

Befehl zum Drehen von Objekten. Nach Wahl der Objekte gibt man den Basispunkt ein, d.h. den Punkt, um den gedreht wird. Der Befehl wird durch Eingabe des Drehwinkels abgeschlossen (negativer Winkel dreht im Uhrzeigersinn, positiver im Gegenuhrzeigersinn). Statt Eingabe des Drehwinkels über die Tastatur kann man die Drehung auch mit der Maus ausführen. Dabei wird das gedrehte Objekt in Gummibanddarstellung nachgeführt und kann mit **<ML>** in der gewünschten Position fixiert werden. Den Befehl **DREHEN** findet man im Untermenü **EDIT**.

STRECKEN

Mit diesem Befehl kann man Gruppen von Objekten innerhalb einer Zeichnung verschieben, wobei die Verbindungen der Objekte zu anderen Teilen der Zeichnung "gummibandartig" nachgeführt werden. Beim Befehl **STRECKEN** erfolgt die Objektwahl stets mit der Option **Kreuzen**. Die Objekte im Innern des Auswahlfensters werden verschoben, ihre Verbindungen zur übrigen Zeichnung kreuzen den Rand des Auswahlfensters. Diese Objekte werden automatisch nachgeführt. Der Befehl **STRECKEN** steht im Untermenü **EDIT**.

REIHE

Befehl zur automatischen Erzeugung rechteckiger oder drehsymmetrischer Anordnungen durch Mehrfachkopie von Objekten. Nach der Objektwahl kann man sich zwischen den Optionen **Rechteck** und **Polar** entscheiden. Im ersten Fall wird die Anzahl der (waagerechten) Reihen und (senkrechten) Kolonnen erfragt, aus der das rechteckige Schema bestehen soll. Anschließend gibt man die Abstände zwischen den Reihen und Kolonnen ein. Diese Abstände kann man auch durch Angabe einer rechteckigen Zelle festlegen, die das zu kopierende Objekt umschließt. Im Fall der polaren Anordnung gibt man nacheinander den Mittelpunkt der Anordnung, den auszufüllenden Winkel und die Anzahl der Kopien ein. Am Ende des Befehls kann man wählen, ob die Objekte beim Kopieren gedreht werden oder ihre ursprüngliche Ausrichtung behalten sollen. Der Befehl **REIHE** befindet sich im Untermenü **EDIT**.

AUFLOES

Mit diesem Befehl kann man die Genauigkeit einstellen, mit der Auto-CAD Kreise und Kreisbogen durch Streckenzüge annähert. Große Genauigkeit ergibt "rundere Kreise", aber auch längere Rechenzeiten. Die mit **AUFLOES** gewählte Genauigkeit bezieht sich nur auf die Bildschirmdarstellung. Auf die Genauigkeit von Konstruktionen (Schnitt- oder Teilungspunkte, Tangenten etc.) hat sie keinen Einfluß. Hier rechnet Auto-CAD immer mit exakten Kreisen, Bogen etc. Der Befehl **AUFLOES** steht im Untermenü **ANZEIGE**.

7 Alles mit Maßen: Bemaßung und Schraffur

Die Themen dieses Kapitels

- Anzeige von Zeit und aktuellen Systemeinstellungen (Abschnitt 7.1)
- Online-Hilfe (Abschnitt 7.1)
- Vollständige oder partielle Liste der Elemente einer Zeichnung (Abschnitt 7.1)
- Ermittlung von Längen, Flächen, Punktkoordinaten etc. (Abschnitt 7.1)
- Automatische Bemaßung (Längen, Winkel, Radien, Durchmesser), der Bemaßungsmodus (Abschnitt 7.2)
- Änderung der Bemaßungsvariablen (Abschnitt 7.2)
- Schraffieren von Flächen (Abschnitt 7.3)
- Die drei Schraffurstile von AutoCAD (Abschnitt 7.3)
- Vordefinierte Schraffurmuster (Abschnitt 7.3)
- Eigene Schraffurmuster erstellen (Abschnitt 7.3)

7.1 Fragen und messen

Im Hauptmenü **AUTOCAD** gibt es einen Punkt **FRAGE**, unter dem man verschiedene Informationen über die Bedienung von AutoCAD, momentane Systemeinstellungen und Daten der aktuellen Zeichnung abfragen kann. Die Informationen gliedern sich in vier Gruppen:

Unter dem Punkt **HILFE** erreicht man eine sehr nützliche Online-Hilfe, die das Nachschlagen im Handbuch oder diesem Buch in vielen Fällen überflüssig macht. Nach Aufruf von **HILFE** gibt man den Namen des Befehls ein, über den man Informationen bekommen möchte. Mit **<RETURN>** erhält man eine Beschreibung, die meist (als Erinnerung) ausreicht, um mit dem Befehl arbeiten zu können. Nachdem man die Beschreibung gelesen hat, kehrt man mit **<F1>** wieder in den Zeichnungseditor zurück. Mit **HILFE <RETURN>** erhält man eine Liste aller Befehle.

Der Menüpunkt **STATUS** liefert eine Liste der wichtigsten aktuellen Systemeinstellungen: die Anzahl der Elemente der Zeichnung, die Zeichnungsgrenzen, die von der Zeichnung tatsächlich verwendeten größten und kleinsten Koordinaten, die Grenzen des momentan angezeigten Zeichnungsausschnitts, Informationen über Fangmodus etc., Informationen über den aktuellen Layer, sowie Angaben über den freien Speicherplatz. Wenn Sie Ihre Uhr vergessen haben, können Sie mit dem Befehl **ZEIT** nach der Uhr sehen. Auch das Datum wird dabei angezeigt und die Zeit, die Sie im System verbracht haben (nicht nur Minuten und Stunden, auch *Tage*). Mit einer Stoppuhr können Sie sich selbst unter Druck setzen. Die beiden wichtigsten Informationen sind der Zeitpunkt, zu dem die Zeichnung erzeugt wurde, und der, an dem sie zuletzt geändert (und gespeichert) wurde.

Den Befehl **DBLISTE** sollten Sie an einer nicht zu komplexen Zeichnung erproben. Dieser Befehl erstellt nämlich eine verbale Beschreibung aller Objekte der Zeichnung (Art des Objekts, Layer, auf dem es sich befindet, Koordinaten etc.), und die ist auch bei kleinen Zeichnungen meist schon erstaunlich lang. Man kann die Auflistung am Bildschirm mit **< Ctrl S >** unterbrechen und wieder neu starten und mit **< Ctrl C >** abbrechen. Sinnvoll kann man **DBLISTE** eigentlich nur verwenden, wenn man die Ausgabe auf dem Drucker mitprotokolliert. Mit **< Ctrl Q >** kann man das Druckerecho ein- und ausschalten. Mit dem Befehl **LISTE** kann man gezielt Informationen über einzelne Objekte oder Objektgruppen der Zeichnung abrufen. Er wirkt wie **DBLISTE**, stellt aber zu Anfang die üblichen Funktionen zur Objektwahl zur Verfügung, mit denen man sich auf die interessierenden Objekte beschränken kann. Bei größeren Zeichnungen wird man in der Regel **LISTE** dem Befehl **DBLISTE** vorziehen.

Schließlich gibt es im Untermenü **FRAGE** noch drei Befehle, mit denen man Messungen (Koordinaten, Abstände, Flächen) an der Zeichnung vornehmen kann. Um dies auszuprobieren, machen Sie sich am besten zuerst eine kleine Zeichnung (Bild 7-1), bestehend aus einer geschlossenen Polylinie mit einem Kreis im Innern, einem mit **POLYGON** gezeichneten 6-Eck und einem mit **LINIE** gezeichneten geschlossenenen Streckenzug. Auf die genauen Koordinaten kommt es hierbei nicht an (die und noch einige andere Maße wollen wir ja gerade finden).

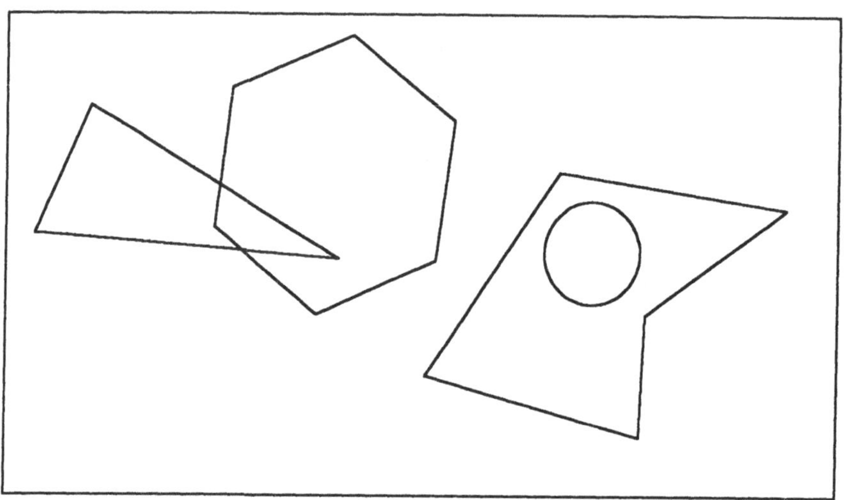

Bild 7-1 Einige Figuren zum Vermessen

Mit dem Befehl **ID** erhält man die Koordinaten eines Punktes. Beispiels-
weise können Sie nach Aufruf von **ID** mit **** **SCHnittp** bzw. ****
ZENtrum die Koordinaten eines Eckpunktes des Streckenzuges oder des
Zentrums des Kreises ermitteln. Die Anzeige erfolgt im Befehls- und
Anfragebereich. Neben der x- und y-Koordinate wird auch noch die z-
Koordinate (bei 3D-Konstruktionen) angezeigt. In unserem Beispiel ist $z=0$.

Wenden Sie nun den Befehl **ABSTAND** auf eine Strecke des Streckenzugs
an, indem Sie die beiden Endpunkte mit **** **ENDpunkt** oder ****
SCHnittp wählen. Sie erhalten insgesamt 6 Werte angezeigt, von denen 4 für
2D-Konstruktionen Bedeutung haben: die Länge der Strecke, der Winkel,
den sie mit der Waagerechten bildet, und die Koordinatendifferenzen Delta
X und Delta Y zwischen Anfangs- und Endpunkt (mit anderen Worten: die
Katheten des Steigungsdreiecks). Hinzu kommen noch zwei Werte für 3D-
Konstruktionen, die hier beide 0 sind: die Koordinatendifferenz in z-
Richtung und der Winkel der Strecke gegenüber der x,y-Ebene.

Mit dem Befehl **FLAECHE** können Sie die Fläche und den Umfang von
Objekten messen. Nach Aufruf des Befehls erscheinen im Bildschirmmenü
die Optionen **Objekt**, **Addieren** und **Subtrah**. Wenn Sie nach Wahl der Option **Objekt** den Kreis, die Polylinie oder das mit **POLYGON** gezeichnete 6-
Eck als Objekt auswählen, wird Ihnen jeweils Fläche und Umfang im Be-
fehls- und Anfragebereich angezeigt. Die Messung der Fläche des mit **LINIE**

gezeichneten Dreiecks ist auf diese Weise nicht möglich. Das Dreieck ist ja
kein geschlossenes Objekt, sondern besteht aus drei Einzelobjekten, den drei
Kanten. Die Auswahl des Dreiecks wird deshalb mit der Fehlermeldung
"Gewaehltes Objekt ist kein Kreis oder 2D/3D-Polylinie" quittiert. Ein Aus-
weg wäre hier die Umwandlung des Dreiecks in eine Polylinie mit **PEDIT**.
Sie können das Dreieck aber auch direkt vermessen. Hierzu rufen Sie
FLAECHE auf, wählen aber nicht die Option **Objekt**, sondern markieren die
Ecken des Dreiecks (am besten durch Objektfang mit ****** SCHnittp**). Nach
Markierung der letzten Ecke schließen Sie den Befehl mit < MR > ab.

Mit **FLAECHE** kann man auch kompliziertere Messungen ausführen, wie
beispielsweise die Ermittlung der Fläche zwischen der Polylinie und dem
darinliegenden Kreis. Hierzu kann man die Flächen von Polylinie und Kreis
in der oben beschriebenen Weise ermitteln, und anschließend die Kreisfläche von der Fläche der Polylinie mit dem Taschenrechner subtrahieren. Mit
AutoCAD geht's aber auch ohne Taschenrechner:

4. Polylinie mit < ML > wählen, mit < MR > **abschließen** **7. Kreis mit < ML > wählen, mit < MR >** **abschließen**	**1. FLAECHE** **2. Addieren** **3. Objekt**	**5. Subtrah** **6. Objekt**
8. Flaeche = 1898.86, Kreisumfang = 154.47 Gesamtflaeche = 9400.93 (Modus SUBTRAHIEREN) Waehlen Sie Kreis oder Polylinie:		

Im 8. Schritt werden Fläche und Umfang des zuletzt gewählten Objekts angezeigt und die *Gesamtfläche*, also die Fläche, die von der Polylinie eingeschlossen wird, abzüglich der Kreisfläche. Der Befehl **FLAECHE** bleibt im
Modus SUBTRAHIEREN. Durch Wahl weiterer Objekte können Sie deren
Fläche von der bisherigen Gesamtfläche subtrahieren (Anwendung: Flä-
chenberechnung für eine Scheibe Schweizer Käse). Sie können aber auch
mit < MR > **Addieren** zum Modus ADDIEREN wechseln. Die Flächen der
danach gewählten Objekte werden dann zur Gesamtfläche *addiert*. Mit
zweimaligem < MR > schließen Sie den Befehl **FLAECHE** ab.

7.2 Bemaßungen

Mit AutoCAD kann man Zeichnungen halbautomatisch bemaßen. Hierzu wählt man vom Hauptmenü **AUTOCAD** aus den Menüpunkt **BEM**. Damit schaltet man in den *Bemaßungsmodus*, der solange aktiv bleibt bis man ihn mit der Auswahl **EXIT** aus dem Bildschirmmenü verläßt. Den Bemaßungsmodus erkennt man daran, daß im Befehlsbereich das Prompt "Bem:" anstelle des sonst gewohnten "Befehl:" erscheint. Die Bemaßung technischer Zeichnungen wird in den verschiedenen Anwendungsgebieten meist durch Normen genau geregelt. Hierauf gehen wir hier jedoch nicht ein. Wir demonstrieren die grundsätzlichen Möglichkeiten der Bemaßungsfunktionen vielmehr an einfachen Beispielen und überlassen Ihnen die Anpassung an die Normen Ihres individuellen Anwendungsgebiets.

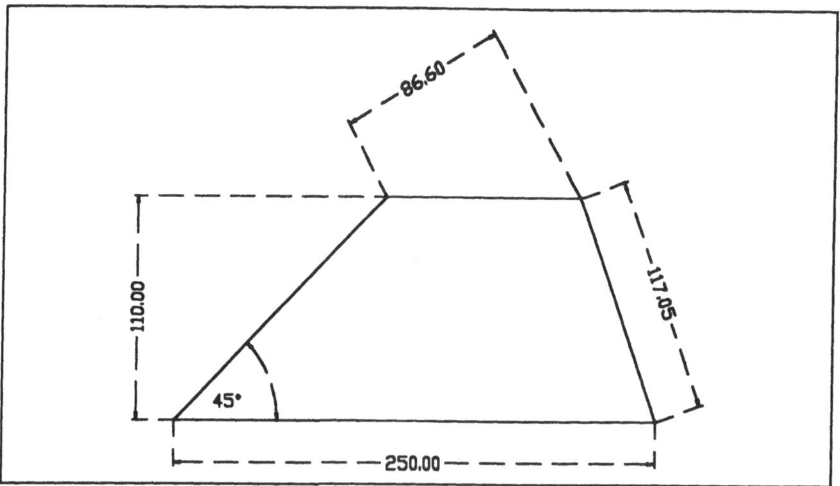

Bild 7-2 Trapez mit Bemaßungen

Am Beispiel des Trapezes aus Bild 7-2 erläutern wir die Möglichkeiten zur *liniearen Bemaßung* und zur *Bemaßung von Winkeln*. Zunächst zeichnen wir das Trapez, dann wechseln wir auf einen neuen Layer, der die Bemaßungen enthält. Es ist praktisch, einen eigenen Layer für die Bemaßung einzurichten: Man kann dann schnell zwischen einer Darstellung der Zeichnung mit oder ohne Bemaßung wechseln. Außerdem kann man für die Maß- und Hilfslinien einen eigenen Linientyp einstellen, der sie von der übrigen Zeichnung unterscheidet.

3. Punkte (100,70), (210,180), (310,180), (350,70) mit <ML> markieren	1. ZEICHNEN
	2. LINIE
17. Mit <MR> Objektwahl einschalten, mit <ML> Grundseite des Trapezes wählen	4. schließen
	5. AUTOCAD
18. Standort der Maßlinie (240,50) mit <ML> markieren	6. LAYER
	7. Mach
21. Mit <MR> Objektwahl einschalten, mit <ML> linke Seite des Trapezes wählen	9. Ltyp
	10. gestrich
22. Standort der Maßlinie (80,140) mit <ML> markieren	12. AUTOCAD
	13. BEM
25. Mit <MR> Objektwahl einschalten, mit <ML> rechte Seite des Trapezes wählen	15. LINEAR
	16. horiz
26. Standort der Maßlinie (350,140) mit <ML> markieren	20. vertikal
	24. ausricht
30. Mit <MR> Objektwahl einschalten, mit <ML> obere Seite des Trapezes wählen	28. drehen
	33. vorher
31. Standort der Maßlinie (250,250) mit <ML> markieren	34. Winkel
	40. EXIT
35. Grundseite des Trapezes mit <ML> wählen	
36. Linke Seite des Trapezes mit <ML> wählen	
37. Standort des Maßbogens (150,90) mit <ML> markieren	
39. Textanfang (120,75) mit <ML> markieren	

 8. Neuer aktueller Layer <0>: <u>1</u> <RETURN>
11. Layername(n) fuer Linientyp GESTRICHELT <1>: <RETURN> <RETURN>
14. Bem:
19. Bemassungs-Text <250.00>: <RETURN>
23. Bemassungs-Text <110.00>: <RETURN>
27. Bemassungs-Text <117.05> <RETURN>
29. Bem: DRE Winkel der Masslinie <0>: <u>30</u> <RETURN>
32. Bemassungs-Text <86.60>: <RETURN>
38. Bemassungs-Text <45>: <RETURN>

a) Trapez zeichnen (*Schritte 1 - 4*)

b) Layer für Bemaßung einrichten, Linien gestrichelt (*Schritte 5 - 11*)

c) Bemaßungsmodus einschalten, linearen Bemaßungsmodus wählen
   (*Schritte 12 - 15*)

d) Grundseite des Trapezes bemaßen, Bemaßungstyp "horizontal",
   (*Schritte 16 -19*)

e) Linke Seite des Trapezes bemaßen, Bemaßungstyp "vertikal"
   (*Schritte 20 - 23*)

f) Rechte Seite des Trapezes wählen, Bemaßungstyp "ausrichten"
   (*Schritte 24 - 27*)

g) Obere Seite des Trapezes bemaßen, Bemaßungstyp "drehen"
   (*Schritte 28 - 32*)

h) Winkel an der linken unteren Ecke des Trapezes bemaßen
   (*Schritte 33 - 39*)

i) Bemaßungsmodus beenden (*Schritt 40*)

Dieses Beispiel enthält die vier Typen für die lineare Bemaßung:

Bei der *horizontalen* Bemaßung, die mit der Option **horiz** gewählt wird, verläuft die Maßlinie horizontal zwischen zwei vertikalen Hilfslinien, die Auto-CAD automatisch an den Enden des zur Bemaßung gewählten Objekts anbringt. Gemessen wird der Abstand zwischen den Hilfslinien. Im Beispiel haben wir die (horizontale) Grundseite des Trapezes auf diese Weise bemaßt. Das Maß ist also die Länge dieser Seite.

Die linke Seite des Trapezes haben wir *vertikal* bemaßt. Bei diesem Bemassungstyp verläuft die Maßlinie vertikal zwischen zwei horizontalen Hilfslinien. Die Maßzahl 110.00 in Bild 7-2 ist also die Höhe des Trapezes.

Will man stattdessen die Länge einer schräg verlaufenden Trapezseite bemaßen, wählt man die Bemaßungsart *ausrichten*. Die Maßlinie wird dann parallel zum Objekt ausgerichtet, das man zur Bemaßung ausgewählt hat. Hiermit haben wir die rechte Trapezseite bemaßt.

Für besondere Zwecke kann man beim Bemaßungstyp *drehen* die Richtung der Hilfslinien frei wählen. Der eingegebene Winkel bestimmt die Abweichung von der Vertikalen. Hiermit haben wir die obere Kante des Trapezes bemaßt, wobei wir die Richtung der Maßlinien durch den Winkel von 30°

festgelegt haben. Der Abstand zwischen den Maßlinien ist also das Produkt aus der Kantenlänge 100 und cos 30°.

Bei der linearen Bemaßung muß man den Standort der Maßlinie durch einen Punkt (Maus oder Tastatureigabe) markieren. Hierdurch legt man nur den *Abstand* der Maßlinie zum Objekt fest, nicht etwa den Standort des Maßtextes. Dieser wird immer in die Mitte der Maßlinie geschrieben. In Schritt 18 des Beispiels hätten wir den Standort der Maßlinie also genauso gut mit dem Punkt (0,50) markieren können. Nachdem man die Maßlinie festgelegt hat, erfragt AutoCAD den Bemaßungstext, wobei der automatisch gemessene Wert vorgeschlagen wird. Im Beispiel haben wir diese Werte durch **<RETURN>** übernommen. Man kann hier aber jeden beliebigen Text eingeben, was in den meisten Fällen wohl nicht sehr sinnvoll ist. Der Sinn dieser Anfrage besteht vielmehr darin, daß man die Gelegenheit erhält, der Maßzahl noch eine Maßeinheit anzuhängen oder einen sonstigen Zusatz zu machen. Bei der Eingabe des Texts muß man die von AutoCAD vorgeschlagene Maßzahl nicht noch einmal eintippen, sondern kann sie durch < > in den Text einfügen. Die Eingabe < > mm bemaßt also mit der von AutoCAD ermittelten Maßzahl und der Maßeinheit mm. In den Text kann man auch Sonderzeichen durch Angabe ihrer ASCII-Nummer mit zwei vorangestellten %-Zeichen einbetten, z.B. das Durchmesserzeichen durch %%129.

Am Ende des Beispiels haben wir noch einen *Winkel* des Trapezes bemaßt. Dies geschieht einfach durch Auswahl seiner Schenkel. Bei der Winkelbemaßung wird der Maßtext nicht automatisch ausgerichtet. Nach Festlegung des Maßbogens muß man deshalb noch den Beginn des Texts markieren. Neben den Optionen **LINEAR** und **Winkel** hat der Befehl **BEM** noch die Optionen **Durchmsr** und **Radius** zur schnellen Bemaßung von Kreisen und Kreisbogen. Nach Aufruf der Option wird man zur Auswahl eines Kreises oder Bogens aufgefordert. Der Punkt auf der Peripherie des Kreises. den man mit dem Auswahlcursor anwählt, ist gleichzeitig der Endpunkt der Maßlinie. Will man also etwa einen Kreis mit einem waagerecht ausgerichteten Durchmesser bemaßen, so empfiehlt sich bei der Wahl des Kreises der Objektfangbefehl **QUAdrant**.

Bisher haben wir AutoCAD die Festlegung der Anfangspunkte der Hilfslinien überlassen. Man kann dies jedoch auch von Hand machen. Nach Aufruf eines linearen Bemaßungsbefehls erhält man jeweils die Meldung "Anfangspunkt der ersten Hilfslinie oder RETURN fuer Auswahl:". Wir haben dies immer mit <RETURN> bzw. <MR> beantwortet und so die Automatik eingeschaltet. Bei der folgenden Bemaßung der Schachfigur aus Kapitel 5 (Bild 7-3) stoßen wir auf Anwendungen, bei denen die direkte Festlegung der Hilfslinien vorteilhaft ist. Die Schachfigur hatten wir als eine Polylinie modelliert. Der Bemaßungsbefehl bezieht sich bei der Objektwahl dennoch auf einzelne Teile der Polylinie (aber meist nicht auf die, die man meint). Dies ist ein Grund, hier die Enden der Hilfslinien selbst festzulegen. Dabei haben wir zusätzlich die Möglichkeit, die Punkte, zwischen denen wir eine Bemaßung anbringen wollen, unabhängig von Objektgrenzen festzulegen. Z.B. ist der Meßpunkt am Kragen der Figur keine Objektgrenze, denn der Kragen wurde ja mit je einem Halbkreis konstruiert.

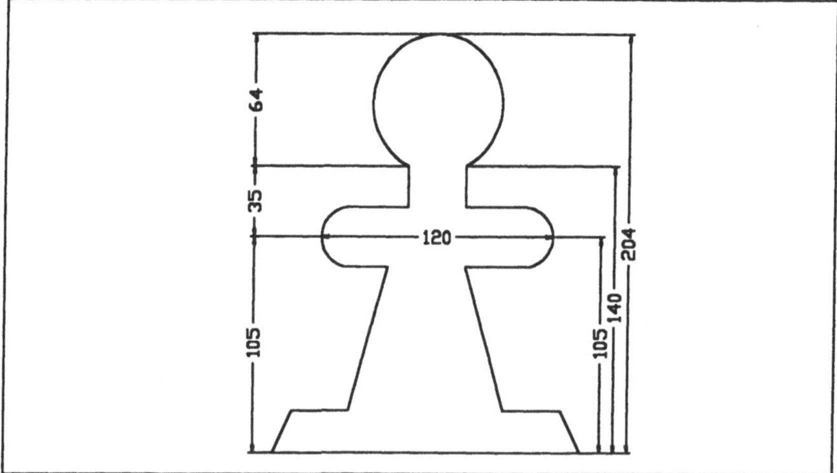

Bild 7-3 Bemaßung der Schachfigur

Bei der Bemaßung im rechten Teil von Bild benutzen wir die Option **Basislin.** Sie bewirkt, daß alle Maße vom Boden der Figur aus gerechnet werden, den wir als *Basislinie* festlegen. Wir gehen davon aus, daß bereits ein eigener Layer für die Bemaßungen eingerichtet und der Bemaßungsmodus eingeschaltet ist.

5. Ausgangspunkt der 1. Hilfslinie an der rechten unteren Ecke des Fußes mit <ML> markieren	1. LINEAR 2. vertikal 3. ****
8. Ausgangspunkt der 2. Hilfslinie an der rechten Seite des Kragens mit <ML> markieren	4. SCHnittp 6. ****
9. Standort der Maßlinie (250,110) mit <ML> markieren	7. QUAdrant 11. Basislin 12. ****
14. Ausgangspunkt der 2. Hilfslinie am Ansatz des Kopfs mit <ML> markieren	13. SCHnittp 16. Basislin
19. Ausgangspunkt der 2. Hilfslinie am Scheitel des Kopfs mit <ML> markieren	17. **** 18. QUAdrant

10. Bemassungs-Text <105>: <RETURN> 15. Bemassungs-Text <140>: <RETURN> 20. Bemassungs-Text <205>: <RETURN>

a) Lineare vertikale Bemaßung einstellen (*Schritte 1 - 2*)

b) Erste Bemaßung anbringen, die erste Hilfslinie (am Boden der Figur) wird Basislinie für die weiteren Bemaßungen (*Schritte 3 - 10*)

c) Zweite Bemaßung anbringen mit Option **Basislin** (*Schritte 11 - 15*)

d) Dritte Bemaßung anbringen mit Option **Basislin** (*Schritte 16 -20*)

Bei der Bemaßung mit der Option **Basislin** zählt die Bemaßung von der Basislinie der vorigen Bemaßung aus. Die *Basislinie* ist die erste Hilfslinie dieser Bemaßung. Weitere Bemaßungen mit der Option **Basislin** gehen auch von der zu Anfang festgelegten Basislinie aus. Da die erste Hilfslinie bei der Option **Basislin** bereits durch die Basislinie festgelegt ist, wird nur die zweite Hilfslinie erfragt. Der Standort der Maßlinie muß ebenfalls nicht durch den Benutzer festgelegt werden. AutoCAD staffelt die Maßlinien automatisch, wie in Bild 7-3 zu sehen.

Vielleicht haben Sie sich schon gewundert, warum in Bild 7-2 die Maßzahlen mit zwei Nachkommastellen angegeben sind, in Bild 7-3 aber ohne Nachkommastellen. Dies haben wir vor Anfertigung von Bild 7-3 so festgelegt: Auswahl von **MODI naechste EINHEIT** vom Hauptmenü **AUTOCAD** aus. Sie erhalten damit (auf einem Textbildschirm) eine ganze Reihe von Auswahlmöglichkeiten für die von AutoCAD verwendeten Maßeinheiten für Längen und Winkel, die Sie im Dialog ändern können. (Die Möglichkeit, damit den Drehsinn von Winkeln zu ändern, haben wir bereits in Abschnitt 4.2 erwähnt.) Am Ende des Dialogs erscheint das Prompt "Befehl:", und Sie können mit < F1 > in den Zeichnungseditor zurückkehren.

Auf der Linken Seite von Bild 7-3 haben wir die Figur anders bemaßt. Das Maß wird nicht vom Boden der Figur aus gerechnet, sondern jeweils vom Ende der vorigen Bemaßung aus. (Sie können nachrechnen, daß die Maße links und rechts übereinstimmen.) Diese Bemaßung erhält man mit der gleichen Befehlssequenz wie oben, wobei man nur in den Schritten 11 und 16 anstelle von **Basislin** die Option **weiter** wählen muß. (Natürlich muß man die Anfangspunkte der Hilfslinien auch am linken statt am rechten Teil der Figur markieren.)

Bild 7-3 enthält noch das Maß für die Breite des Kragens. Man kann es in linearer, horizontaler Bemaßung eingeben, indem man mit ****** QUAdrant** die Anfangspunkte der Hilfslinien an den Enden des Kragens markiert. Mit dieser Markierung legt man die Endpunkte der Maßlinie fest. Die Hilfslinien braucht man hier gar nicht, sie wären sogar störend. Dies erkennt AutoCAD aber nicht, sondern zeichnet trotzdem kleine Hilfslinien, die man bei entsprechender Vergrößerung mit **ZOOM** auch sieht. Mit der folgenden Befehlssequenz (Bemaßungsmodus bereits eingeschaltet) kann man die unerwünschten Hilfslinien unterdrücken.

12. Linke Seite des Kragens mit < ML >	**1. Bem Var.**	**9. horiz**
markieren	**2. naechste**	**10. ******
15. Rechte Seite des Kragens mit < ML >	**3. bemh1u**	**11. QUAdrant**
markieren	**4. EIN**	**13. ******
18. Standort der Maßlinie an der rechten	**5. bemh2u**	**14. QUAdrant**
Seite des Kragens mit < ML > markieren	**6. EIN**	**16. ******
	7. BEMMENUE	**17. QUAdrant**
	8. LINEAR	
19. Bemassungs-Text < 120 >: < RETURN >		

a) Hilfslinien bei der Bemaßung unterdrücken (*Schritte 1 - 6*)

b) Rückkehr ins Bemaßungsmenü (*Schritt 7*)

c) Bemaßung des Kragens (*Schritte 8 - 19*)

Der Bemaßungsprozess wird durch ca. 30 *Bemaßungsvariable* gesteuert. Mit der Option **Bem Var.** erhält man im Bildschirmmenü eine Liste dieser Variablen, aus der man diejenigen wählen kann, die man ändern möchte. Die meisten Bemaßungsvariablen sind Schalter. Im Beispiel haben wir zwei davon eingeschaltet, nämlich **bemh1u** (= Bemaßung Hilfslinie 1 unterdrücken) und **bemh2u** (Was das wohl heißt?).

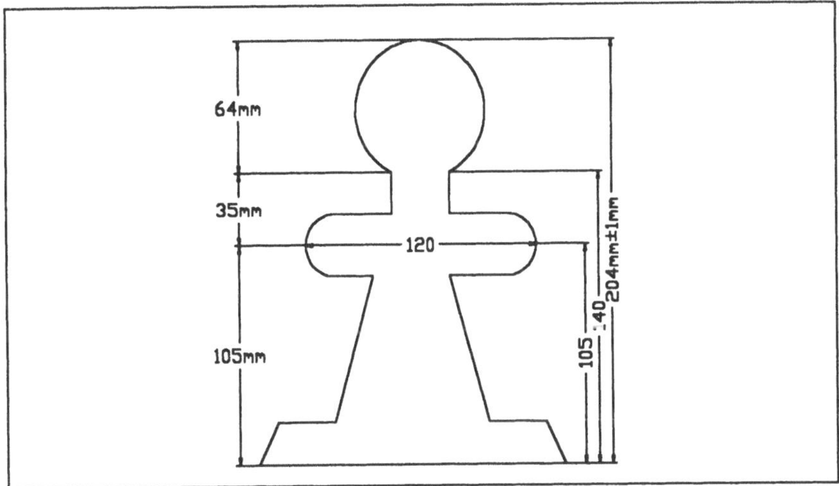

Bild 7-4 Änderung der Bemaßung

Durch Änderung der Bemaßungsvariablen gehen wir von Bild 7-3 zu Bild 7-4 über:

14. Die drei Bemaßungen auf der linken Seite mit <ML> wählen, mit <MR> abschließen	1. Bem Var.	7. bemtih
	2. naechste	8. EIN
	3. bemh1u	9. bemnach
	4. AUS	11. BEMMENUE
	5. bemh2u	12. naechste
	6. AUS	13. UPDATE
10. Bem: BEMNACH Aktueller Wert < > Neuer Wert: <u>mm</u> <RETURN>		

a) Hilfslinien wieder einschalten (*Schritte 1 - 6*)

b) Bemaßungstext soll innerhalb der Maßlinie horizontal stehen (*Schritte 7 - 8*)

c) Aktualisierung der Bemaßungen auf der linken Seite (*Schritte 9 - 14*)
Ändert man Bemaßungsvariable, so wirkt sich das zunächst nur auf Bemassungen aus, die man *anschließend* ausführt. Mit der Option **UPDATE** kann man aber auch *alte* Bemaßungen auf den neuen Stand der Bemaßungsvariablen aktualisieren. Dabei kann man frei wählen, welche Bemaßungen man aktualisieren möchte und welche nicht. Auf diese Weise kann eine Zeichnung Bemaßungen mit verschiedenen Einstellungen der Variablen enthalten. Durch die große Anzahl von Bemaßungsvariablen hat man eine große Palette von Gestaltungsmöglichkeiten - und eine noch viel größere von Fehlermöglichkeiten. Im folgenden geben wir eine Kurzbeschreibung der Variablen. Die tatsächliche Wirkung sollten Sie jeweils einmal ausprobieren. Die Auflistung gliedert sich nach Funktionsgruppen, nicht nach der Reihenfolge im Bildschirmmenü.

Einstellung des Maßtextes

bemtxt	Textgröße (Vorgabe 3.5)
bemgre	Grenzen des Texts (Vorgabe AUS)
bemtom	Text oberhalb der Maßlinie (Vorgabe AUS)
bemtih	Text innerhalb der Maßlinie horizontal (Vorgabe AUS)
bemtah	Text außerhalb der Maßlinie horizontal (Vorgabe AUS)
bemnach	Zeichenkette, die **nach** der Maßzahl ausgegeben wird (Vorgabe keine Zeichen)
bemrnd	Runden der Maßzahl auf die eingestellte Genauigkeit (Vorgabe 0, d.h. keine Rundung)
bemtol	Toleranz: bei EIN werden der Maßzahl die mit **bemtp** und **bemtm** eingestellten Toleranzen hinzugefügt (Vorgabe AUS)
bemtp	Toleranz Plus (Vorgabe 0)
bemtm	Toleranz Minus (Vorgabe 0)

Einstellung der Maßlinie

bemvml	Verlängerung der Maßlinie (Vorgabe 0)
bemiml	Inkrement der Maßlinie: Tiefe der Staffelung der Maßlinien bei den Optionen **Basis** und **weiter** (Vorgabe 7)
bemplg	Pfeillänge (Vorgabe 3.5)
bemslg	Strichlänge bei Strichmarkierungen (Vorgabe 0)

bemblk	Name des **Bl**ocks, der am Ende der Maßlinie statt des Pfeils gezeichnet werden soll (Vorgabe keiner)

Einstellung der Hilfslinie

bemabh	**Ab**stand der Hilfslinie vom Ausgangspunkt (Vorgabe 0)
bemveh	**Ver**längerung der Hilfslinie über die Maßlinie hinaus (Vorgabe 1.8)
bemh1u	Hilfslinie **1 u**nterdrücken (Vorgabe AUS)
bemh2u	Hilfslinie **2 u**nterdrücken (Vorgabe AUS)
bemzen	Größe des **Zen**trumspunkts, bei negativer Eingabe werden die Zentrumslinien gezeichnet (Vorgabe 1.5)

Einstellung von Maßeinheiten

bemnz	Null **Z**oll ausgeben, dient zum Editieren des Zollwerts (Vorgabe 0)
bemalt	gleichzeitig mit **Alt**ernativeinheiten bemaßen (Vorgabe AUS)
bemaltu	Umrechnungsfaktor für **Alt**ernativeinheiten (Vorgabe 25.4 Millimeter pro Zoll)
bemaltd	**Alt**ernativeinheiten, **D**ezimalstellen (Vorgabe 2)
bemanach	Zeichenkette, die **nach** Alternativeinheiten ausgegeben wird (Vorgabe keine Zeichen)

Einstellungen für die gesamte Bemaßung

bemfktr	**Größenfaktor** für Abstände, Einschübe etc., wirkt nicht auf *gemessene* Längen und Winkel, sowie auf Toleranzen (Vorgabe 1)
bemgfla	**Größenfaktor** für lineare Bemaßungen (Vorgabe 1)
bemasso	**A**ssoziative Bemaßung: Bemaßung aus Hilfslinien, Maßlinie und Text ist *ein* Objekt (Vorgabe EIN)
bemzug	Nach**zug** der Bemaßung bei Verschiebung des Objekts (Vorgabe AUS)

Bemaßungen (bestehend aus Maßtext, Maßlinie und ggfs. Hilfslinien) kann man wie andere Objekte der Zeichnung editieren, also z.B. mit **AENDERN** auf einen anderen Layer heben, wenn man vergessen hat, zu Anfang einen eigenen Layer für die Bemaßungen einzurichten. Ist die assoziative Bemaßung eingeschaltet (Variable **bemasso** = EIN), wird eine Bemaßung jeweils als *ein* Objekt angesehen. Dies ist für fast alle Anwendungen sinnvoll.

Schaltet man **bemasso** aus, so besteht jede Bemaßung aus vielen Einzelobjekten: Maßtext, Einzelteile der Maßlinie Hilfslinien. Nach einem Wechsel zwischen assoziativer und nicht assoziativer Bemaßung kann man übrigens nicht früher gezeichnete Bemaßungen mit **UPDATE** in den neuen Zustand umwandeln.

Bei der Bemaßung größerer Zeichnungen erscheinen Maß- und Hilfslinien einfach als Striche auf dem Bildschirm, vielleicht mit einer kleinen Unsauberkeit am Ende. Bild 7-5 zeigt das Ende einer Maßlinie einmal vergrößert: AutoCAD zeichnet hier einen hübschen Pfeil, dessen Größe man mit der Variablen **bemplg** beeinflussen kann. Außerdem sieht man den Überstand der Hilfslinie über das Ende der Maßlinie. Man kann ihn über die Variable **bemveh** verändern. Bild 7-5 zeigt auch, daß man etwas vorsichtig sein muß, wenn man das Ende einer Maßlinie etwa mit dem Objektfangbefehl **ENDpunkt** wählt (assoziative Bemaßung ausgeschaltet): Der in der Gesamtansicht winzige Pfeil besteht aus lauter einzelnen Linien. Statt des Pfeils kann man auch ein selbstdefiniertes Symbol, einen sog. *Block* ans Ende der Linie setzen. Die Definition von Blöcken behandeln wir im nächsten Kapitel.

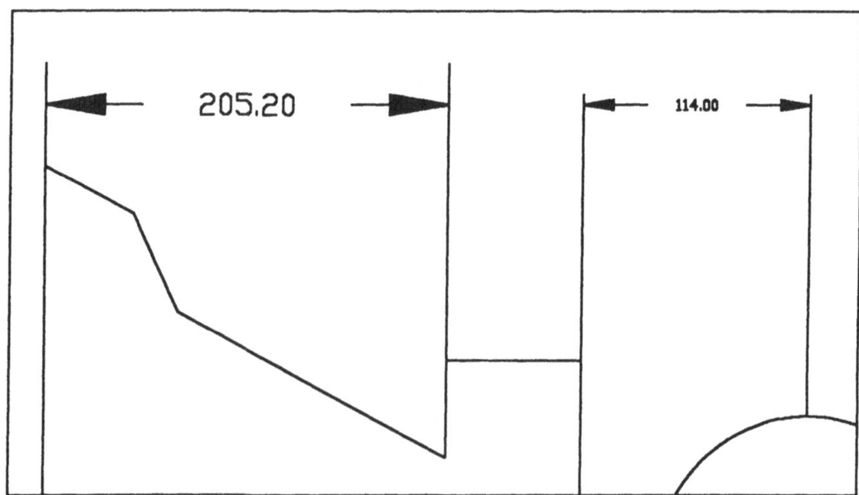

Bild 7-5 Ende zweier Maßlinien

7.3 Schraffuren

Mit dem Befehl **SCHRAFF** aus dem Untermenü **ZEICHNEN** kann man in Zeichnungen Schraffuren anbringen. Dabei hat man die Auswahl zwischen drei *Schraffurstilen* und zwischen vordefinierten oder selbst gestalteten *Schraffurmustern*. Wir stellen Ihnen diese Möglichkeiten wiederum nur an einfachen Beispielen vor, ohne auf spezielle DIN-Vorschriften für Schraffuren in technischen Zeichnungen einzugehen. Dabei möchten wir Sie auch auf einige Schwächen von AutoCAD in diesem Bereich hinweisen, und Möglichkeiten aufzeigen, um trotzdem zum gewünschten Ergebnis zu kommen.

Als Beispiel wählen wir die Konfiguration von Bild 7-6: ein großer Kreis, darin drei konzentrische Kreise, eine mit **PLINIE** gezeichnete geschlossene Polylinie und ein mit **LINIE** gezeichnetes geschlossenes Dreieck; außerdem noch etwas Text. Zeichnen Sie sich ein solches Beispiel für die Erprobung der Funktionen. Auf die genauen Koordinaten kommt es dabei nicht an. Die Polylinie und das Dreieck sollten allerdings *geschlossen* sein, d.h. Abschluß des Zeichenbefehls mit **schliess**.

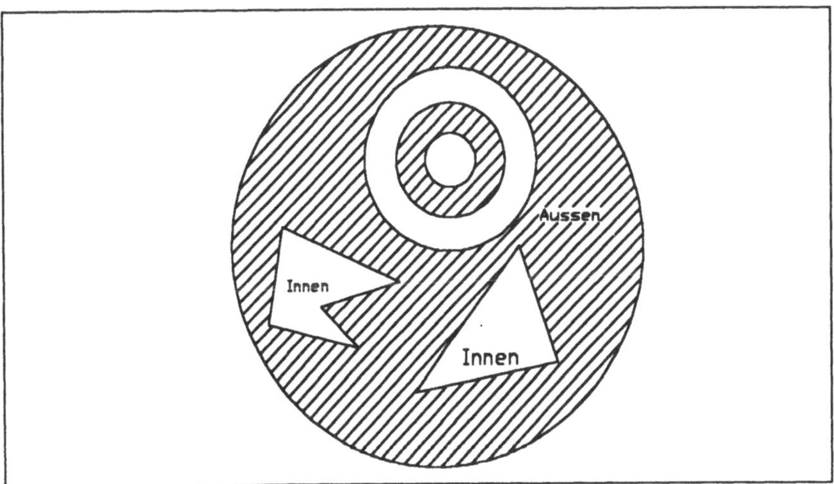

Bild 7-6 Schraffur im Normalstil

In Bild 7-6 ist die Zeichnung im Normalstil schraffiert: Ausgehend vom äußersten Objekt wird nach innen schraffiert. Die darin eingeschlossenen Objekte werden nicht schraffiert. Objekte, die in innenliegenden Objekten liegen, werden wieder schraffiert usw. Diese "abwechselnde Schraffur" sieht man an den drei konzentrischen Kreisen im Innern des großen Kreises. Texte sind generell von der Schraffur ausgenommen. Die folgende Befehlssequenz stellt die Schraffur von Bild 7-6 her.

8. Fenster um alle Objekte mit <ML> markieren, mit <MR> abschließen	**1. ZEICHNEN** **3. b** **2. SCHRAFF** **7. Fenster**
4. Winkel fuer Doppelschraffurlinien <0>: <u>45</u> <RETURN> **5.** Abstand zwischen den Linien <1.00>: <u>5</u> <RETURN> **6.** Doppelschraffurbereich <N>: <RETURN>	

a) Schraffurbefehl aufrufen, normalen Schraffurstil wählen (*Schritte 1 -3*)

b) Winkel und Abstand der Schraffurlinien festlegen (*Schritte 4 - 5*)

c) Keine Doppelschraffur (*Schritt 6*)

d) Wahl der Objekte und Abschluß des Schraffurbefehls (*Schritte 7 - 8*)

Wenn Sie die Frage nach der *Doppelschraffur* im 6. Schritt mit **J** beantworten, schraffiert AutoCAD die Fläche zusätzlich mit einem um 90° gedrehten Schraffurmuster. In unserem Beispiel erhalten Sie eine gitterförmige Schraffur.

Um den nächsten Schraffurstil auszuprobieren, löschen wir zunächst die Schraffur aus Bild 7-6. Dabei müssen Sie die Schraffur nur irgendwo mit <ML> wählen, sie ist ein einziges Objekt der Zeichnung, muß also nicht "Linie für Linie" gelöscht werden. Wenn Sie dann die obige Befehlssequenz noch einmal ausführen, mit dem Unterschied, daß Sie im 3. Schritt mit **b,i** den *ignorierenden Stil* wählen, erhalten Sie Bild 7-7. Im ignorierenden Stil wird ausgehend vom äußersten Objekt alles schraffiert. Auch Texte sind hiervon nicht ausgenommen. Man sieht diesen Unterschied, wenn man ein Textelement in Bild 7-6 und Bild 7-7 mit **ZOOM** vergrößert. Der ignorierende Stil ist also nur für kleine Zeichnungsteile zu empfehlen, die keine Details oder Texte im Innern enthalten.

Der dritte Schraffurstil von AutoCAD ist der *äußereStil*. Dabei wird wieder vom äußersten Objekt aus schraffiert, im Unterschied zum Normalstil werden weiter innen liegende Objekte aber nicht wieder schraffiert. Die Schraffur wird vielmehr abgebrochen, wenn sie auf das erste innenliegende Objekt stößt. Nachdem Sie die Schraffur von Bild 7-7 gelöscht haben, können Sie das mit der Befehlssequenz aus dem ersten Beispiel erproben, wobei Sie im 3. Schritt mit **b,a** den äußeren Schraffurstil wählen (Bild 7-8).

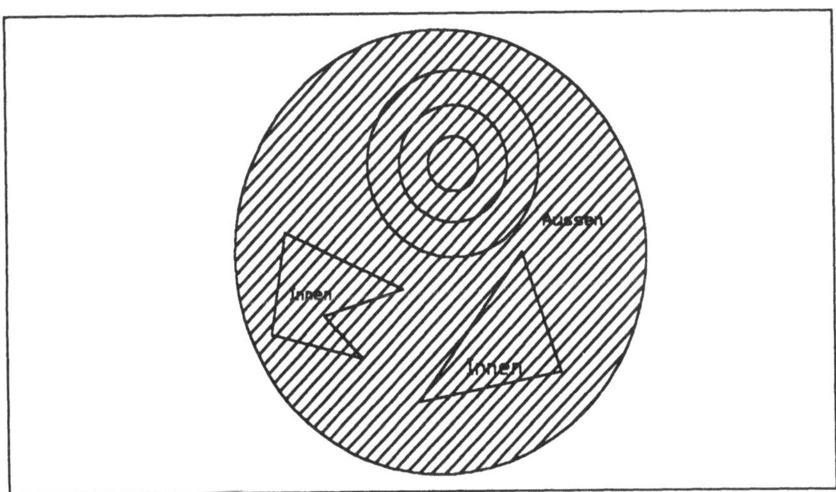

Bild 7-7 Schraffur im ignorierenden Stil

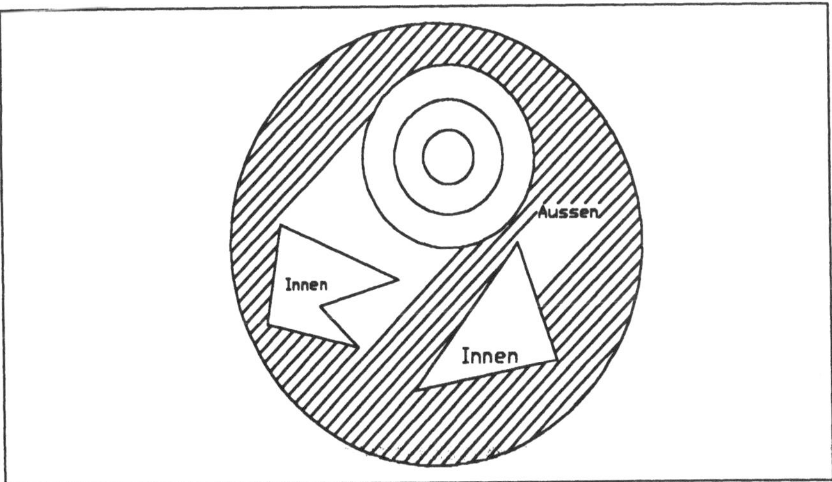

Bild 7-8 Schraffur im äußeren Stil (mit Fehlern)

Ganz schön ..., aber leider wird einiges nicht schraffiert, was eigentlich schraffiert werden müßte. Einige Objekte werfen "Schatten", in denen die Schraffurlinien fehlen. Dies ist eine Schwäche des Schraffurverfahrens von

AutoCAD, die zumindest bis zur Version 10, mit der Bild 7-8 schraffiert wurde, nicht beseitigt worden ist. Bei einfachen Zeichnungen, bei denen eine Schraffurlinie niemals auf mehr als ein inneres Objekt trifft, tritt der Fehler nicht auf.

Um unsere Zeichnung doch noch im äußeren Stil zu schraffieren (Bild 7-9), wenden wir einen kleinen Trick an: Wir verwenden den Normalstil zur Schraffur, wählen aber anschließend nicht alle Objekte der Zeichnung, sondern nur den äußeren Kreis und die Objekte, die unmittelbar darin liegen, d.h. den äußersten der drei konzentrischen Kreise, die Polylinie, das Dreieck und den Text "Aussen". Dies sind die Begrenzungen der äußeren Schraffur. Dadurch, daß wir AutoCAD die weiter innen liegenden Objekte, d.h. die beiden inneren der drei konzentrischen Kreise und die beiden Texte "Innen", "verheimlichen", simuliert der normale Schraffurstil die gewünschte äußere Schraffur.

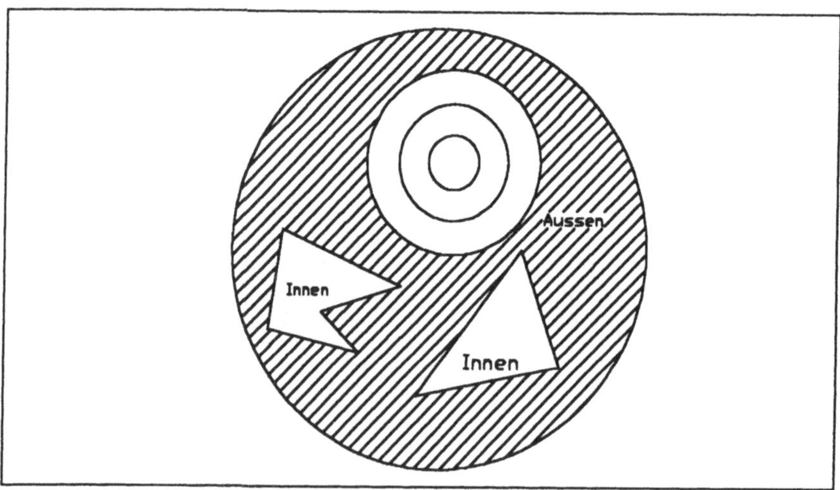

Bild 7-9 Schraffur im äußeren Stil

Neben der Schraffur mit einfachen Linien oder gekreuzten Linien (Doppelschraffur) kann man noch mit ca. 50 vordefinierten *Schraffurmustern* arbeiten, die in der Datei ACAD.PAT gespeichert sind. Mit der Option ? des Befehls **SCHRAFF** erhält man eine Liste mit den Namen und kurzen Beschreibungen der Schraffurmuster. Am Ende der Liste kehrt man mit

<F1> in den Zeichnungseditor zurück. Wir füllen nun unsere Zeichnung
mit Mauerwerk aus.

7. **Fenster um alle Objekte mit <ML>** **markieren, mit <MR> abschließen**	1. **ZEICHNEN** 6. **Fenster** 2. **SCHRAFF**
3. Muster (? oder Name/B,Stil): <u>BRICK</u> **<RETURN>** 4. Massstab fuer Muster <1.00>: <u>50</u> **<RETURN>** 5. Winkel fuer Muster <0>: **<RETURN>**	

a) **SCHRAFF** aufrufen (*Schritte 1 - 2*)

b) Schraffurmuster "BRICK" wählen, Maßstab und Winkel festlegen
   (*Schritte 3 - 5*)

c) Wahl der Objekte und Abschluß des Schraffurbefehls (*Schritte 6 - 7*)

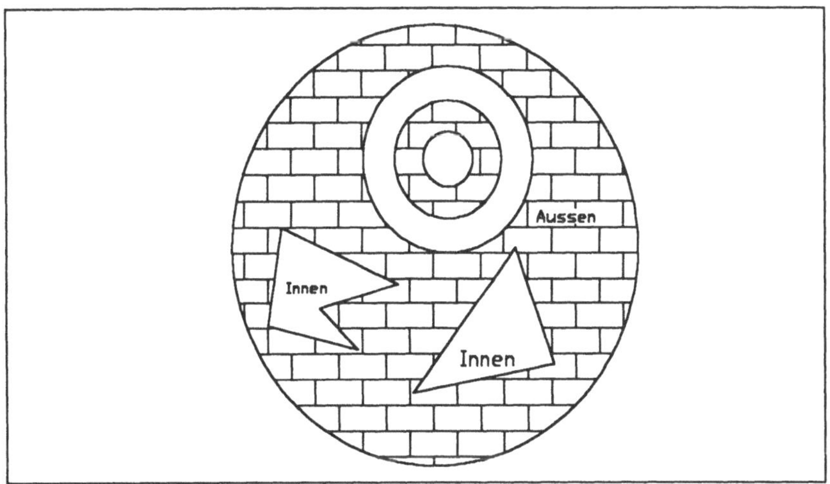

Bild 7-10 Schraffurmuster Mauerwerk

Im 3. Schritt haben wir den Namen des Schraffurmusters ohne Zusätze eingegeben. Hier kann man gleichzeitig noch den Schraffurstil bestimmen, indem man ihn durch Komma getrennt hinter den Namen setzt, also BRICK,i
für ignorierenden und BRICK,a für äußeren Stil. Die Schraffurmuster sind
in einer Standardgröße gespeichert, die man durch Angabe eines Maßstabs
vergrößern kann. Den richtigen Maßstab probiert man am besten mit eini-

gen Versuchen aus. Zusätzlich kann man das Schraffurmuster noch durch Angabe eines Winkels drehen.

Auch die deutsche Version von AutoCAD wird nicht mit Schraffurmustern nach DIN, sondern nach der amerikanischen ANSI-Norm geliefert. Normgerechte Schraffuren für bestimmte Anwendungsgebiete sind als Zubehör von verschiedenen Anbietern erhältlich. Man kann sich aber auch schnell eigene Schraffurmuster definieren. ACAD.PAT ist nämlich eine gewöhnliche ASCII-Datei, die man mit jedem Texteditor bearbeiten kann. Der folgende Ausschnitt aus ACAD.PAT definiert das Muster BRICK:

```
*brick,Ziegel- oder Mauerwerkartige Oberflaeche
0, 0,0, 0,.25
90, 0,0, 0,.5, .25,-.25
90; .25,0, 0,.5, -.25,.25
```

Die erste Zeile wird mit * eingeleitet. Sie enthält den Namen des Musters und, durch Komma abgetrennt, die Kurzbeschreibung, die man in der mit **SCHRAFF ?** aufgerufenen Liste angezeigt bekommt. Danach wird jede Linie des Musters in einer eigenen Zeile im folgenden Format definiert, wobei die einzelnen Einträge durch Kommas getrennt sind:

- Winkel gegenüber der Waagerechten

- x-Koordinate des Anfangspunkts

- y-Koordinate des Anfangspunkts

- DeltaX: Inkrement, um das jeweils der Anfang der nächsten Linie in Linienrichtung verschoben wird

- Linienabstand

- Strichart der Linie: Hier kann man den Linienstil (gestrichelt, strichpunktiert etc.) definieren. Hierzu gibt man, durch Komma getrennt, ein, ein, wie langes Linienstück gezeichnet wird (positiver Wert), bzw. ein wie langer Zwischenraum gelassen wird (negativer Wert). Z.B. definiert ".5, -.25" eine gestrichelte Linie mit Strichlänge von 0.5 Einheiten und Zwischenräumen von 0.25 Einheiten.

Die Zeile 0, 0,0, 0,.25 in ACAD.PAT definiert die waagerechten Linien des Mauerwerks: Winkel 0°, Anfang der Linie im Punkt (0,0), kein Inkrement des Linienanfangs, Linienabstand 0.25 Einheiten. Da über die Strichart keine Angaben gemacht werden, wird eine durchgezogene Linie gezeichnet. Die nächsten beiden Zeilen definieren die senkrechten Linien (Winkel 90°) der Mauer. Der Linienabstand beträgt in beiden Fällen 0.5 Einheiten. Die beiden Angaben am Ende der Zeile 90, 0,0, 0,.5, .25,-.25 legen fest, daß zuerst ein Stück der Länge 0.25 gezeichnet und anschließend ein Zwischenraum von 0.25 gelassen wird. In der nächsten Schicht des Mauerwerks sind die Steine um die Hälfte versetzt. Die entsprechende Zeile in ACAD.PAT ist: 90, .25,0, 0,.5, -.25,.25. Die Angabe .25 an der zweiten Stelle bewirkt die Versetzung der Mauerfuge um einen halben Stein, die beiden letzten Angaben legen fest, daß es sich um die nächste Schicht der Mauer handelt (umgekehrte Vorzeichen gegenüber der vorigen Schicht).

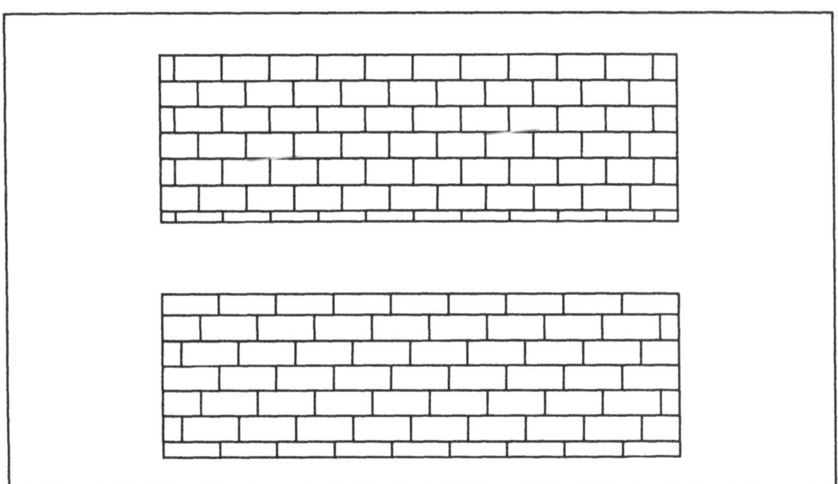

Bild 7-11 Selbstdefiniertes Mauerwerk

Der folgende Schraffurstil BRICK3 erzeugt ein Mauerwerk aus drei Schichten, bei dem die Steine jeder Schicht jeweils um 1/3 gegenüber der vorigen Schicht versetzt sind. Bild 7-11 zeigt BRICK und BRICK3.

*brick3,Ziegel- oder Mauerwerkartige Oberflaeche (3 Schichten)
0, 0,0, 0,.25
90, 0,0, 0,.6, .25,-.5
90, .2,0, 0,.6, -.25,.25,-.25
90, .4,0, 0,.6, -.5,.25

Ehe Sie diesen Schraffurstil zu ACAD.PAT hinzufügen, sollten Sie die Originalversion z.B. unter dem Namen ACAD.ALT retten. Bei den Aufgaben finden Sie ein weiteres Beispiel für die Erstellung eines eigenen Schraffurmusters.

7.4 Aufgaben

Aufgabe 7.1

a) Zeichnen Sie (als geschlossene Polylinien) zwei Polygone, die sich überschneiden wie in Bild 7-12. Messen Sie die Flächendifferenz (im Bild einfach schraffiert) der beiden Polygone, d.h. die Fläche ihrer Vereinigung abzüglich der Fläche des Durchschnitts.

b) Welche Fläche (?) mißt der Befehl **FLAECHE**, wenn man ihn auf eine offene Polylinie anwendet?

c) Kann man mit **FLAECHE** auch die Fläche einer Ellipse messen?

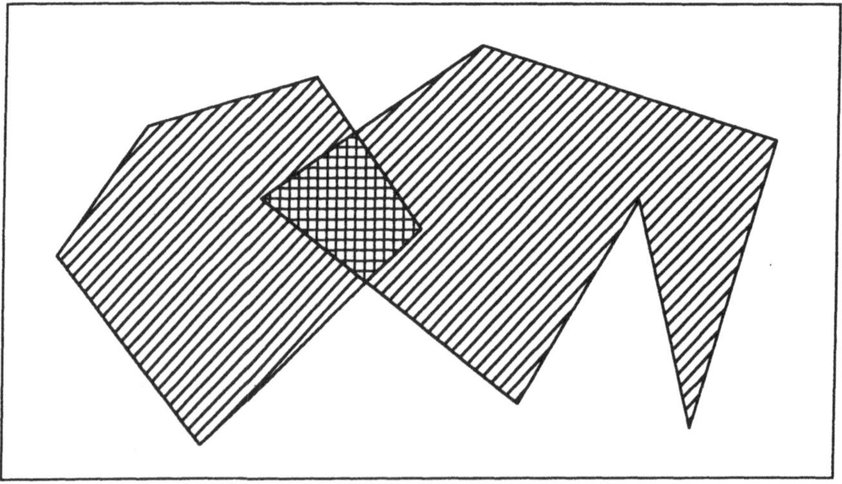

Bild 7-12 Differenz und Durchschnitt zweier Polygone

Aufgabe 7.2

a) Setzen Sie die Bemaßungsvariablen so, daß der Maßtext nicht mehr innerhalb der Maßlinie steht, sondern darüber. Ändern Sie die Bemaßung von Bild 7-4 dementsprechend.

b) Wie wirkt sich eine Skalierung mit dem Befehl **VARIA** auf eine bereits vorhandene Bemaßung aus?

c) Bei der Winkelbemaßung haben wir die beiden Schenkel bisher im mathematisch positiven Sinn (Gegenuhrzeigersinn) nacheinander markiert. Was geschieht bei einer Markierung im Uhrzeigersinn?

Aufgabe 7.3

a) Schraffieren Sie die Differenz der Polygone in Bild 7-12.

b) Versehen Sie den Durchschnitt der beiden Polygone mit einer Doppelschraffur wie in Bild 7-12.

c) Fügen Sie in die Datei ACAD.PAT ein neues Schraffurmuster MYPAT ein, das aus waagerechten Linien im Abstand 0.4 Einheiten des folgenden Typs besteht: abwechselnd waagerechte Striche von 0.3 Einheiten Länge und zwei Punkte. Der Abstand zwischen Strich und Punkt betrage 0.2, der zwischen zwei Punkten 0.1 Einheiten. Jede Schraffurlinie sei gegenüber der vorhergehenden um 0.3 Einheiten nach rechts versetzt.

7.5 Die AutoCAD-Funktionen dieses Kapitels

HILFE

Online-Hilfe, die einen Befehl nach Eingabe seines Namens erklärt. Gibt man **<RETURN>** ohne einen Befehlsnamen ein, erhält man eine Liste aller Befehle. Rückkehr in den Zeichnungseditor mit **<F1>**. Der Befehl **HILFE** befindet sich im Untermenü **FRAGE**.

STATUS

Mit diesem Befehl erhält man eine Liste der wichtigsten Systemeinstellungen. Rückkehr in den Zeichnungseditor mit **<F1>**. Der Befehl **STATUS** befindet sich im Untermenü **FRAGE**.

ZEIT

Befehl zur Anzeige von Datum und Zeit, im System verbrachter Zeit und der Zeitpunkte der Erstellung und letzten Änderung der aktuellen Zeichnung. Rückkehr in den Zeichnungseditor mit **<F1>**. Der Befehl **ZEIT** befindet sich im Untermenü **FRAGE**.

DBLISTE

Dieser Befehl liefert eine Liste mit verbalen Beschreibungen aller Objekte der Zeichnung. Unterbrechung und Wiederaufnahme der Bildschirmausgabe mit **<Ctrl S>**. Die Liste ist schon bei kleinen Zeichnungen sehr lang, so daß die Ausgabe auf dem Drucker sinnvoll ist. Ein- und Ausschalten des Druckerechos mit **<Ctrl Q>**. Rückkehr in den Zeichnungseditor mit **<F1>**. Der Befehl **DBLISTE** befindet sich im Untermenü **FRAGE**.

LISTE

Dieser Befehl wirkt wie **DBLISTE**, mit dem Unterschied, daß man die Objekte wählen kann, von denen man eine Beschreibung wünscht. Der Befehl **LISTE** befindet sich im Untermenü **FRAGE**.

ID

Dieser Befehl liefert die x-, y- und z-Koordinate des gewählten Punktes. Der Befehl **ID** befindet sich im Untermenü **FRAGE**.

ABSTAND

Mit diesem Befehl ermittelt man die Länge einer Strecke, den Steigungswinkel, die Koordinatendifferenzen in x-, y- und z-Richtung und den

Winkel mit der x,y-Ebene. Der Befehl **ABSTAND** befindet sich im Untermenü **FRAGE**.

FLAECHE

Dieser Befehl dient zur Ermittlung des Umfangs einer geschlossenen Linie (Kreis, Polygon, geschlossene Polylinie etc.) und der eingeschlossenen Fläche. Die Ergebnisse mehrerer Flächenmessungen können addiert bzw. subtrahiert werden. Der Befehl **FLAECHE** befindet sich im Untermenü **FRAGE**.

BEM

Mit diesem Befehl schaltet man in den *Bemaßungsmodus* (erkenntlich am Prompt "Bem:" anstelle von "Befehl:"). Dieser Modus bleibt aktiv, bis er mit **EXIT** verlassen wird. Der Befehl **BEM** steht im Hauptmenü **AUTO-CAD**. Im folgenden werden die Befehle des Bemaßungsmodus' beschrieben, die nach Aufruf von **BEM** im Bildschirmmenü zur Verfügung stehen.

LINEAR

Mit diesem Befehl schaltet man den *linearen Bemaßungsmodus* ein. Es stehen die Optionen **horiz, vertikal, ausricht** und **drehen** zur Verfügung. Mit den ersten beiden stellt man den horizontalen bzw. vertikalen Verlauf der *Maßlinie* ein, bei der dritten wird die Maßlinie parallel zum bemaßten Objekt ausgerichtet. Die Maßlinie verläuft zwischen zwei senkrecht dazu stehenden *Hilfslinien* zu den Enden des Objekts (die AutoCAD automatisch erzeugt). Alternativ kann man die Endpunkte der Hilfslinien auch selbst festlegen. Den Abstand der Maßlinie zum Objekt muß man angeben. AutoCAD mißt das gewählte Objekt und schlägt das Ergebnis als Bemaßungstext vor. Man kann diesen Vorschlag ergänzen (z.B. durch eine Maßeinheit) oder beliebig verändern. Der Bemaßungstext wird automatisch auf die Mitte der Maßlinie zentriert. Bei der Option **drehen** kann man die Richtung der Hilfslinien selbst bestimmen.

Mit der Option **Basislin** führt man die Bemaßung von der zu Beginn der Bemaßung gewählten ersten Hilfslinie, der Basislinie, aus durch. Bei der

Option **weiter** wird die zweite Hilfslinie der letzten Bemaßung zur ersten Hilfslinie der neuen Bemaßung.

Der Befehl **LINEAR** steht im Untermenü **BEM**.

Winkel

Mit diesem Befehl kann man Winkel bemaßen: Auswahl der Schenkel des Winkels, Größe des Maßbogens und Beginn des Bemaßungstexts. Auto-CAD schlägt den gemessenen Winkel als Bemaßungstext vor. Der Befehl **Winkel** steht im Untermenü **BEM**.

Durchmsr, Radius

Befehle zur Bemaßung eines Kreises mit seinem Durchmesser oder Radius. Der Kreis muß nur als Objekt gewählt werden. Der Punkt, an dem dies geschieht, ist Endpunkt der Maßlinie. Legt man also Wert auf einen waagerechten oder senkrechten Durchmesser, sollte man den Kreis mit dem Objektfangbefehl **QUAdrant** wählen. Die Befehle **Durchmsr, Radius** findet man im Untermenü **BEM**.

Zentrum

Mit diesem Befehl kann man das Zentrum eines Kreises markieren. Er steht im Untermenü **BEM**.

Fuehrung

Mit diesem Befehl kann man komplexere Maßlinien zeichnen. Er befindet sich im Untermenü **BEM**.

Bem Var.

Die Bemaßung wird durch ca. 30 *Bemaßungsvariable* gesteuert, die meisten davon sind einfache Schalter. Durch Änderung dieser Variablen kann man z.B. die Hilfslinien unterdrücken (für Innenmaße) oder die Position und Ausrichtung des Bemaßungstexts ändern. Mit **Bem Var.** erhält man eine Liste der Bemaßungsvariablen im Bildschirmmenü, aus der man einzelne zur Änderung auswählen kann. Der Befehl **Bem Var.** steht im Untermenü **BEM**.

Status

Mit diesem Befehl erhält man eine Liste mit den aktuellen Werten aller Bemaßungsvariablen. Rückkehr in den Zeichnungseditor mit **<F1>**. Der Befehl **Status** steht im Untermenü **BEM**.

Loeschen

Befehl zum Löschen der jeweils letzten Bemaßung. Er steht im Untermenü **BEM**.

EINHEIT

Mit diesem Befehl ruft man eine Liste mit den derzeit benutzten Einheiten und Zahldarstellungen (wissenschaftliche Notation, Dezimaldarstellung etc.) für Längen und Winkel auf. Durch Menüauswahl kann man diese Einstellungen ändern (Anzahl der Nachkommastellen, Messung des Winkels im Uhrzeiger- oder Gegenuhrzeigersinn etc.). Der Dialog findet im Textmodus statt. Danach kehrt man mit **<F1>** wieder in den Zeichnungseditor zurück. Der Befehl **EINHEIT** befindet sich im Untermenü **MODI**.

SCHRAFF

Befehl zum Schraffieren von Flächen. Es stehen drei *Schraffurstile* zur Verfügung: der *normale Stil*, der *äußere Stil* und der *ignorierende Stil*. Sie werden mit den drei Optionen **b**, **b,a** und **b,i** gewählt. Beim normalen Stil werden verschachtelte Objekte von außen nach innen abwechselnd schraffiert bzw. nicht schraffiert. Beim äußeren Stil werden weiter innen liegende Objekte nicht mehr schraffiert. Bei diesen beiden Schraffurstilen werden Texte generell bei der Schraffur ausgespart. Beim ignorierenden Stil wird der gesamte Innenbereich des gewählten Objekts schraffiert.

Nach Aufruf einer der drei Optionen legt man zunächst den Winkel und den Abstand der Schraffurlinien fest. Außerdem kann man sich noch für eine *Doppelschraffur* entscheiden (Erzeugung eines zweiten Schraffurmusters, senkrecht zum ersten). Anschließend wählt man die Objekte, die die Schraffur begrenzen. Dies sollten *geschlossene* Linien sein, sowie die Texte, die ggfs. bei der Schraffur ausgespart werden sollen. Für die Auswahl stehen die üblichen Methoden zur Objektwahl zur Verfügung.

Statt paralleler Schraffurlinien kann man auch eins der vordefinierten *Schraffurmuster* aus dem File ACAD.PAT verwenden: Nach Aufruf von **SCHRAFF** gibt man den Namen des Musters ein, wobei man noch den Schraffurstil i oder a durch Komma abgetrennt anhängen kann. Anschließend legt man den Maßstab des Musters fest und den Winkel, unter dem es gezeichnet wird. ACAD.PAT ist ein ASCII-File, das man mit einem Texteditor bearbeiten kann. Damit kann man die vorgegebenen Muster verändern und neue selbst erzeugen (s. Abschnitt 7.3).

Der Befehl **SCHRAFF** steht im Untermenü **ZEICHNEN**.

8 Blöcke sind keine Hindernisse: Blöcke, Attribute

Die Themen dieses Kapitels

- Zusammenfassung von Zeichnungsteilen zu Blöcken (Abschnitt 8.1)
- Aufbau von Zeichnungen aus Blöcken (Abschnitt 8.1)
- Blöcke in ihre Einzelteile zerlegen (Abschnitt 8.1)
- Zuordnung von Attributen zu Blöcken (Abschnitt 8.2)
- Variable und konstante Attribute (Abschnitt 8.2)
- Sichtbarkeit von Attributen (Abschnitt 8.2)
- Änderung von Attributen unabhängig von Blöcken (Abschnitt 8.2)
- Verwendung von Attributen in Fremdprogrammen (Abschnitt 8.3)

8.1 Blöcke

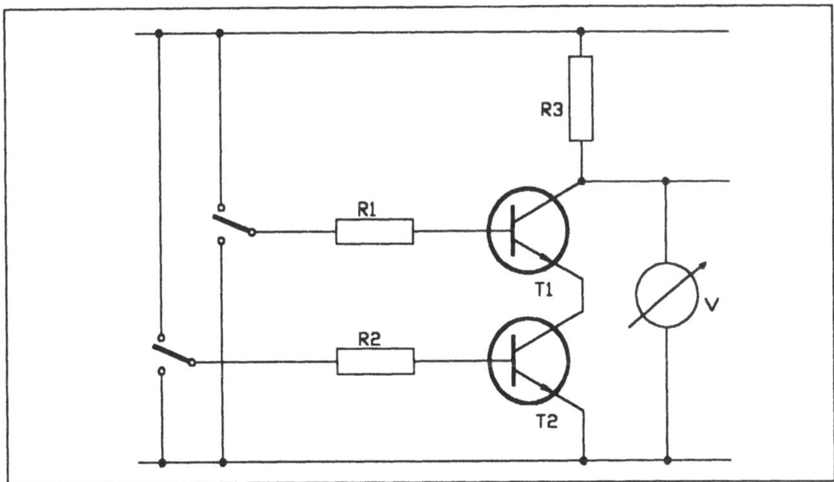

Bild 8-1 NAND-Schaltung mit Transistoren

Häufig sind Zeichnungen aus "Bausteinen" aufgebaut, die (mit gewissen Modifikationen) mehrfach vorkommen. Ein Beispiel für solche Zeichnungen sind Schaltpläne, wie die NAND-Schaltung in Bild 8-1. Zur rationellen Erstellung solcher Zeichnungen haben wir bisher schon die verschiedenen

Editierfunktionen von AutoCAD genutzt, wie **KOPIEREN**, **SCHIEBEN** oder **DREHEN**. Damit könnten wir Bild 8-1 erstellen, ohne etwa das Symbol für den Transistor mehrfach zu zeichnen. Aus praktischer Sicht bleiben hierbei aber noch einige Wünsche offen. Beispielsweise gibt es ja sehr viel mehr elektrische Schaltzeichen als die von Bild 8-1. Zu Beginn müßte man all diese Symbole irgendwo in einer Musterzeichnung haben, am Ende müßte man diejenigen löschen, die man nicht gebraucht hat. Praktischer wäre es, alle Symbole unabhängig von der Zeichnung in einer *Bauteilbibliothek* zu speichern, aus der man sie bei Bedarf abrufen und in die Zeichnung einfügen kann. Der Vorgang des Einfügens sollte flexibel sein (Drehung, Spiegelung, Skalierung des Bauteils) und einfach, etwa indem man einen Referenzpunkt des Bauteils mit dem gewünschten Punkt der Zeichnung zur Deckung bringt. Mit dem Konzept des *Blocks* erfüllt AutoCAD diese Wünsche.

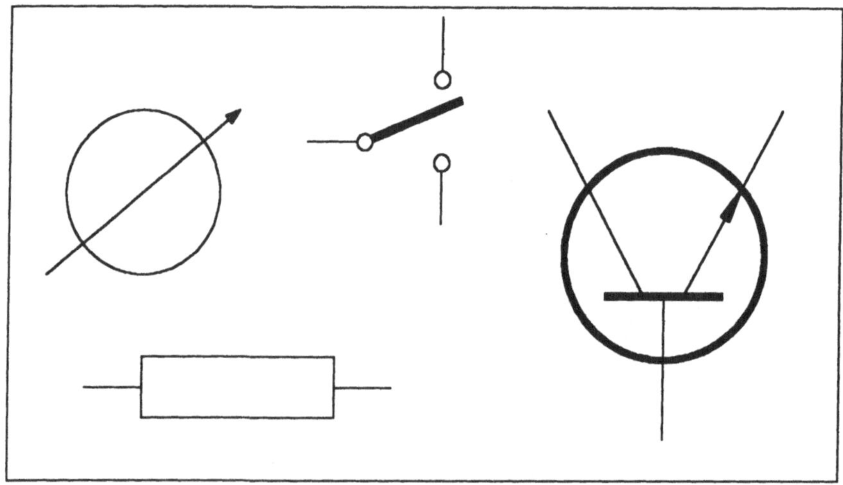

Bild 8-2 Die Bauteile für die NAND-Schaltung

Die NAND-Schaltung besteht aus den vier verschiedenen Bausteinen Umschalter, Widerstand, Transistor und Voltmeter, die wir in Bild 8-2 (wiederum ohne Rücksicht auf DIN-Vorschriften) gezeichnet haben. Wir konstruieren nun den Transistor aus Ringen, Bändern, Linien und Polylinien. Für die Konstruktion ist die Wahl eines Fangrasters der Rastergröße 10 und die Anzeige dieses Rasters praktisch.

5. Mittelpunkt (340,110) mit <ML> markieren, mit <MR> abschließen	**1.** ZEICHNEN **31.** AUTOCAD
9. Punkte (310,90), (370,90) mit <ML> markieren, mit <MR> abschließen	**2.** RING **32.** ANZEIGE
12. Punkte (340,90), (340,20) mit <ML> markieren, mit <MR> abschließen	**6.** naechste **33.** ZOOM
14. Punkte (350,90), (400,180) mit <ML> markieren, mit <MR> abschließen	**7.** BAND **34.** Alles
16. Punkte (330,90), (280,180) mit <ML> markieren, mit <MR> abschließen	**10.** ZEICHNEN
21. Fenster um Bereich aufziehen, in den der Pfeil (Emitter) gezeichnet werden soll, mit <ML> fixieren	**11.** LINIE
24. Anfangspunkt des Pfeils mit <ML> markieren	**13.** LINIE
30. Endpunkt des Pfeils mit <ML> markieren, mit <MR> abschließen	**15.** LINIE

1. ZEICHNEN   **31.** AUTOCAD
2. RING   **32.** ANZEIGE
6. naechste   **33.** ZOOM
7. BAND   **34.** Alles
10. ZEICHNEN
11. LINIE
13. LINIE
15. LINIE
17. AUTOCAD
18. ANZEIGE
19. ZOOM
20. Fenster
22. ZEICHNEN
23. PLINIE
25. Breite
28. *****
29. SCHnittp

3. Innendurchmesser <0.50>: <u>100</u> <RETURN>
4. Aussendurchmesser <100.00>: <u>105</u> <RETURN>
8. Bandbreite <0.00>: <u>3</u> <RETURN>
26. Startbreite <0.00>: <u>3</u> <RETURN>
27. Endbreite <3.00>: <u>0</u> <RETURN>

a) Rand des Transistors zeichnen (*Schritte 1 - 5*)

b) Basis des Transistors zeichnen (*Schritte 6 - 9*)

c) Zuleitungen Basis, Emitter, Kollektor zeichnen (*Schritte 10 - 16*)

d) Bereich für Zeichnung des Pfeils am Emitter vergrößern (*Schritte 17 - 21*)

e) Pfeil zeichnen (*Schritte 22 - 30*)

f) Ursprünglichen Bildausschnitt wiederherstellen (*Schritte 31 - 34*)

Die Konstruktion der übrigen Bauteile überlassen wir Ihnen als Aufgabe 8.1.

Nachdem der Transistor fertig ist, wird er als Block unter dem Namen TRANS gespeichert:

8. Rand des Transistors mit <ML> markieren **10. Fenster um Transistor aufziehen, mit** **<ML> fixieren, mit <MR> abschließen**	**1. AUTOCAD** **7. ZENtrum** **2. BLOECKE** **9. Fenster** **3. BLOCK** **11. HOPPLA** **6. *****
4. Befehl: BLOCK Blockname (oder ?): <u>TRANS</u> <RETURN> **5.** Basispunkt der Einfuegung:	

a) Befehl **BLOCK** aufrufen (*Schritte 1 - 3*)

b) Blocknamen eingeben (*Schritt 4*)

c) Basispunkt des Blocks (für spätere Einfügungen) markieren
   (*Schritte 5 - 8*)

d) Objekte des Blocks wählen (*Schritte 9 - 10*)

e) Transistor wieder in Bild 8-2 zurückholen (*Schritt 11*)

Im 5. Schritt hätte man auch die Koordinaten (340,110) des Einfügepunkts über die Tastatur eingeben können (Schritte 6 - 8 entfallen). Nach Abschluß der Blockdefinition verschwindet der Block aus der Zeichnung. Er kann mit **HOPPLA** zurückgeholt werden, ohne daß dadurch die Blockdefinition rückgängig gemacht wird.

Probehalber tragen wir eine Kopie des Transistors als Block in Bild 8-2 ein:

5. Einfügepunkt (120,200) mit <ML> markieren	**1. AUTOCAD** **3. EINFUEG** **2. BLOECKE**
4. Befehl: EINFUEGE Blockname (oder ?): <u>TRANS</u> <RETURN> **6.** Einfuegepunkt: X Faktor <1> / Eckpunkt / XYZ: <u>0.5</u> <RETURN> **7.** Y Faktor (Vorgabe=X): <RETURN> **8.** Drehwinkel <0>: <u>-90</u> <RETURN>	

a) Befehl **EINFUEGE** aufrufen (*Schritte 1 - 3*)

b) Blocknamen eingeben (*Schritt 4*)

c) Block auf halbe Größe skalieren (*Schritte 5 - 7*)

d) Block drehen (*Schritt 8*)

Mit dieser Befehlssequenz haben wir den Transistor in halber Originalgröße in die Zeichnung eingefügt und auch schon so gedreht, wie er in Bild 8-1 liegen soll. Bei der Skalierung kann man die Verkleinerung (oder Vergrößerung) in x- und y-Richtung getrennt wählen. Hiervon haben wir hier keinen Gebrauch gemacht. Wenn Sie den Block jetzt wieder aus Bild 8-2 löschen, um Platz für die übrigen Bausteine zu schaffen, sehen Sie eine wichtige Eigenschaft von Blöcken: Ein Block ist ein einziges Objekt (das man mit einem Mausklick zum Löschen wählen kann). Im Gegensatz dazu besteht die Originalzeichnung des Transistors, die wir mit **HOPPLA** nach Bild 8-2 zurückgeholt haben, nach wie vor aus den einzelnen Objekten (Ring, Band etc.) aus denen wir ihn konstruiert haben. Man kann den Befehl **BLOCK** also auch einfach dazu benutzen, mehrere Objekte zusammenzufassen. Mit dem Befehl **URSPRUNG** aus dem Untermenü **EDIT** kann man einen Block wieder in seine einzelnen Bestandteile zerlegen. Hierzu muß man nur den Befehl aufrufen und den Block mit <ML> wählen.

Wir können uns nun an den Aufbau von Bild 8-1 machen, indem wir zunächst die einzelnen Bausteine mit **EINFUEGE** in der Zeichnung plazieren. Eröffnen Sie hierzu eine neue Zeichnung mit Namen BILD8_1 und plazieren Sie zwei Kopien des Transistors an den passenden Stellen. Dieser Versuch geht allerdings enttäuschend aus. AutoCAD meldet Ihnen, daß es keine Zeichnung mit Namen TRANS.DWG kennt. Ein mit **BLOCK** definierter Block ist nämlich nur der Zeichnung bekannt, in der er definiert wurde, hier also in BILD8_2. Um den Transistor auch in anderen Zeichnungen benutzen zu können, müssen wir den Block mit **WBLOCK** (=Write **BLOCK**) in eine Datei schreiben. Rufen Sie hierzu die Zeichnung BILD8_2 wieder auf und führen Sie die folgende Befehlssequenz aus:

<table>
<tr><td></td><td>1. **AUTOCAD**
2. **BLOECKE**
3. **WBLOCK**</td></tr>
<tr><td colspan="2">4. Befehl: WBLOCK Dateiname: <u>TRANS</u> <RETURN>
5. Blockname: <u>TRANS</u> <RETURN></td></tr>
</table>

Hierdurch wird eine Datei mit Namen TRANS.DWG erzeugt, die den Block enthält. Damit ist der Block auch anderen Zeichnungen zugänglich, und Sie können ihn in Bild 8-1 einfügen. Nachdem Sie Aufgabe 8.1 gelöst haben, also Widerstand, Voltmeter und Schalter konstruiert, zu Blöcken mit Namen

WID, VOLT und SCHALT zusammengefaßt und mit **WBLOCK** in Dateien gleichen Namens gespeichert haben, können Sie die Bauteile wie in Bild 8-1 plazieren. Mit der folgenden Befehlssequenz tun wir dies für den Transistor T1, die Widerstände R1, R3 und den oberen Schalter. Dabei verkleinern wir die Blöcke jeweils auf die halbe Größe. Ein Fangraster mit Wert 5 (das Sie vorher einstellen sollten) erleichtert die Markierungen. Die Einfügepunkte beziehen sich auf die Konstruktion der Bauteile in unserer Lösung von Aufgabe 8.1. Sie werden hier möglicherweise andere Werte wählen.

4. Einfügepunkt (290,150) mit <ML> markieren	**1. BLOECKE**
10. Einfügepunkt (190,150) mit <ML> markieren	**2. EINFUEG**
16. Einfügepunkt (325,230) mit <ML> markieren	**8. EINFUEG**
22. Einfügepunkt (110,150) mit <ML> markieren	**14. EINFUEG**
	20. EINFUEG

3. Befehl: EINFUEGE Blockname (oder ?) < >: <u>TRANS</u> **<RETURN>**
5. Einfuegepunkt: X Faktor <1> / Eckpunkt / XYZ: <u>0.5</u> **<RETURN>**
6. Y Faktor (Vorgabe=X): **<RETURN>**
7. Drehwinkel <0>: <u>-90</u> **<RETURN>**
9. Befehl: EINFUEGE Blockname (oder ?) <TRANS>: <u>WID</u> **<RETURN>**
11. Einfuegepunkt: X Faktor <1> / Eckpunkt / XYZ: <u>0.5</u> **<RETURN>**
12. Y Faktor (Vorgabe=X): **<RETURN>**
13. Drehwinkel <0>: **<RETURN>**
15. Befehl: EINFUEGE Blockname (oder ?) <WID>: **<RETURN>**
17. Einfuegepunkt: X Faktor <1> / Eckpunkt / XYZ: <u>0.5</u> **<RETURN>**
18. Y Faktor (Vorgabe=X): **<RETURN>**
19. Drehwinkel <0>: <u>90</u> **<RETURN>**
21. Befehl: EINFUEGE Blockname (oder ?) <WID>: <u>SCHALT</u> **<RETURN>**
23. Einfuegepunkt: X Faktor <1> / Eckpunkt / XYZ: <u>-0.5</u> **<RETURN>**
24. Y Faktor (Vorgabe=X): <u>0.5</u> **<RETURN>**
25. Drehwinkel <0>: **<RETURN>**

a) Transistor T1 einfügen, um -90° gedreht (*Schritte 1 - 7*)

b) Widerstand R1 einfügen (*Schritte 8 - 13*)

c) Widerstand R3 einfügen (*Schritte 14 - 19*)

d) Schalter einfügen, gespiegelt an der y-Achse (*Schritte 20 - 25*)

Der Befehl **EINFUEGE** schlägt jeweils den Namen des letzten Blocks für die nächste Einfügung vor (Schritt 15), um die Eingabe beim mehrfachen Einfügen eines Blocks abzukürzen. Beim Transistor und den Widerständen haben wir die Möglichkeit nicht genutzt, verschiedene Verkleinerungsfaktoren in x- und y-Richtung einzugeben. Beim Schalter haben wir hiervon Gebrauch gemacht: Die Blockdefinition aus Bild 8-2 liefert einen Schalter, der "in die falsche Richtung zeigt". Bei der Einfügung in Bild 8-1 haben wir ihn deshalb an der Senkrechten gespiegelt (Eingabe eines negativen Verkleinerungsfaktors im 23. Schritt). Im 24. Schritt haben wir dagegen einen positiven Faktor für die Skalierung in y-Richtung eingegeben (sonst hätten wir auch noch an der Waagerechten gespiegelt, d.h. den Schalter "auf den Kopf gestellt"). Spiegelungen kann man also durch negatives Vorzeichen bei den Verkleinerungsfaktoren erzeugen. Zusammen mit der anschließenden Drehung kann man damit Blöcke beliebig positionieren.

Bei der Durchführung des Beispiels haben Sie sicherlich schon bemerkt, daß der Block bei der Festlegung des Einfügepunkts und der Drehung angezeigt wird und der Mausbewegung folgt. Man kann diese Werte also anschaulich mit der Maus definieren. Besonders gut geht das natürlich, wenn man den Block nicht verkleinern muß, sondern in der Originalgröße einfügen kann. Bei der Blockdefinition sollte man also bereits darauf achten, daß die Blöcke die Größe haben, die man in späteren Zeichnungen (meistens) verwenden möchte.

Die Plazierung der übrigen Bauteile der Schaltung wird Ihnen wohl jetzt keine großen Schwierigkeiten mehr bereiten. Den Transistor T2 und den Widerstand R2 kann man als Blöcke einfügen oder mit **KOPIEREN** aus T1 und R1 erzeugen. Die Verdrahtung des Schaltbildes, also die Verbindung der einzelnen Bauteile gemäß Bild 8-1 überlassen wir auch Ihnen. Mit den Objekfangbefehlen und dem Fangraster kann man die Anschlußdrähte leicht verlängern und zusammenführen. Die ausgefüllten Punkte, die eine Leitungsverbindung symbolisieren, zeichnet man am besten mit dem Befehl **RING** (Innendurchmesser 0).

8.2 Attribute

Bild 8-1 muß nun noch beschriftet werden. Hierzu kann man natürlich die Textbefehle von AutoCAD einsetzen. Viele der Bezeichnungen im Schaltplan sind jedoch direkt mit den einzelnen Bauteilen verknüpft. Es wäre günstig, diese Bezeichnungen unmittelbar dem jeweiligen Block zuzuordnen, so daß die Beschriftung beim Einfügen des Blocks automatisch erfolgt. Eine solche Zuordnung von Text zu einem Block ist in AutoCAD in Form von *Attributen* möglich. Als erstes Beispiel ordnen wir dem Transistor aus Bild 8-2 ein Attribut namens BEZ zu:

7. Anfang der Textzeile mit <ML> markieren **13. Einfügepunkt ((340,110) mit <ML> markieren** **15. Fenster um Transistor und Schrift BEZ aufziehen, mit <ML> fixieren, mit <MR> abschließen**	**1. BLOECKE** **2. ATTDEF** **9. LETZTES** **10. BLOCK** **14. Fenster** **16. HOPPLA**

3. Attributmod -- Unsichtbar:N Konstant:N Pruefen:N Vorwahl:N
Fuer Aenderungen (UKPV) eingeben, RETURN wenn abgeschlossen:
<RETURN>
4. Attributsbezeichnung: <u>BEZ</u> **<RETURN>**
5. Attributanfrage: <u>Genaue Bezeichnung</u> **<RETURN>**
6. Vorgegebener Attributwert: **<RETURN>**
8. Hoehe <15.00>: **<RETURN>**
11. Befehl: BLOCK Blockname (oder ?): <u>TRANS</u> **<RETURN>**
12. Neu definieren <N>: <u>J</u> **<RETURN>**

a) Aufruf von **ATTDEF** und Übernahme der vorgeschlagenen Attributmodi (*Schritte 1 - 3*)

b) Eingabe der Attributsbezeichnung, des Anfragetexts und des vorgegebenen Attributwertes (*Schritte 4 - 6*)

c) Textposition für den Attributwert festlegen (*Schritte 7 - 8*)

d) Attribut mit dem bisherigen Block zu einem neuen Block TRANS zusammenfassen (*Schritte 9 - 16*)

Zu Beginn der Attributdefinition wird man zur Festlegung des Attributmodus aufgefordert. Er wird durch vier Schalter "Unsichtbar",

"Konstant", "Pruefen" und "Vorwahl" eingestellt. Die verschiedenen Möglichkeiten für den Attributmodus betrachten wir gleich noch etwas näher. Hier haben wir einfach die von AutoCAD vorgeschlagenen Schalterstellungen übernommen. Insbesondere bewirkt "Unsichtbar:N", daß das Attribut sichtbar ist. Nach der Eingabe des Attributnamens wird man zur Eingabe eines Anfragetexts aufgefordert. Dieser Text erscheint im nächsten Beispiel beim Einfügen des Blocks TRANS als Aufforderung zur Eingabe der aktuellen Attributbezeichnung. Die Festlegung der Textposition entspricht dem Befehl **TEXT**. Nach der Definition des Attributs ist der Text zunächst der Attributname BEZ.

Wir speichern den neuen Block TRANS mit **WBLOCK** in einer Datei und bauen nun Bild 8-1 noch einmal auf, wobei wir den neuen Block TRANS anstelle des alten verwenden. Eröffnen Sie hierzu eine *neue* Zeichnung und führen Sie die folgenden Befehle aus:

4. Einfügepunkt (290,150) mit <ML> **markieren**	**1. BLOECKE** **2. EINFUEGE**

3. Befehl: EINFUEGE Blockname (oder ?) <>: <u>TRANS</u> **<RETURN>**
5. Einfuegepunkt: X Faktor <1> / Eckpunkt / XYZ: <u>0.5</u> **<RETURN>**
6. Y Faktor (Vorgabe=X): **<RETURN>**
7. Drehwinkel <0>: <u>-90</u> **<RETURN>**
8. Attributwerte eingeben
    Genaue Bezeichnung: <u>T1</u> **<RETURN>**

In den ersten 7 Schritten haben wir den Block genauso eingefügt wie im vorigen Abschnitt. Die Existenz des Attributs fällt erst im letzten Schritt auf. Dort werden Sie zur Eingabe des Attributwerts aufgefordert, wobei der Anfragetext "Genaue Bezeichnung" erscheint, den wir bei der Attributdefinition eingegeben haben. Durch Eingabe des Attributwertes legt man den aktuellen Wert des Attributs für den gerade eingefügten Block fest. Dem nächsten Transistor können Sie also eine andere Bezeichnung, etwa T2, geben. Gegenüber der Beschriftung mit dem Befehl **TEXT** hat die Beschriftung über Attribute zunächst zwei Vorteile. Zum einen vergißt man die Beschriftung nicht, zum anderen muß man den Text nicht jedesmal neu positionieren.

Durch die einmalige Festlegung der Textposition bei der Attributdefinition wird der Text bei jeder Einfügung des Blocks korrekt positioniert.

Im Beispiel kann allerdings kaum von einer korrekten Textpositon die Rede sein. Die Beschriftung "T1" liegt vielmehr auf der Seite. Der Grund hierfür ist, daß wir den Transistor in Bild 8-2 senkrecht stehend definiert, ihn in Bild 8-1 aber um -90° gedreht waagerecht eingefügt haben. Der Text wird dabei ebenfalls gedreht. Es ist also sinnvoll, bei der Definition von Attributen die hauptsächliche künftige Verwendung des Blocks zu berücksichtigen. Oft möchte man aber Blöcke in verschieden gedrehten Positionen einfügen. Die Ausrichtung der Attribute kann man dann anschließend mit dem Befehl **ATTEDIT** anpassen:

<table>
<tr><td>

6. Beschriftung des Transistors mit <ML> wählen, mit <MR> abschließen
10. Textanfang (300,110) mit <ML> markieren

</td><td>

1. EDIT
2. ATTEDIT
7. Winkel
9. Position
11. Naechste

</td></tr>
<tr><td colspan="2">

3. Attribute einzeln editieren <J>: <RETURN>
4. Blockname Spezifikation <*>: <RETURN>
5. Attributbezeichnung Spezifikation <*>: <RETURN>
8. Neuer Drehwinkel <270>: <u>0</u> <RETURN>

</td></tr>
</table>

a) **ATTEDIT** aufrufen und Beschriftung zum Editieren wählen (*Schritte 1 - 6*)

b) Beschriftung in die Waagerechte drehen (*Schritte 7 - 8*)

c) Beschriftung in neue Position verschieben (*Schritte 9 - 10*)

d) **ATTEDIT** abschließen (*Schritt 11*)

Mit **ATTEDIT** kann man auch Höhe, Farbe und Textstil ändern, sowie den Text auf einen anderen Layer heben. Außerdem kann man mit der Option **Wert** den Text ändern oder neu eingeben (Aufgabe 8.2).

Bisher haben wir Attribute nur zur automatischen Beschriftung von Blöcken eingesetzt. Es gibt aber noch weitere Einsatzmöglichkeiten, die Attribute eigentlich erst richtig interessant machen. Man kann Blöcken auf diese Weise weitere Informationen zuordnen, die im Regelfall nicht in der Zeichnung erscheinen, sondern nur bei Bedarf sichtbar gemacht werden. Solche Informationen können z.B. der Wert eines Widerstands, Lieferfirmen, Bestellnummern oder Preise sein. Diese Informationen kann man auch mit dem Befehl **ATTEXT** aus der Zeichnung extrahieren und in eine Datei schreiben, die von anderen Programmen gelesen werden kann. Auf diese Anwendungsmöglichkeiten gehen wir im nächsten Abschnitt ein. Als Beispiel ordnen wir dem Transistor aus Bild 8-2 noch zwei weitere (unsichtbare) Attribute zu:

9. Einfügepunkt (350,50) mit <ML>
   markieren
18. Einfügepunkt (300,20) mit <ML>
   markieren
	1. BLOECKE **12. ATTDEF**
	2. ATTDEF **13. Vorwahl**
	3. Unsichtb **14. Konstant**
	4. Vorwahl

 5. Fuer Aenderungen (UKPV) eingeben, RETURN wenn abgeschlossen:
    <RETURN>
 6. Attributsbezeichnung: LIEF **<RETURN>**
 7. Attributanfrage: Lieferant **<RETURN>**
 8. Vorgegebener Attributwert: Billich Elektronik GmbH **<RETURN>**
10. Hoehe <15.00>: **<RETURN>**
11. Einfuege-Winkel <0>: **<RETURN>**
15. Fuer Aenderungen (UKPV) eingeben, RETURN wenn abgeschlossen:
    <RETURN>
16. Attributsbezeichnung: TYP **<RETURN>**
17. Attributwert: Transistor **<RETURN>**
19. Hoehe <15.00>: **<RETURN>**
20. Einfuege-Winkel <0>: **<RETURN>**

a) Attribut LIEF definieren (wird automatisch auf den im 8. Schritt eingegebenen Vorgabewert gesetzt) (*Schritte 1 - 11*)

b) Attribut TYP definieren (hat den konstanten Wert "Transistor")
   (*Schritte 12 -20*)

Sie müssen jetzt noch die beiden neuen Attribute, das schon vorhandene Attribut BEZ und die Zeichnung des Transistors mit **BLOCK** zu einem Block mit Namen TRANS zusammenfassen und mit **WBLOCK** in einer Datei mit Namen TRANS.DWG speichern. Danach können Sie das Ergebnis betrachten, indem Sie eine *neue* Zeichnung eröffnen und den Block mit den gleichen Befehlen wie vorher einfügen. AutoCAD bietet Ihnen dabei den gleichen Dialog an wie beim Einfügen des Transistors, der nur das Attribut BEZ hatte. Die beiden neuen Attribute LIEF und TYP treten nicht in Erscheinung und man sieht sie auch nicht im Ergebnis.

Wo sind sie geblieben? LIEF und TYP haben wir als *unsichtbare* Attribute definiert, so daß sie konsequenterweise auch nicht in der Zeichnung zu sehen sind. Mit dem Befehl **ATTZEIG** aus dem Untermenü **ANZEIGE** kann man sie sichtbar machen. Wählen Sie hierzu aus dem Bildschirmmenü **AUTOCAD, ANZEIGE, ATTZEIG, EIN**. Die beiden Attribute LIEF und TYP erscheinen damit in der Zeichnung und sehen dort wahrscheinlich häßlich aus. Wir haben sie ja auch als unsichtbar definiert und deshalb nicht viel Mühe auf die Positionierung der Texte verwendet. **ATTZEIG** hat noch zwei weitere Optionen: Mit **AUS** macht man sämtliche Attribute (auch die als sichtbar definierten) unsichtbar, **Normal** zeigt nur die als sichtbar definierten Attribute.

Bei der Definition von LIEF haben wir außer "Unsichtbar" noch eine andere Möglichkeit zur Einstellung des Attributmodus' verwendet. Mit dem Schalter "Vorwahl" haben wir dafür gesorgt, daß der Attributwert automatisch auf den Vorgabewert "Schulz Elektronik GmbH" gesetzt wird, den wir bei der Attributdefinition festgelegt hatten. AutoCAD fordert Sie deshalb auch nicht zur Eingabe eines Wertes für dieses Attribut auf. Das Attribut TYP haben wir anders definiert, nämlich als "Konstant". Auch hier werden Sie bei der Einfügung des Blocks nicht zur Eingabe eines Attributwertes aufgefordert. TYP erhält automatisch den Wert "Transistor", den wir in der Attributdefinition festgelegt hatten. Auf den ersten Blick sieht man keinen Unterschied zwischen den beiden Attributmodi von LIEF und TYP. Der Unterschied besteht darin, daß man bei LIEF den Attributwert nachträglich mit **ATTEDIT** ändern kann, bei TYP aber nicht (Aufgabe 8.2).

Nach der Änderung des Blocks TRANS haben wir Sie jeweils aufgefordert, das Ergebnis an einer *neuen* Zeichnung zu prüfen. Falls Sie diese Warnung nicht beachtet haben, waren Sie wahrscheinlich enttäuscht: Bei der Einfügung des Blocks wurde Ihre neue Blockdefinition nicht berücksichtigt. Der Block wurde nach seiner alten Spezifikation eingefügt, obwohl Sie die neue Spezifikation korrekt mit **WBLOCK** in einer Datei gespeichert hatten. Dies hat einen guten Grund: AutoCAD merkt sich bei jeder Zeichnung die eingefügten Blöcke und greift bei der nächsten Einfügung auf diese lokale

Definition zurück. Im nächsten Kapitel zeigen wir Ihnen, wie man dies löschen kann.

8.3 Attribute in anderen Programmen

Die beiden Attribute LIEF und TYP, die wir dem Transistor im vorigen Abschnitt zugeordnet haben, enthalten keine Bezeichnungen des Blocks, die man in die Zeichnung einfügen möchte. Wir haben sie deshalb als "unsichtbar" definiert. Solche zusätzlichen Informationen kann man für andere Zwecke verwenden, wie z.B. die Erstellung einer Stückliste. Solche Funktionen sind nicht in AutoCAD implementiert, man muß sie vielmehr selbst programmieren, in einer Programmiersprache, z.B. BASIC, PASCAL, oder einem Datenbanksystem wie dBase.

AutoCAD stellt für diese individuellen Anwendungen lediglich die in den Attributen gespeicherten Informationen in einer Datei zur Verfügung, die vom Anwendungsprogramm gelesen wird. Mit dem Befehl **ATTEXT** kann man Attribute aus AutoCAD-Zeichnungen extrahieren und in eine Datei schreiben. Es werden dabei drei verschiedene Dateiformate unterstützt: SDF (**S**tandard **D**ata **F**ormat), CDF (**C**omma **D**elimited **F**ormat) und DXF (**D**ata **EX**change **F**ormat). Die beiden ersten Formate sind direkt von dBase lesbar, das letzte erlaubt den generellen Austausch von Zeichnungsdaten in Form von ASCII-Dateien zwischen verschiedenen CAD-Programmen. Auf den genauen Aufbau dieser Formate gehen wir hier nicht ein. Eine Anleitung zur Erstellung von Programmen zur Verarbeitung von Attributinformationen in einer bestimmten Programmiersprache oder in dBase liegt ebenfalls nicht im Rahmen dieses Buchs. Wir zeigen Ihnen hier nur, wie man mit **ATTEXT** Attributinformationen in eine Datei im SDF-Format schreibt, und was diese Datei enthält. Damit steht Ihnen die Verwendung der Attributinformationen in Programmen Ihrer Lieblingssprache offen.

Für die Ausgabe der Attributinformationen in eine SDF-Datei benötigen Sie eine *Schablonendatei*, in der festgelegt wird, welche Attribute in welchem Format ausgegeben werden. Diese Datei können Sie mit einem beliebigen Texteditor erstellen. Jede Zeile enthält jeweils den Namen eines Attributs und die Angabe des Ausgabeformats. Für die Ausgabe der Attribute des

Transitors können Sie die Datei SCHABLON.TXT mit diesen drei Zeilen verwenden:

```
BEZ   C005000
TYP   C015000
LIEF  C020000
```

Nachdem Sie die Datei erstellt und in Ihrem AutoCAD-Verzeichnis gespeichert haben, holen Sie die Zeichnung mit dem Transistor (in seiner letzten Version) in den Zeichnungseditor und führen Sie die folgenden Befehle aus:

	1. DIENST **2. ATTEXT** **3. SDF**
4. Schablonendatei <SCHABLON>: <RETURN> **5.** Ausgabedatei <Test>: <RETURN> 1 Saetze in Ausgabedatei **6.** Befehl: <F1>	

a) Aufruf von **ATTEXT** und Wahl des Dateiformats SDF (*Schritte 1 - 3*)

b) Wahl der Schablonendatei (*Schritt 4*)

c) Wahl der Ausgabedatei (Vorschlag: Zeichnungsname), Anzeige der Anzahl der ausgegebenen Datensätze (*Schritt 5*)

d) Rückkehr in den Zeichnungseditor (*Schritt 6*)

Der Dialog in den Schritten 4 - 6 findet nicht, wie in der Tabelle dargestellt, im Befehls- und Anfragefeld statt. AutoCAD schaltet vielmehr nach dem 3. Schritt auf den Textbildschirm um, aus dem Sie im 6. Schritt mit <F1> wieder in den Zeichnungseditor zurückkehren.

Das Ergebnis Ihrer Arbeit steht in der Datei TEST.TXT im AutoCAD-Verzeichnis. Sie können es mit einem beliebigen Texteditor oder mit dem DOS-Kommando TYPE betrachten:

```
T1  Transistor    Billich Elektronik GmbH
```

Die Attribute des Transistors stehen in TEST.TXT in der Reihenfolge, die Sie in der Schablonendatei definiert haben. Die Attribute eines Blocks stehen jeweils in einer Zeile. Im Beispiel haben wir nur einen Block, die Datei hat also nur eine Zeile. Mit der Formatierungsinformation in der Schablonendatei wird die Anzahl der Stellen festgelegt, die für das jeweilige Attribut zur Verfügung stehen. Die Angabe C005000 für das Attribut BEZ besagt, daß es als Zeichenkette (Chain) der Länge 5 ausgegeben wird. Die ersten drei Ziffern nach C geben die Länge der Zeichenkette an, die übrigen drei formatieren eine numerische Ausgabe (die wir hier nicht benötigen). Mit diesen Formatierungsinformationen und den Prozeduren zur Verarbeitung von Zeichenketten, die die meisten höheren Programmierspachen bieten, können Sie einzelne Attribute aus der Dateizeile isolieren und für Ihre individuellen Anwendungen weiterverarbeiten. Oft werden Sie nicht alle Attribute für Ihre Anwendung benötigen. Durch entsprechende Gestaltung der Schablonendatei können Sie dann die Ausgabe von vornherein auf die interessierenden Attribute beschränken.

8.4 Aufgaben

Aufgabe 8.1

Stellen Sie Blöcke WID, SCHALT, VOLT für die übrigen Bauteile (Widerstand, Schalter, Voltmeter) von Bild 8-2 her. Speichern Sie die Blöcke jeweils mit **WBLOCK** in Dateien gleichen Namens.

Aufgabe 8.2

a) Ordnen Sie den Blöcken WID und VOLT Attribute BEZ, TYP und LIEF zu (wie beim Transistor), dem Block SCHALT nur die Attribute TYP und LIEF. Speichern Sie die so erweiterten Blöcke mit **WBLOCK**.

b) Zeichnen Sie Bild 8-1 mit den Blöcken aus Teil a).

c) Ändern Sie die Lieferfirma der Transistoren in "Teuerlein Versand", indem Sie die entsprechenden Attribute in Bild 8-1 editieren.

d) Versuchen Sie, die Attribute TYP der Schalter in Bild 8-1 von "Umschalter" in "Schalter" zu ändern.

Aufgabe 8.3

a) Extrahieren Sie die Attribute von Bild 8-1 mit **ATTEXT** in eine SDF-Datei. Benutzen Sie als Schablone die Datei SCHABLON.TXT aus Abschnitt 8.3. Wie wirkt sich die Tatsache aus, daß bei den Schaltern das Attribut BEZ fehlt?

b) Extrahieren Sie die Attribute von Bild 8-1 in eine CDF-Datei. Benutzen Sie hierzu wiederum SCHABLON.TXT als Schablone.

8.5 Die AutoCAD-Funktionen dieses Kapitels

BLOCK

Mit diesem Befehl kann man verschiedene Objekte einer Zeichnung zu einem Block zusammenfassen. Blöcke kann man an beliebigen Stellen der Zeichnung (gedreht und passend skaliert) einfügen. Nach Aufruf von **BLOCK** muß man den Namen des Blocks eingeben. (Mit **?** erhält man eine Liste aller bisher in der Zeichnung definierten Blöcke.) Danach legt man den Basispunkt fest, der zur Positionierung des Blocks beim späteren Einfügen gebraucht wird. Zum Schluß wählt man die Objekte des Blocks. Danach verschwinden diese Objekte vom Bildschirm und können mit **HOPPLA** wieder zurückgeholt werden (ohne daß dies die Blockdefiition beeinflußt). Der Befehl **BLOCK** steht im Untermenü **BLOECKE**.

EINFUEGE

Mit diesem Befehl kann man zuvor mit **BLOCK** definierte Blöcke wieder in die Zeichnung einfügen. Nach Eingabe des Blocknamens markiert man den Einfügepunkt (Basispunkt des Blocks). Der Block wird dabei sichtbar auf dem Bildschirm mitgeführt. Anschließend skaliert man den Block durch Angabe eines Vergrößerungsfaktors in x- und y-Richtung. Durch Eingabe negativer Faktoren spiegelt man den Block an den Koordinatenachsen. Zum Abschluß kann man die Position des Blocks noch durch eine Drehung (um den Basispunkt) manipulieren. Die Ausdehnung in x- und y-Richtung kann man auch mit der Option **ecke** durch Angabe eines Rechtecks festlegen.

Will man den Block nicht in Originalgröße einfügen, kann man ihn bereits vor der Festlegung des Einfügepunktes mit der Option **Faktor** skalieren. Der Block wird dann in der gewählten Größe auf dem Bildschirm nachgeführt, was die Kontrolle beim Einfügen erleichtert. Der mit **Faktor** eingegebene Skalierungsfaktor wirkt in allen drei Koordinatenrichtungen. Mit den Optionen **Xfaktor**, **Yfaktor** und **Zfaktor** kann man getrennte Verkleinerungsfaktoren für die drei Koordinatenrichtungen eingeben. Auch den Drehwinkel kann man wahlweise schon vor der Markierung des Einfügepunkts eingeben.

Ein Block wird normalerweise als ein Objekt der Zeichnung behandelt. Stellt man dem Blocknamen einen * voran, wird er jedoch beim Einfügen in seine Einzelteile zerlegt.

Der Befehl **EINFUEGE** befindet sich im Untermenü **BLOECKE** und im Untermenü **ZEICHNEN**.

MEINFUEG

Befehl für die mehrfache Einfügung eines Blocks. Nach der Festlegung von Größe und Winkel kann man eine rechteckige Anordnung aus Reihen und Kolonnen definieren, die aus solchen Blöcken gebildet werden soll. Dies entspricht den Möglichkeiten des Befehls **REIHE**. Mit **MEINFUEG** sind allerdings nur rechteckige Anordnungen möglich, keine polaren. Der Befehl **MEINFUEG** steht im Untermenü **BLOECKE** und im Untermenü **ZEICHNEN**.

WBLOCK

Ein mit **BLOCK** definierter Block ist nur in der Zeichnung bekannt, in der er definiert wurde. Will man Ihn in anderen Zeichnungen verwenden, muß man ihn mit **WBLOCK** in eine Datei schreiben. Nach der Eingabe des Dateinamens (ohne Suffix .DWG) und des Blocknamens (mit der Option = kürzt man ab, wenn beide Namen gleich sind) wird noch einmal der Basispunkt erfragt und die Möglichkeit zur Objektwahl gegeben. Man kann also Blöcke mit **WBLOCK** gleichzeitig definieren und permanent speichern. Der Befehl **WBLOCK** steht im Untermenü **BLOECKE**.

URSPRUNG

Die Einzelteile, aus denen ein Block aufgebaut wurde, sind anschließend
keine einzelnen Objekte der Zeichnung mehr. Der Block kann nur noch
als Gesamtobjekt gewählt (und z.B. gelöscht) werden. Mit dem Befehl
URSPRUNG kann man den Block wieder in seine Einzelteile zerlegen.
Der Befehl funktioniert nicht bei Blöcken, die beim Einfügen mit verschiedenen Faktoren in x- und y-Richtung skaliert wurden. Man findet
den Befehl **URSPRUNG** im Untermenü **EDIT**.

BASIS

Mit **EINFUEGE** kann man auch eine komplette Zeichnung in eine andere Zeichnung einfügen. Mit dem Befehl **BASIS** legt man zuvor den Basispunkt für die Einfügung der Zeichnung fest. Wird kein Basispunkt festgelegt, nimmt AutoCAD den Koordinatenursprung der eingefügten
Zeichnung als Basispunkt. Der Befehl **BASIS** steht im Untermenü
BLOECKE.

ATTDEF

Mit diesem Befehl kann man Attribute definieren. Einem Block kann
man eine beliebige Anzahl von Attributen zuordnen. Attribute können
zur (halbautomatischen) Beschriftung des Blocks verwendet werden oder
zur Speicherung unsichtbarer Informationen, die man z.B. zur späteren
Extraktion einer Stückliste aus der Zeichnung benötigt.

Der Attributmodus ist durch die vier Optionen **Unsichtb, Konstant, Pruefen** und **Vorwahl** bestimmt, die man unabhängig voneinander ein- und
ausschalten kann. Bei einem variablen (d.h. nicht konstanten) Attribut
wird der Benutzer bei der Einfügung des Blocks zur Eingabe des aktuellen Attributwertes aufgefordert. Antwortet er darauf nur mit
<RETURN> nimmt das Attribut den bei der Definition festgelegten
Vorgabewert an. Schaltet man bei der Definition die Option **Vorwahl** ein,
so nimmt das Attribut automatisch den Vorgabewert an. Die Anfrage an
den Benutzer entfällt. Ein konstantes Attribut nimmt stets den bei der
Definition festgelegten Wert an. Im Unterschied zum variablen mit Option **Vorwahl** definierten Attribut kann sein Wert später nicht mehr mit

dem Befehl **ATTEDIT** geändert werden. Mit **Unsichtb** kann man das Attribut als sichtbar bzw. unsichtbar definieren. Mit **Pruefen** bewirkt man, daß nach der interaktiven Eingabe des Attributwerts die Richtigkeit mit einer zweiten Anfrage an den Benutzer geprüft wird.

Nach der Einstellung des Attributmodus' gibt man den Namen des Attributs, den Text für die Benutzeranfrage und den vorgegebenen Attributwert ein. (Die letzten beiden Eingaben entfallen bei konstanten Attributen.) Zum Abschluß der Definition kann man den Text in ähnlicher Weise positionieren, wie beim Befehl **TEXT**. Nach der Definition muß das Attribut mit **BLOCK** bzw. **WBLOCK** einem Block zugeordnet werden.

Der Befehl **ATTDEF** steht in den Untermenüs **BLOECKE** und **ZEICHNEN**.

ATTZEIG

Mit diesem Befehl kann man die Sichtbarkeit der Attribute verändern. Er hat die drei Optionen **EIN** (alle Attribute sichtbar), **AUS** (alle Attribute unsichtbar) und **Normal** (nur die bei der Attributdefinition als sichtbar ausgewiesenen Attribute sind sichtbar). Der Befehl **ATTZEIG** befindet sich im Untermenü **ANZEIGE**.

ATTEDIT

Mit diesem Befehl können Attribute nachträglich geändert werden (Wert, Position, Farbe, Textstil, Layer). Man kann einzelne Attribute editieren (übliche Objektwahl) oder Gruppen von Attributen, die man durch Angabe von Block- und Attributnamen, sowie Attributwerten bestimmt (partielle Angaben mit * als Joker möglich). Der Befehl **ATTEDIT** steht im Untermenü **EDIT**.

ATTEXT

Mit diesem Befehl kann man Attribute aus der Zeichnung extrahieren und in eine Datei in einem der drei Formate SDF, CDF oder DXF schreiben. Der Inhalt dieser Dateien kann von Anwenderprogrammen wie dBase oder von selbstgeschriebenen Programmen weiterverarbeitet werden. **ATTEXT** steht im Untermenü **DIENST**.

SYMBOL

In AutoCAD-Zeichnungen kann man neben Blöcken auch Symbole einfügen. Die Definition von Symbolen (zusammengesetzt aus Linien, Kreisen und Bogen) erfolgt in Textdateien (ähnlich wie die Definition von Schraffurmustern). Diese Dateien müssen kompiliert werden (Punkt 7 im AutoCAD-Hauptmenü). Mit dem Befehl **SYMBOL** können Symboldateien geladen und anschließend Symbole ähnlich wie Blöcke in die Zeichnung eingefügt werden. Symbole sind effizienter (Geschwindigkeit, Speicherplatz) als Blöcke. Deshalb werden z.B. umfangreiche Bauteilbiliotheken von kommerziellen Anbietern meist in Form von Symboldateien, nicht von Blöcken geliefert. Auf eine detaillierte Beschreibung der Erstellung und Handhabung von Symbolen verzichten wir.

9 Allerlei Erleichterungen

Die Themen dieses Kapitels

- Zeichnungseditor mit einer Skala versehen (Abschnitt 9.1)
- Zeichnungsaufbau durch Unterdrückung aufwendiger Operationen beschleunigen (Abschnitt 9.1)
- Unterteilung des Zeichnungseditors in mehrere Fenster (Abschnitt 9.1)
- Anpassung von Objektwahl- und Objektfangcursor (Abschnitt 9.1)
- Linientyp und Farbe ändern (Abschnitt 9.1)
- Systemvariable (Abschnitt 9.1)
- Pull-Down-Menüs (Abschnitt 9.2)
- Befehlsauswahl mit Dialogfenstern (Abschnitt 9.2)
- Umbenennen von Blöcken, Layern etc. (Abschnitt 9.3)
- Löschen von überflüssigen Blöcken, Layern etc (Abschnitt 9.3)
- Funktionen zur Dateibearbeitung (Abschnitt 9.4)
- Ausführung von DOS-Kommandos von AutoCAD aus (Abschnitt 9.4)
- AutoCAD-Befehle mit Stapeldateien automatisch ausführen (Abschnitt 9.5)

9.1 AutoCAD maßgeschneidert

In diesem Abschnitt geht es um verschiedene Möglichkeiten, den Zeichnungseditor an den eigenen Arbeitsstil anzupassen. Eine solche Möglichkeit, die Anzeige eines Rasters zur besseren Orientierung beim Zeichnen, hatten wir schon im dritten Kapitel kennengelernt. Als Alternative (oder Ergänzung) kann man sich auch eine Skala am unteren und rechten Rand des Zeichnungseditors anzeigen lassen. Hierzu wählt man den Befehl **SKALA** aus dem Untermenü **MODI**. Er Hat die gleichen Optionen wie der Befehl **RASTER**, d.h. man kann den Maßstab über die Tastatur eingeben, mit **Ska=Fang** auf den Wert des Fangrasters setzen oder mit **Aspekt** verschiedene Maßstäbe für die x- und y-Achse festlegen. Mit den Optionen **EIN** und

AUs schaltet man die Skala ein und aus. In den meisten Fällen gibt ein Raster bessere Orientierungshilfen als eine Skala.

Vielleicht haben Sie bei Ihrer bisherigen Arbeit die *Konstruktionspunkte* als störend empfunden, die AutoCAD bei jeder Markierung auf dem Bildschirm anbringt. Nach einer etwas längeren Sitzung ist die Zeichnung voll davon, und man muß das Bild mit **NEUZEICH** wieder neu aufbauen. Mit dem Befehl **KPMODUS** (Optionen **Ein/Aus**) kann man die Zeichnung der Konstruktionspunkte unterdrücken. Im Untermenü **MODI** erreicht man diesen Befehl unter dem Namen **KPUNKTE**.

Bei unseren bisherigen Beispielen waren Sie mit der Arbeitsgeschwindigkeit von AutoCAD wahrscheinlich völlig zufrieden. Insbesondere, wenn Sie einen schnelleren PC verwendet haben, mußten Sie fast nie merkbar auf die Ausführung eines Befehls warten. Dieses Verhalten liegt aber im wesentlichen daran, daß wir nur an sehr kleinen Beispielen geübt haben. In wirklichen Anwendungen sind die Zeichnungen um ein Vielfaches komplexer, so daß es zu recht langen Wartezeiten kommen kann. In AutoCAD gibt es deshalb die Möglichkeit, einige besonders aufwendige Operationen (zeitweilig) zu unterdrücken. Eine solche Operation ist das Regenerieren der gesamten Zeichnung. Das bekommt man im folgenden Beispiel schon sehr deutlich zu spüren.

4. Mit < ML > Einfügepunkt in der linken,	**1. BLOECKE**	**14. REGEN**
unteren Zeichnungsecke markieren,	**2. MEINFUEG**	**15. RGNAUTO**
mit < MR >, < MR >, < MR > abschließen	**9. AUTOCAD**	**16. AUS**
19. Zoomfenster aufziehen, mit < ML >	**10. ANZEIGE**	**17. ZOOM**
fixieren	**11. ZOOM**	**18. Fenster**
	12. Alles	**20. ZOOM**
	13. LETZTES	**21. Vorher**

3. Befehl: MEINFUEG Blockname (oder ?) < >: <u>BILD8_1</u> < RETURN >
5. Anzahl Reihen (---) <1>: <u>10</u> < RETURN >
6. Anzahl Kolonnen (| | |) <1>: <u>10</u> < RETURN >
7. Zelle oder Abstand zwischen den Reihen (---): <u>300</u> < RETURN >
8. Abstand zwischen den Kolonnen (| | |): <u>400</u> < RETURN >

a) 100 Kopien von Bild 8-1 als Blöcke in einem rechteckigen 10x10-Schema einfügen (*Schritte 1 - 8*)

b) Zoom auf gesamte Zeichnung (*Schritte 9 - 12*)

c) Zeichnung noch einmal regenerieren (*Schritte 13 - 14*)

d) Automatische Zeichnungsregenerierung ausschalten (*Schritte 15 - 16*)

e) Zoom auf Bildausschnitt und wieder zurück (*Schritte 17 - 21*)

Nach dem Aufbau einer wirklich großen Zeichnung (der schon einige Zeit braucht) erlebt man beim Zoom in Punkt b) eine weitere böse Überraschung. Um den Zoom auszuführen, muß AutoCAD die Zeichnung *regenerieren*, und das dauert ... Weil's so schön war, regenerieren wir die Zeichnung anschließend noch einmal mit dem Befehl **REGEN**. Wenn Sie es eilig haben, geben Sie stattdessen **NEUZEICH** ein. Das geht deutlich schneller. Nach diesen Erlebnissen sind Sie sicher froh, daß man mit dem Befehl **REGEN-AUTO** (den man im Untermenü **ANZEIGE** über die Auswahl **RGNAUTO** erreicht) die automatische Zeichnungsregenerierung ausschalten kann. Die letzten beiden Zoombefehle bauen das Bild dann wesentlich schneller auf.

ZOOM ist nicht der einzige Befehl, bei dem die Zeichnung neu generiert wird. Bei der Bearbeitung großer Zeichnungen wird man deshalb meist die automatische Regenerierung ausschalten. In einigen Fällen kommt Auto-CAD aber auch dann nicht ohne eine Regenerierung aus, etwa wenn Sie im obigen Beispiel das Zoomfenster extrem klein wählen. AutoCAD fragt Sie dann, ob Sie den Befehl mit Regenerierung ausführen möchten. Den Befehl **ZOOM Alles** sollten Sie in keinem Fall verwenden, da er in jedem Fall die Zeichnung regeneriert. Natürlich bekommen Sie den Geschwindigkeitsvorteil nicht ganz umsonst. Beim Zoomen im Beispiel bekommen Sie u.U. eckige Transistoren, die erst nach einer Regenerierung der Zeichnung wieder schön rund werden. Das schnellere Arbeiten läßt einen aber solche kleinen Schönheitsfehler vergessen. Am Ende der Sitzung kann man die Zeichnung dann mit **REGEN** abschließend regenerieren. Im Handbuch von AutoCAD können Sie nachlesen, was alles beim Regenerieren neu berechnet werden muß, warum also die Regenerierung einer großen Zeichnung wesentlich langsamer ist als etwa der Befehl **NEUZEICH**, der lediglich die Bildschirmanzeige neu aufbaut.

Regenerieren ist nicht die einzige zeitaufwendige Operation. Die Darstellung von Texten benötigt ebenfalls erhebliche Zeit, insbesondere bei bemaßten Zeichnungen. Mit dem Befehl **QTEXT** (=QuickTEXT) aus dem Untermenü **MODI** kann man die Texterzeugung ausschalten. Anstelle der Texte erscheinen dann nur Rechtecke als Platzhalter in der Zeichnung. Weiterhin kann man die Zeichengeschwindigkeit erhöhen, wenn man Bänder und Polylinien nicht ausfüllt, sondern nur als Konturen darstellt. Hierzu gibt man **Fuellen Aus** entweder durch Eingabe über die Tastatur, oder durch Auswahl aus den Bildschirmmenüs der Befehle **PLINIE** oder **BAND** ein. Durch Einschalten des Füllmodus und regenerieren der Zeichnung kann man am Schluß der Sitzung Bänder und Polylinien wieder füllen. Desweiteren kann man die Arbeit mit AutoCAD durch Einfrieren nicht benötigter Layer beschleunigen.

Mit dem Befehl **AUSSCHNT** aus dem Untermenü **ANZEIGE** kann man einen (zuvor mit **ZOOM** erzeugten) Bildausschnitt unter einem Namen speichern (Option **Sichern**). Wenn man den Ausschnitt später wieder braucht, kann man ihn durch **AUSSCHNT Holen** und Eingabe seines Namens wiederherstellen. Mit **AUSSCHNT Fenster** kann man einen Ausschnitt direkt durch Aufziehen eines Fensters definieren (ein vorheriger Zoom entfällt). Die Verwendung des Befehls **AUSSCHNT** für oft benötigte Ausschnitte (vor allem in großen Zeichnungen hat zwei Vorteile. Zum einen findet man sofort den gewünschten Ausschnitt, ohne daß man u.U. mit mehreren Zoomoperationen danach suchen muß. Zum anderen arbeitet **AUSSCHNT Holen** schneller als **ZOOM**.

Beim Schieben, Drehen, Spiegeln, Strecken und Kopieren von Objekten und beim Einfügen eines Blocks wird das Objekt jeweils sichtbar am Bildschirm nachgezogen. Normalerweise erleichtert dies die visuelle Positionierung des Objekts und beschleunigt so die Arbeit. Will man allerdings sehr große Objekte auf diese Weise manipulieren, scheitert die zügige Nachführung an der Rechenzeit. In diesem Fall sollte man die sichtbare Nachführung mit dem Befehl **ZUGMODUS** aus dem Untermenü **MODI** ausschalten. Dann wird, etwa beim Befehl **SCHIEBEN**, nur der Anfangs- und Endpunkt der Verschiebung angezeigt. Das verschobene Objekt erscheint erst nach Abschluß des Befehls in seiner Endposition.

Ab Version 10.0 bietet AutoCAD die Möglichkeit der Unterteilung des Zeichnungseditors in mehrere *Fenster*, in denen man verschiedene Ansichten der aktuellen Zeichnung betrachten kann. In der DOS-Version von Auto-CAD sind maximal vier Fenster möglich. Bild 9-1 zeigt den Schaltplan aus Bild 8-1 im Fenster links oben, sowie verschiedene Bildausschnitte in den übrigen drei Fenstern. Die Fensterunterteilung kann man mit dem Befehl **AFENSTER** einstellen, den wir Ihnen im folgenden Beispiel zur Erzeugung von Bild 9-1 demonstrieren. Wie bei der Einteilung des Bildschirms in mehrere Fenster allgemein üblich, ist jeweils nur ein Fenster *aktiv*, d.h. man kann in ihm arbeiten. Dieses Fenster ist durch einen dick dargestellten Rahmen hervorgehoben. Bei der Bewegung des Cursors mit der Maus erkennt man es daran, daß nur dort der Zeichencursor (Fadenkreuz) sichtbar ist. In den übrigen (inaktiven) Fenstern erscheint der Cursor als Pfeil.

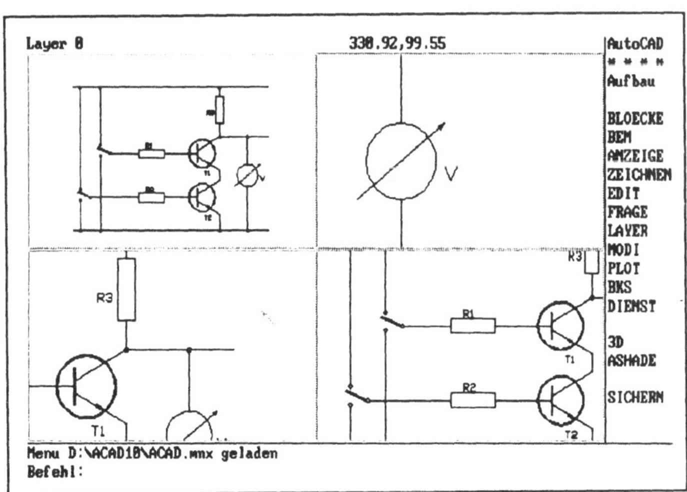

Bild 9-1 Zeichnungseditor mit vier Fenstern

Bild 9-1 stellt man aus Bild 8-1 mit den folgenden Befehlen her:

5. Rechtes oberes Fenster mit <ML> wählen 10. Fenster um Voltmeter aufziehen, mit <ML> fixieren	1. MODI 2. naechste 3. AFENSTER 6. AUTOCAD	7. ANZEIGE 8. ZOOM 9. Fenster
4. Sichern/Holen/Loeschen/Verbinden/Einzeln/?/2/<3>/4: 4 <RETURN>		

a) Zeichnungseditor in 4 Fenster unterteilen (*Schritte 1 - 4*)

b) Fenster rechts oben wählen (*Schritt 5*)

c) Zeichnungsausschnitt Voltmeter im Fenster darstellen (*Schritte 6 - 10*)

Die Auswahl der übrigen Fenster und der Zoom auf die entsprechenden Ausschnitte erfolgt wie in den Teilen b) und c) des Beispiels. Mit den Optionen **Sichern, Holen** und **Loeschen** von **AFENSTER** können Sie die Fensterkonfiguration des Zeichnungseditors speichern und später wieder abrufen bzw. löschen. Mit der Option **Einzeln** kehren Sie wieder in den Modus mit einem Fenster zurück. Dabei wird das zuletzt aktive Fenster angenommen. Mit **Verbinden** kann man zwei Fenster zu einem zusammenfassen. Dabei wird der Inhalt des *dominanten* Fensters übernommen. AutoCAD schlägt das aktuelle Fenster als dominant vor. Man kann aber auch ein anderes Fenster dafür wählen. Anschließend wählt man das zweite Fenster, das mit dem dominanten verbunden werden soll.

Die Befehle **REGEN** und **NEUZEICH** beziehen sich jeweils nur auf das aktive Fenster. Mit **REGENALL** bzw. **NEUZALL** kann man alle Fenster regenerieren bzw. neu zeichnen.

Bei der Wahl eines Objekts mit dem *Objektwahlcursor* oder beim Fang eines Punktes mit dem *Objektfangcursor* hat man bei eng gedrängten Zeichnungen mitunter Schwierigkeiten: Mehrere Objekte befinden sich im Fenster des Cursors und man trifft meist nicht das, das man haben will. Ein Ausweg ist die Verkleinerung des Fangfensters des Cursors mit den Befehlen **OEFFNUNG** bzw. **PICKBOX**. Nach dem Aufruf von **OEFFNUNG** aus dem Untermenü **MODI** kann man das Fangfenster des Objektfangcursors ändern (Tastatureingabe oder Auswahl einer Größe aus dem Bildschirmmenü). Wählt man nach dem Aufruf von **OEFFNUNG** die Option **PICKBOX**, so kann man entspechend die Größe des Objektwahlcursors ändern.

Mit dem Befehl **FARBE** aus dem Untermenü **MODI** kann man die Zeichenfarbe neu wählen (unabhängig von der Farbe des aktuellen Layers. Entsprechend kann man mit **LINIENTP** den *Linientyp* verändern (gestrichelt, strichpunktiert etc.). Die möglichen Linientypen sind in einer Datei ACAD.LIN gespeichert. In dieser Textdatei werden die Linientypen im gleichen Format beschrieben, wie die Schraffurmuster in ACAD.PAT. Mit einem Texteditor kann man also die Linientypen in ACAD.LIN ändern und eigene Linientypen hinzufügen. Mit der Option **Erzeugen** von **LINIENTP** kann man Linientypen auch direkt von AutoCAD aus definieren.

Die Arbeitsweise von AutoCAD wird durch eine große Zahl von *Systemvariablen* gesteuert. Eine Liste dieser Variablen finden Sie im Anhang. Ein Beispiel für eine Systemvariable ist APERTURE. In ihr ist die Größe des Objektfangcursors (als ganze Zahl) gespeichert. Der Befehl **OEFFNUNG** tut also nichts anderes, als APERTURE den vom Benutzer eingegebenen Wert zuzuweisen. Viele andere AutoCAD-Befehle verändern ebenfalls die Systemvariablen. Für den erfahrenen Benutzer bietet AutoCAD darüber hinaus einen Weg, um Systemvariablen direkt neue Werte zu geben. Dies geht mit dem Befehl **SETVAR** aus dem Untermenü **MODI**, den wir Ihnen am folgenden Beispiel erläutern:

6. Linie zeichnen, mit <MR> abschließen **14. Linie zeichnen, mit <MR> abschließen**	**1. MODI** **2. KPUNKTE** **3. Ein** **4. ZEICHNEN** **5. LINIE**	**7. AUTOCAD** **8. MODI** **9. naechste** **10. SETVAR** **13. ZEICHNEN**

11. Befehl: 'SETVAR Variablenname oder ? < >: <u>BLIPMODE</u> <RETURN>
12. Neuer Wert fuer BLIPMODE <1>: <u>0</u> <RETURN>

a) Konstruktionspunkte mit **KPUNKTE** einschalten (Schritte 1 - 3)

b) Linie mit Konstruktionspunkten an den Enden zeichnen (Schritte 4 - 6)

c) Wertzuweisung 0 an die Variable BLIPMODE schaltet die Konstruktionspunkte wieder aus (Schritte 7 - 12)

d) Linie ohne Konstruktionspunkte an den Enden zeichnen (Schritte 13 - 14)

Das Beispiel demonstriert die Bedeutung der Systemvariablen BLIPMODE und den internen Aufbau des Befehls **KPUNKTE**. Bei BLIPMODE=1 werden Konstruktionspunkte gezeichnet, bei BLIPMODE=0 nicht. Nachdem **KPUNKTE** in Teil a) BLIPMODE auf 1 gesetzt hat, haben wir dies in Teil c) wieder rückgängig gemacht, indem wir BLIPMODE mit dem Befehl **SET-VAR** explizit den Wert 0 zugewiesen haben. Im allgemeinen ist dieser Weg umständlicher als die Benutzung der Konfigurationsbefehle aus dem **MODI-**

Menü. Beim Einsatz von **SETVAR** muß man außerdem die Bedeutung der Systemvariablen im Kopf haben (oder nachschlagen). Als kleine Merkhilfe erhält man mit der Option **?** eine Liste aller Systemvariablen mit ihren aktuellen Werten. Der erfahrene Benutzer kann durch direktes Setzen von Systemvariablen besonders schnell AutoCAD genau an seine Wünsche anpassen.

9.2 Pull-Down-Menüs und Dialogfenster

Ab der Version 9.0 bietet AutoCAD neben der Befehlswahl aus dem Bildschirmmenü noch die zusätzliche Möglichkeit, Befehle aus Pull-Down-Menüs zu wählen, die man vom oberen Bildschirmrand "herunterzieht". Die Implementation der Pull-Down-Menüs ist jedoch nicht bei allen Graphikkarten möglich. Aus diesem Grund haben wir die Pull-Down-Menüs auch nicht in unsere bisherigen Beispiele einbezogen.

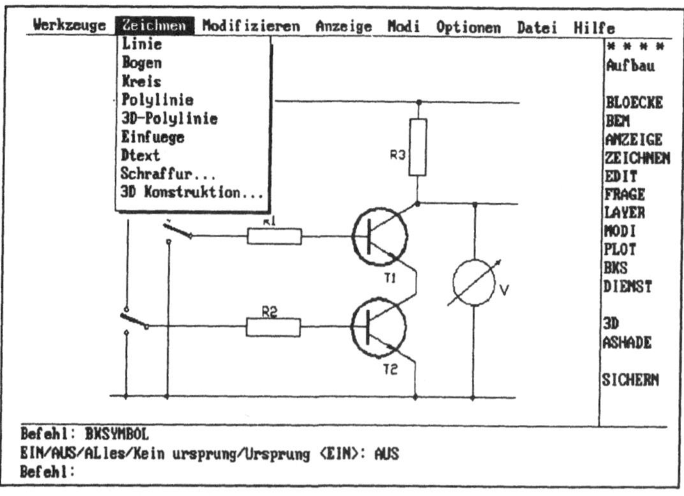

Bild 9-2 Pull-Down-Menü Zeichnen

Um die Pull-Down-Menüs zu erreichen, bewegen Sie den Cursor in die oberste Zeile des Zeichnungseditors, in der im Normalbetrieb der aktuelle Layer und die Koordinaten angezeigt werden. Diese Zeile wird dann durch eine Menüzeile ersetzt (Bild 9-2). (Wenn dies nicht geschieht, sind auf Ihrem System keine Pull-Down-Menüs möglich, und Sie können diesen Abschnitt übergehen.) Mit waagerechten Mausbewegungen können Sie den Auswahlbalken in der Menüzeile verschieben und mit **<ML>** ein Pull-Down-Menü auswählen, z.B. *Zeichnen*, wie in Bild 9-2. Die Menüs enthalten jeweils eine Auswahl besonders häufig benutzter Befehle, sowie Wahlmöglichkeiten für Untermenüs und Dialogfenster, auf die wir gleich noch näher eingehen. Die 8 Pull-Down-Menüs haben die folgenden Menüpunkte:

Werkzeuge

OFANG, ZENtrum, ENDpunkt, BASispunkt, SCHnittpunkt, MITtelpunkt, NAEchster, PUNkt, LOT, QUAdrant, QUICK, TANgente, KEINER, Filter..., Loesch, Z, Zloesch, Liste

Zeichnen

Linie, Bogen, Kreis, Polylinie, 3D-Polylinie, Einfuege, Dtext, Schraffur..., 3D-Konstruktion

Modifizieren

Loeschen, Schieben, Kopieren, Eigenschaft, Bruch, Abrunden, Spiegeln, Stutzen, Dehnen, Strecken, Polylinien editieren

Anzeige

Neuzeichnen, Zoom Fenster, Zoom Vorher, Zoom Alles, Zoom Dynamisch, Pan, Dansicht Optionen..., 3D-Ansicht, Draufsicht (BKS), Draufsicht (Welt), Afenster setzen...

Modi

BKS Dialog ..., BKS Optionen ..., BKS vorher, Zeichnungshilfen..., Objekterzeugung..., Layer modifizieren...

Optionen

Ashade..., Zeichensaetze...

Datei

Sichern, Ende, Quit, Plot, Print

Hilfe

Hilfe

Unter einigen Menüpunkten können Sie sich vielleicht noch nichts
vorstellen. Sie beziehen sich z.B auf 3D-Graphik und werden im nächsten
Kapitel behandelt. Das meiste wird Ihnen jedoch bekannt vorkommen. Die
Menüpunkte, die mit drei Punkten enden, rufen nicht direkt einen Befehl
auf, sondern ein Untermenü oder ein Dialogfenster. Als Beispiel wählen wir
den Punkt Schraffur aus dem Pull-Down-Menü *Zeichnen*. Bild 9-3 zeigt das
Dialogfenster mit verschiedenen Schraffurmustern, aus dem man mit dem
Cursor (Pfeil) ein Muster mit <ML> wählen kann. Das Dialogfenster
verschwindet und Sie werden im Befehls- und Anfragefeld nach Maßstab
und Winkel für das gewählte Schraffurmuster gefragt. Mit der Auswahl
EXIT können Sie das Dialogfenster auch ohne Wahl eines neuen
Schraffurmusters verlassen. Einige weitere Dialogfenster können Sie in den
Aufgaben ausprobieren.

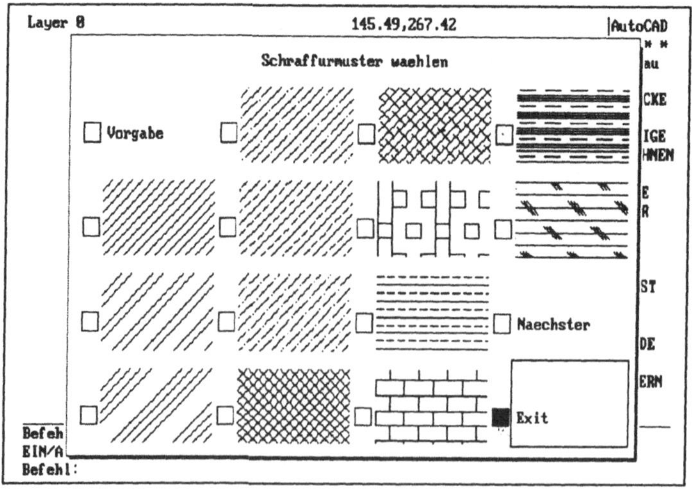

Bild 9-3 Dialogfenster zur Auswahl von Schraffuren

9.3 Aufräumfunktionen

AutoCAD merkt sich alle Objekte einer Zeichnung (Blöcke, Layer, Text- und Linienstile etc.), auch wenn sie nicht *referenziert* sind. Beispielsweise sind immer alle Linientypen aus der Datei ACAD.LIN vorhanden, auch wenn man gar nicht alle davon benutzt. Entsprechendes gilt für Textstile. Auch einen einmal angelegten Layer werden Sie so leicht nicht wieder los, selbst wenn darauf kein einziges Element Ihrer Zeichnung mehr steht. Wenn Sie einen Block in die Zeichnung eingefügt haben, bleibt der Blockname weiterhin Teil der Zeichnung, selbst wenn Sie alle Blöcke dieses Namens anschließend wieder gelöscht haben. (Überzeugen Sie sich mit **BLOCK ?** davon.) Dies war etwa bei der zweiten Erstellung von Bild 8-1 sehr lästig. Wir hatten den Schaltplan in Abschnitt 8.1 aus den Blöcken TRANS, WID, SCHALT und VOLT aufgebaut. In Abschnitt 8.2 hatten wir den Block TRANS durch Hinzufügen von Attributen modifiziert. Wir konnten den neuen Block TRANS jedoch nicht einfach als Ersatz für die bisherigen Transistoren in Bild 8-1 einfügen. Bei diesem Versuch verwendete Auto-CAD nämlich immer noch den alten Block TRANS (den es sich in Bild 8-1) gemerkt hatte. Mit dem Befehl **BEREINIG** kann man dieses Problem lösen. Holen Sie hierzu Ihre Zeichnung von Bild 8-1 (aus Abschnitt 8.1) in den Zeichnungseditor und löschen Sie die beiden Transistoren. Verlassen Sie den Zeichnungseditor und starten Sie ihn erneut mit der gleichen Zeichnung (Menüpunkt 2 des Hauptmenüs und Bestätigung des vorgeschlagenen Zeichnungsnamens mit **<RETURN>**).

<table>
<tr><td rowspan="6"></td><td>1. BLOECKE</td><td>7. Bloecke</td></tr>
<tr><td>2. BLOCK</td><td>9. Ja</td></tr>
<tr><td>3. ?</td><td>10. AUTOCAD</td></tr>
<tr><td>4. AUTOCAD</td><td>11. BLOECKE</td></tr>
<tr><td>5. DIENST</td><td>12. BLOCK</td></tr>
<tr><td>6. BEREINIG</td><td>13. ?</td></tr>
<tr><td colspan="3">8. Bloecke bereinigen Block TRANS? <N>:</td></tr>
</table>

a) Auflistung aller Blöcke, auch TRANS ist trotz Löschung noch vorhanden, Rückkehr in den Zeichnungseditor mit **<F1>** (*Schritte 1 - 3*)

b) Entfernung des Blocks TRANS mit **BEREINIG** (*Schritte 4 - 9*)

c) Prüfen des Ergebnisses: TRANS steht nicht mehr in der Liste der Blöcke,
   Rückkehr in den Zeichnungseditor mit <**F1**> (Schritte 10 - 13)

Nachdem wir den Block TRANS aus der Zeichnung entfernt haben können
wir nun den *modifizierten* Block TRANS aus Abschnitt 8.2 (den wir dort mit
WBLOCK in die Datei TRANS.DWG geschrieben hatten) in die Zeichnung
einfügen.

Der Befehl **BEREINIG** kann nur zu *Anfang* einer AutoCAD-Sitzung angewandt werden. Nach dem Löschen der Transistoren mußten wir deshalb
zunächst mit **ENDE** aus dem Zeichnungseditor aussteigen und wieder neu
starten. Es können nur *nicht referenzierte* Blöcke bereinigt werden, d.h.
Blöcke, von denen keine Exemplare mehr in der Zeichnung existieren. Alle
solche Blöcke werden Ihnen nach Aufruf von **BEREINIG Bloecke** zum Bereinigen angeboten. Ähnlich verhält sich AutoCAD bei der Bereinigung von
Layern: Ein Layer kann nur bereinigt werden, wenn er keine Elemente der
Zeichnung enthält. Einige Standardobjekte können grundsätzlich nicht mit
BEREINIG aus der Zeichnung entfernt werden, so der Layer 0 und der
durchgezogene Linientyp.

Der Befehl **UMBENENN**, der ebenfalls im Untermenü **DIENST** steht, ermöglicht die nachträgliche Umbenennung von Blöcken, Layern, Linientypen
und Textstilen. Mit der Option **AUsschni** kann man mit dem Befehl **AUS-
SCHNTT** gespeicherte Bildausschnitte umbenennen. Die Option **AFenster**
erlaubt die Umbenennung von Fensterkonfigurationen, die man zuvor mit
AFENSTER Sichern gespeichert hat.

9.4 Dateien und DOS-Kommandos

Dateioperationen kann man aus dem *Datei-Dienstmenü* aufrufen, das man
über das Hauptmenü von AutoCAD erreicht. Man hat die Möglichkeit,
Zeichnungs- und Benutzerdateien aufzulisten und Dateien zu löschen, zu
kopieren und umzubenennen (Abschnitt 2.1). Aus dem Zeichnungseditor
gelangt man in das Datei-Dienstmenü über die Auswahl **DIENST DA-
TEIEN**.

Gelegentlich benötigt man während einer AutoCAD-Sitzung Operationen
auf Betriebssystemebene, z.B. zum Anlegen eines neuen Verzeichnisses oder

zum Starten eines Hilfsprogramms. Man kann sie ausführen, ohne Auto-CAD zu verlassen. Hierzu wählt man aus dem Untermenü **DIENST** den Punkt **Externe Befehle.** In der DOS-Version von AutoCAD stehen sieben Externe Befehle zur Verfügung: **DIR** ruft den Directory-Befehl von DOS auf, **KATALOG** liefert ein verkürztes Directory-Listing entsprechend dem DOS-Befehl DIR /w (nur Dateiname und Extension). Bei beiden Optionen können die Jokerzeichen * und ? in der in DOS üblichen Weise eingesetzt werden. Mit **DEL** kann man eine Datei löschen. Mit **EDIT** gelangt man in den DOS-Editor EDLIN. **TYPE** ruft den gleichnamigen DOS-Befehl (nachdem vorher der Dateiname erfragt wurde). Mit **SHELL** eröffnet man eine DOS-Shell, in der man beliebige DOS-Kommandos ausführen kann. Man erhält die Aufforderung "DOS-Befehl:" und kann dann den gewünschten Befehl eingeben. Nach seiner Ausführung wird AutoCAD wieder aufgenommen. Antwortet man dagegen auf "DOS-Befehl:" nur mit **<RETURN>**, so eröffnet AutoCAD eine permanente DOS-Shell, in der man mehrere Kommandos hintereinander ausführen kann. Beendet wird diese Shell durch Eingabe von <u>EXIT</u>. Der Befehl **SHELL** führt u.U. zu Speicherplatzproblemen. Alternativ kann man dann **SH** verwenden, wodurch eine DOS-Shell mit geringerem Speicherplatzbedarf eröffnet wird. Es stehen dann allerdings nur die *internen* DOS-Befehle, wie z.B. COPY, DIR, TYPE zur Verfügung, aber z.B. nicht DISKCOPY. Nach Beendigung eines Externen Befehls wird AutoCAD im *Textmodus* mit der Anfrage "Befehl:" wieder aufgenommen. In den meisten Fällen wird man hier nicht "blind" mit einem AutoCAD-Befehl antworten, sondern mit **<F1>** in den Zeichnungseditor zurückkehren.

9.5 Stapelverarbeitung

AutoCAD-Befehle kann man auch in einer *Befehls-* oder *Skriptdatei* speichern und die Befehlsfolge anschließend durch Aufruf der Datei automatisch ablaufen lassen. Dieser Mechanismus ist den Stapeldateien unter DOS ähnlich. AutoCAD bietet hier allerdings keine Schleifen, Sprünge oder Verzweigungen und auch keine Übernahme von Parameterwerten. Mit einer Befehlsdatei kann einfach nur eine vorher festgelegte Befehlsfolge ausgeführt werden. Eine typische Anwendung ist die Konfiguration des Zeichnungseditors zu Beginn der Sitzung. Die folgende Befehlsdatei setzt die

Zeichnungslimiten auf die Werte (0,0) und (450,280), stellt ein Fangraster mit Wert 10 ein, bringt ein Raster mit gleichem Rasterwert zur Anzeige und stellt den Bildausschnitt auf die Limiten ein. Erstellen Sie die Datei mit Ihrem Lieblingstexteditor und speichern Sie sie im AutoCAD-Verzeichnis unter dem Namen INIT.SCR.

```
Limiten 0,0 450,280
Fang 10
Fang Ein
Raster 10
Raster Ein
Zoom Alles
```

Laden Sie nun eine neue Zeichnung "Test" in den Zeichnungseditor und führen Sie die Datei INIT.SCR aus:

	1. DIENST
	2. SCRIPT
3. Skriptdatei <Test>: <u>INIT</u> <RETURN>	

Mit dem Befehl **SCRIPT** leitet man die Ausführung einer Befehlsdatei ein. AutoCAD erfragt den Dateinamen (Eingabe ohne Extension .SCR) und führt die Befehle der Datei anschließend aus. Im Befehls- und Anfragefeld des Zeichnungseditors sieht man, welche Befehle gerade ausgeführt werden. Wenn Ihnen das zu schnell geht, können Sie mit **<F1>** zum Textbildschirm wechseln und dort den gesamten Befehlsablauf noch einmal betrachten.

Wahrscheinlich hat Ihre Skriptdatei aber gar nicht alles getan, was man erwarten konnte. Sie hat ihre Arbeit vielmehr vorzeitig beendet mit der Anzeige der Option **Alles** im Befehls- und Anfragebereich. Erst, wenn Sie darauf **<RETURN>** eingeben, wird **ZOOM Alles** wirklich ausgeführt. Der Grund dafür liegt in der Codierung von **<RETURN>** innerhalb einer Befehlsdatei. Dieser Tastendruck wird durch ein *Leerzeichen* dargestellt. Ein solches Leerzeichen müssen Sie also am Ende der letzten Zeile von INIT.SCR noch anfügen.

Die Ausführung einer Skriptdatei kann man mit dem Befehl **PAUSE** verzögern. Hinter **PAUSE** gibt man die Verzögerungszeit in Millisekunden an.

(**PAUSE** wartet also nicht auf **<RETURN>** wie der gleichnamige DOS-Befehl.) In AutoCAD-Skriptdateien gibt es zwar keine Schleifen, Verzweigungen oder Sprünge, aber einen Befehl **RSCRIPT**, der die Datei wieder an ihrem Anfang startet. Die folgende Skriptdatei mit Namen WDH.SCR schaltet ein (evtl. eingeschaltetes) Raster aus, zeigt für 2 Sekunden einen Text, anschließend für 1 Sekunde das Bild ohne den Text und beginnt dann wieder von vorne.

```
Raster aus
Text 50,120 40 0
Demotext!
PAUSE 2000
LOESCHEN letztes
PAUSE 1000
RSCRIPT
```

Die letzte Zeile muß wieder ein Leerzeichen am Schluß haben, damit der Befehl **RSCRIPT** auch ausgeführt wird. Ebenso benötigen Sie ein Leerzeichen am Ende der drittletzten Zeile. Es führt den Abschluß der Objektwahl beim Befehl **LOESCHEN** durch. **RSCRIPT** und **PAUSE** sind vor allem zur Erstellung von Endlosdemonstrationen für Messen und ähnliche Präsentationen nützlich. Die Ausführung einer Befehlsdatei können Sie jederzeit mit **<Ctr C>** unterbrechen und die AutoCAD-Sitzung interaktiv fortsetzen. Mit **RESUME** (Bildschirmmenü von **SCRIPT**) können Sie die Ausführung der Befehlsdatei wieder aufnehmen.

Bei der Erstellung von Befehlsdateien macht man leicht Fehler. (Die obigen Beispiele sind das Ergebnis mehrfacher Anläufe.) Selbst bei der Planung kurzer Abläufe vergißt man meist den einen oder anderen Schritt. Dies liegt vor allem daran, daß man AutoCAD normalerweise weitgehend mit einem Zeigegerät (Maus oder Digitalisiertablett) bedient. In eine Skriptdatei kann man dagegen nur schreiben, was man sonst über die Tastatur eingeben würde. Diesen ungewohnten Bedienungsablauf sollte man deshalb am besten jeweils vor der Erstellung einer Skriptdatei interaktiv üben. Die übliche graphische Interaktion mit AutoCAD, wie etwa die Objektwahl über Fenster, steht einem dabei nur sehr bedingt zur Verfügung. Man lernt andere Befehlsvarianten schätzen, die man bisher wenig beachtet hat, wie beispielsweise das Löschen des Texts im obigen Beispiel mit der Option **letztes**. Funktionstasten können in Skriptdateien nicht benutzt werden. Für die Umschaltung zwischen Text- und Graphikbildschirm, die man im interaktiven Betrieb mit <F1> vornimmt, stellt AutoCAD deshalb noch die Befehle **TEXTBLD** und **GRAPHBLD** zur Verfügung, mit denen man diesen Wechsel auch in Befehlsdateien programmieren kann.

Befehlsdateien sind ein nützliches Hilfsmittel zur Zusammenfassung kurzer Befehlssequenzen, die man häufig benötigt. Für die "Programmierung von AutoCAD" ist dieses Werkzeug jedoch zu schwach. Hier bietet die Programmiersprache AutoLISP, die wir Ihnen im 11. Kapitel vorstellen, sehr viel größere Gestaltungsmöglichkeiten. Im nächsten Kapitel behandeln wir noch ein weiteres Verfahren zur Erstellung automatischer Präsentationen mit Hilfe von "Dias", d.h. vorbereiteter und gespeicherter Zeichnungen, die sich in schneller Folge abrufen lassen.

9.6 Aufgaben

Aufgabe 9.1

a) Definieren Sie sich einen eigenen Linientyp mit Namen MYLINE. Die Linie besteht aus einem Strich von 0.5 Einheiten Länge, einem Zwischenraum von 0.2 Einheiten, drei Punkten im Abstand 0.1 Einheiten und einem weiteren Zwischenraum von 0.2 Einheiten. Fügen Sie diese Definition in die Datei ACAD.LIN ein und testen Sie, daß Ihr Linientyp anschließend in AutoCAD zur Verfügung steht.

b) Setzen Sie die Systemvariable HIGHLIGHT auf den Wert 0. Welche Auswirkungen hat das?

c) Setzen Sie die Systemvariable CDATE auf den Wert 0. Welche Auswirkungen hat das? Welche Funktion hat die Variable?

Aufgabe 9.2

a) Erproben Sie den Befehl **LOESCHEN**, aber mit Auswahl aus dem Pull-Down-Menü *Modifizieren* (nur ab Version 9.0). Der Befehl reagiert etwas anders als gewohnt. (Testen Sie das nicht an Ihrer Lieblingszeichnung ohne vorherige Sicherungskopie.)

b) Probieren Sie noch einige Dialogfenster von AutoCAD aus (ab Version 9.0). Sie können sie aus dem Bildschirmmenü des Zeichnungseditors mit den Befehlen **DDRMODI**, **DDOMODI**, **DDLMODI** und **DDATTE** aufrufen. In welchen Untermenüs des Zeichnungseditors stehen diese Befehle? Wie ruft man sie aus den Pull-Down-Menüs auf?

Aufgabe 9.3

Nachdem Sie eine Zeichnung auf mehreren Layern erstellt haben, möchten Sie alles auf einem Layer zusammenfassen und die übrigen Layer löschen. Wie macht man das?

Aufgabe 9.4

a) Definieren Sie drei verschiedene Ausschnitte aus Bild 8-1 mit dem Befehl **AUSCHNTT** und benennen Sie sie mit A1, A2 und A2,.

b) Unterteilen Sie Ihre Zeichnung in drei Fenster, von denen das erste Bild 8-1 ganz zeigt und die übrigen beiden die Ausschnitte A1 und A2.

Aufgabe 9.5

a) Starten Sie AutoCAD von der DOS-Ebene aus mit der Eingabe <u>ACAD TEST INIT</u> **<RETURN>**. Die Skriptdatei INIT.SCR sollte dabei im AutoCAD-Verzeichnis stehen. Was geschieht?

b) Schreiben Sie eine Befehlsdatei ENDLOS.SCR, die Bild 8-1 zunächst ganz zeigt und dann nacheinander die Ausschnitte A1, A2, A3. Jedes Bild soll 2 Sekunden zu sehen sein. Nach Ausschnitt A3 soll die Bildsequenz wieder von vorne beginnen.

c) Schreiben Sie eine Befehlsdatei NEUBILD.SCR, die die aktuelle Zeichnung speichert und Bild 8-2 in den Zeichnungseditor lädt.

9.7 Die AutoCAD-Funktionen dieses Kapitels

SKALA

Befehl zur Anzeige einer Skala am Rand des Zeichnungseditors. Nach
Aufruf des Befehls kann man den Maßstab der Skala eingeben. Mit der
Option **Ska=Fang** setzt man diesen Wert auf den Wert des Fangrasters.
Mit **Aspekt** kann man verschiedene Maßstäbe in x- und y-Richtung wäh-
len. Mit **EIN** und **AUs** schaltet man die Anzeige der Skala ein und aus.
Der Befehl **SKALA** befindet sich im Untermenü **MODI**.

KPMODUS

Mit diesem Befehl, Optionen **EIN** und **Aus**, kann man wählen, ob Auto-
CAD bei der Markierung mit <ML> sichtbare Konstruktionspunkte auf
dem Bildschirm anzeigt. Er bezieht sich nicht auf Punkte, die etwa bei
den Befehlen **MESSEN** und **TEILEN** eingezeichnet werden. Der Befehl
KMODUS steht im Untermenü **MODI**, aber nicht unter **KPMODUS**,
sondern unter **KPUNKTE**.

QTEXT

Wählt man diesen Befehl mit der Option **Ein**, so wird anstelle von Texten
nur ein Rechteck als Platzhalter auf dem Bildschirm angezeigt. Dies spart
Zeit bei der Darstellung großer Zeichnungen mit vielen Texten. Mit der
Option **Aus** kehrt man wieder zur vollständigen Darstellung der Texte zurück. Der Befehl **QTEXT** findet sich im Untermenü **MODI**.

AUSSCHNT

Mit diesem Befehl kann man einen mit **ZOOM** gewählten Bildausschnitt
unter einem Namen speichern (Option **Sichern**) und später wieder mit
der Option **Holen** zurückholen. Dies vereinfacht die Bedienung bei häufig
benutzten Ausschnitten, weil man die Grenzen des Ausschnitts nicht mehr
festlegen muß. Bei großen Zeichnungen kommt außerdem ein erheblicher
Zeitvorteil gegenüber der Wahl von Bildausschnitten mit **ZOOM** zum
tragen. Mit der Option **Fenster** kann man den gewünschten Ausschnitt

durch ein Fenster markieren. Ausschnitte werden mit der Zeichnung gespeichert. Mit **Loeschen** kann man einen gespeicherten Ausschnit wieder löschen. Man findet den Befehl **AUSSCHNT** im Untermenü **ANZEIGE**.

ZUGMODUS

Der Befehl schaltet den Zugmodus, d.h. das sichtbare Nachziehen von Objekten auf dem Bildschirm, ein und aus. Mit der Option **Aus** wird der Zugmodus generell ausgeschaltet, mit **Auto** ist er bei allen Befehlen, die den Zugmodus unterstützen (z.B. bei **SCHIEBEN** oder beim Einfügen von Blöcken) automatisch eingeschaltet. Mit **Ein** wird der Zugmodus prinzipiell eingeschaltet. Wenn man das sichtbare Nachziehen wünscht, muß man dies jedoch durch Eingabe des Befehls **ZUG**, z.B. nach Abschluß der Objektwahl bei **SCHIEBEN**, jeweils einstellen. Der Befehl **ZUGMODUS** steht im Untermenü **MODI**.

AFENSTER

Mit diesem Befehl (ab Version 10.0) kann man den Graphikbereich des Zeichnungseditors in mehrere Fenster unterteilen, in denen man verschiedene Ansichten einer Zeichnung darstellen kann. Bei der DOS-Version von AutoCAD sind maximal vier Fenster möglich. Nach dem Aufruf des Befehls erfragt AutoCAD die Anzahl der Fenster. Bei zwei oder drei Fenstern kann man dann noch die Fensteranordnung über Optionen festlegen. Bei vier Fenstern liegt die Anordnung (vier gleichgroße Fenster) fest. Ruft man **AFENSTER** aus dem Pull-Down-Menü *Anzeige* unter dem Punkt *Afenster setzen...* auf, so erhält man ein Dialogfenster, das die möglichen Fensteranordnungen anschaulich zeigt. Die Fensterkonfiguration kann man unter einem Namen speichern und später mit der Option **Holen** wieder aufrufen. Mit der Option **?** erhält man eine Liste aller in der Zeichnung gespeicherten Fensterkonfigurationen.

Von den dargestellten Fenstern ist jeweils nur eins *aktiv*, d.h. man kann in ihm arbeiten. Es wird durch einen fetten Rahmen hervorgehoben. Im aktiven Fenster hat der Graphikcursor die übliche Form (Fadenkreuz), in den anderen ist er ein Pfeil. Mit **<ML>** wählt man ein neues Fenster als aktives Fenster. mit der Option **Verbinde** faßt man zwei Fenster zusammen, wobei der Inhalt des *dominanten* Fensters übernommen wird. Dominantes und zweites Fenster der Verbindung können mit **<ML>** markiert werden. Mit der Option **Einzeln** kehrt man zur Darstellung mit nur einem Fenster zurück. Hierbei wird der Inhalt des aktiven Fensters übernommen.

Der Befehl **AFENSTER** befindet sich im Untermenü **MODI**.

REGENALL

Ist der Bildschirm in mehrere Fenster unterteilt, wirkt der Befehl **REGEN** nur auf das aktive Fenster. Mit **REGENALL** regeneriert man sämtliche Fenster. Der Befehl steht im Untermenü **ANZEIGE**.

NEUZALL

Ist der Bildschirm in mehrere Fenster unterteilt, wirkt der Befehl **NEU-ZEICH** nur auf das aktive Fenster. Mit **NEUZALL** regeneriert man sämtliche Fenster. Der Befehl steht im Untermenü **ANZEIGE**.

OEFFNUNG

Befehl zum Ändern der Größe des Objektfangcursors. Wählt man nach Aufruf von **OEFFNUNG** die Option **PICKBOX** aus dem Bildschirmmenü, so kann man stattdessen die Größe des Objektwahlcursors verändern. Der Befehl **OEFFNUNG** befindet sich im Untermenü **MODI**.

FARBE

Mit diesem Befehl kann man die Zeichenfarbe (unabhängig von der Farbe des Layers) neu setzen. Er befindet sich im Untermenü **MODI**.

LINIENTP

Befehl zum Ändern des Linientyps (gestrichelt, strichpunktiert etc.) mit der Option **Setzen**. Die möglichen Linientypen sind in der Datei ACAD.LIN gespeichert. Mit der Option **Erzeugen** kann man dieser Datei selbstdefinierte Linientypen hinzufügen. In ACAD.LIN werden die Linientypen in einem Textformat beschrieben (Aufgabe 9.1). Man kann Linientypen auch mit einem Texteditor in ACD.LIN einfügen. Mit der Option **Laden** kann man andere Dateien mit Linientypen in den Zeichnungseditor laden. Der Befehl **LINIENTP** befindet sich im Untermenü **MODI**.

SETVAR

Mit diesem Befehl kann man Systemvariablen neue Werte zuordnen. Eine Liste aller Systemvariablen befindet sich im Anhang. Mit der Option **?** kann man sich die Systemvariablen auf dem (Text-)Bildschirm auflisten. Der Befehl **SETVAR** steht im Untermenü **MODI**.

BEREINIG

Mit diesem Befehl kann man unreferenzierte Blöcke, Linientypen, Symbole und Textstile aus der Zeichnung entfernen, z.B. den Namen eines Blocks, von dem kein Exemplar (mehr) in der Zeichnung existiert (Optionen **Bloecke, LTypen, Symbole, Textstil**). Ebenso kann man Layer löschen, auf denen keine Objekte der Zeichnung stehen (Option **Layer**). Nach Eingabe der Option **Alles** bekommt man alle unreferenzierten Elemente nacheinander zum Bereinigen angeboten. Der Befehl **BEREINIG** kann nur zu Beginn einer Sitzung angewandt werden. Wenn man also etwa alle Exemplare eines Blocks mit **LOESCHEN** aus der Zeichnung gelöscht hat, muß man den Zeichnungseditor zunächst mit **ENDE** verlassen und die Zeichnung anschließend mit 2 <RETURN> zurückholen, ehe man mit **BEREINIG** den Blocknamen entfernen kann. Der Befehl **BE-REINIG** steht im Untermenü **DIENST**.

UMBENENN

Mit diesem Befehl kann man Blöcke, Layer, Linientypen und Textstile nachträglich umbenennen (Optionen **Block, LAyer, LTyp** und **Textstil**). Mit den Optionen **AUsschni** und **AFenster** benennt man mit den Befehlen **AUSSCHNTT** und **AFENSTER** gespeicherte Ausschnitte und Fensterkonfigurationen um. Der Befehl **UMBENENN** befindet sich im Untermenü **DIENST**.

DATEIEN

Mit diesem Befehl kann man das *Datei-Dienstmenü* aus dem Zeichnungs-editor aufrufen. Das Menü enthält Punkte zum Auflisten von Zeichnungs- und Benutzerdateien und zum Löschen, Kopieren und Umbenennen von Dateien. Der Befehl **DATEIEN** steht im Untermenü **DIENST**.

Externe Befehle

Mit diesem Befehl kann man Betriebssystemfunktionen aktivieren, ohne AutoCAD zu verlassen. In der DOS-Version von AutoCAD kann man hiermit sieben Befehle aus dem Betriebssystem aufrufen. **DIR** und **KA-TALOG** listen den Inhalt des aktuellen Verzeichnisses mit allen Dateian-gaben bzw. in Kurzform auf. Mit **DEL** kann man eine oder mehrere Da-teien löschen. **TYPE** aktiviert den gleichnamigen DOS-Befehl (Anzeige einer Datei). Mit **EDIT** gelangt man in den DOS-Editor EDLIN. **SHELL** eröffnet eine DOS-Shell, in der man beliebige DOS-Kommandos ausfüh-ren kann. Nach Aufruf von **SHELL** gibt man den gewünschten DOS-Be-fehl ein. Nach Ausführung des Befehls wird AutoCAD wieder aufgenom-men. Will man mehrere DOS-Befehle hintereinander ausführen, so be-antwortet man die Befehlsanfrage nach dem Aufruf von **SHELL** mit <RETURN>. Die DOS-Shell bleibt dann aktiv bis sie mit EXIT <RETURN> abgeschlossen wird. Der Befehl **SH** öffnet eine reduzierte DOS-Shell (spart Speicherplatz), in der nur die internen DOS-Komman-dos zur Verfügung stehen. Der Befehl **Externe Befehle** befindet sich im Untermenü **DIENST**.

SCRIPT

In AutoCAD kann man Befehlsfolgen in einer *Skriptdatei* speichern. Mit dem Befehl **SCRIPT** und Eingabe des Dateinamens veranlaßt man die automatische Ausführung der gespeicherten Befehlsfolge.

Skriptdateien werden durch die Endung .SCR gekennzeichnet. In einer Skriptdatei werden die Befehle im normalen Textformat gespeichert, so wie man sie im interaktiven Betrieb eingäbe. Die Wirkung ist ähnlich wie bei einer Stapeldatei unter DOS. Allerdings gibt es keine Befehle für Schleifen, Verzweigungen oder Sprünge und auch keine Steuerung durch

Übernahme externer Parameter. Eine Besonderheit ist die Codierung der Taste <RETURN> durch ein Leerzeichen. Vergessen oder überflüssiges Einfügen solcher Leerzeichen ist eine häufige Fehlerursache beim Erstellen von Skriptdateien. In Skriptdateien kann man nur Befehlseingaben über die *Tastatur* aufzeichnen, keine Auswahlen oder Markierungen mit der Maus. Auch Funktionstasten werden nicht verstanden. Man kann also z.B. nicht mit <F1> zwischen Graphik- und Textbildschirm umschalten. Hierfür muß man die speziellen Befehle **TEXTBLD** und **GRAPHBLD** benutzen.

Der Befehl **SCRIPT** findet sich im Untermenü **DIENST**.

PAUSE

Dieser Befehl kann *nicht interaktiv* verwendet, sondern nur in eine Skriptdatei geschrieben werden. Er bewirkt eine Verzögerung der Ausführung der Skriptdatei um den angegebenen Wert in Millisekunden. Die Zeile **PAUSE 1000** in der Skriptdatei läßt die weitere Ausführung also um 1 Sekunde warten.

RSCRIPT

Dieser Befehl kann ebenfalls nur in einer Skriptdatei verwendet werden. Er bewirkt die nochmalige Ausführung der Datei (Sprung an den Anfang). Mit **RSCRIPT** und **PAUSE** kann man hübsche Endlosdemos von AutoCAD-Sitzungen für Schulungs- und Präsentationszwecke erstellen.

RESUME

Die Ausführung von Skriptdateien kann man mit <Ctrl C> unterbrechen. Anschließend kann man im interaktiven Betrieb von AutoCAD fortfahren. Mit **RESUME** wird die Ausführung der Skriptdatei fortgesetzt. **RESUME** kann man auch verwenden, um die Ausführung der Skriptdatei fortzusetzen, nachdem sie durch einen Fehler abgebrochen wurde. **RESUME** steht im Bildschirmmenü des Befehls **SCRIPT**.

10. Hügelige Landschaft: 3D-CAD

Die Themen dieses Kapitels

- Definition einfacher 3D-Objekte über Objekthöhe und Erhebung (Abschnitt 10.1)
- Definition undurchsichtiger Flächen (Abschnitt 10.1)
- Benutzerdefinierte Koordinatensysteme (Abschnitt 10.2)
- Verschiedene 3D-Ansichten (Abschnitte 10.1 und 10.2)
- Vordefinierte 3D-Objekte (Kugel, Torus etc.) (Abschnitt 10.3)
- 3D-Polylinien (Abschnitt 10.4)
- Konstruktion gekrümmter Flächen (Rotationsflächen, Regelflächen etc.) (Abschnitt 10.4)
- Erstellung von Dia-Serien (Abschnitt 10.5)

10.1 Einfache 3D-Objekte: Objekthöhe, Erhebung

Das Haupteinsatzgebiet von AutoCAD sind 2-dimensionale Konstruktionen. Räumliche Konstruktionen werden nur begrenzt unterstützt. Die neueren Versionen von AutoCAD bieten jedoch bereits eine ganze Reihe von 3D-Konstruktionshilfen, die wir Ihnen in diesem Kapitel (zumindest in Ansätzen) schildern möchten. In diesem Abschnitt behandeln wir zunächst einfache Konstruktionen, die auch mit älteren Versionen von AutoCAD möglich sind. Die Beispiele in diesem Kapitel sind mit der *Version 10* von AutoCAD erstellt worden. Einige der verwendeten Optionen sind in älteren Versionen nicht oder nur in abgewandelter Form verfügbar.

Als erstes Beispiel konstruieren wir eine Keksdose mit fünfeckiger Grundfläche (Bild 10-1). Die Grundfläche der Dose liegt in der x,y-Ebene, also der Zeichenebene unserer bisherigen 2D-Konstruktionen. Die fünf Mantelflächen der Dose stehen senkrecht auf dieser Ebene. Wir konstruieren sie mit der folgenden Befehlsfolge:

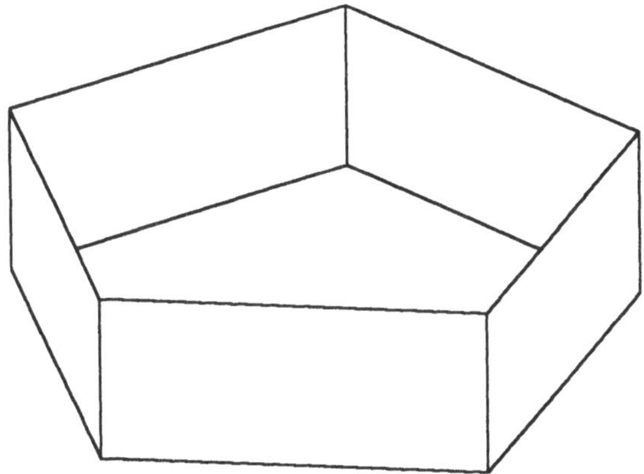

Bild 10-1 Keksdose - Ansicht von schräg oben

8. Mittelpunkt mit <ML> markieren **10. Polygonecke mit <ML> markieren**	**4. ZEICHNEN** **12. ANZEIGE** **5. naechste** **13. APUNKT** **6. POLYGON** **15. VERDECKT** **9. Inkreis** **16. JA** **11. AUTOCAD**

1. Befehl: <u>ERHEBUNG</u> <RETURN>
2. Neue aktuelle Erhebung <0.00>: <RETURN>
3. Neue aktuelle Objekthöhe <0.00>: <u>50</u> <RETURN>
7. Befehl: POLYGON Anzahl Seiten: <u>5</u> <RETURN>
14. APUNKT Drehen/<Ansichtspunkt> <0.00, 0.00, 1.00>: <u>100,100,100</u>
    <RETURN>

a) Wahl der Objekthöhe (*Schritte 1 - 3*)

b) Konstruktion der seitlichen Begrenzungsflächen der Dose (*Schritte 4 - 10*)

c) Wahl einer 3D-Ansicht (*Schritte 11 - 14*)

d) Unterdrückung der verdeckten Linien (*Schritte 15 - 16*)

Die Konstruktion der seitlichen Begrenzungsflächen der Keksdose in Teil b) sieht wie eine reine 2D-Konstruktion aus: Wir haben einfach die fünfeckige Grundfläche in der x,y-Ebene gezeichnet. Das Neue an der Konstruktion liegt im vorgeschalteten Teil a). Bisher haben wir immer mit einer *Objekthöhe* von 0 gearbeitet. Die Zeichenbefehle von AutoCAD erzeugen dann einfach Linien in der x,y-Ebene. Legt man dagegen eine positive Objekthöhe fest, hier 50, so wird über jeder Linie in der x,y-Ebene ein senkrechter (d.h.

in z-Richtung ausgedehnter) Streifen dieser Höhe erzeugt. Unsere Keksdose hat also die Höhe 50. Die Objekthöhe kann man durch Aufruf des Befehls **ERHEBUNG** immer wieder neu festlegen, so daß man Objekte unterschiedlicher Höhe in eine Zeichnung einbauen kann.

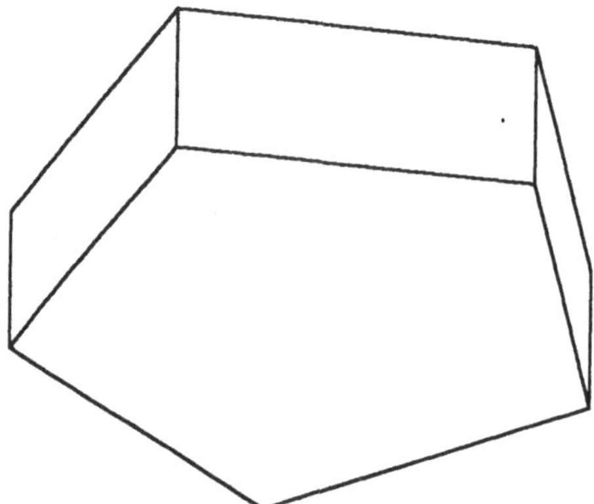

Bild 10-2 Keksdose - Ansicht schräg von unten

Bei der Standardsicht des Zeichnungseditors sieht man senkrecht von oben auf die x,y-Ebene. Aus dieser Perspektive sieht man gar nicht, daß es sich um ein 3-dimensionales Objekt handelt. In Teil c) haben wir deshalb mit dem Befehl **APUNKT** eine andere Blickrichtung gewählt. Statt wie bisher die Szene vom Punkt (0,0,1), also senkrecht von oben zu betrachten, haben wir den Punkt (100,100,100) als neuen Standpunkt des Beobachters gewählt. Wir sehen die Keksdose also jetzt mit den Augen eines Beobachters, der sich in diesem Punkt befindet und in Richtung auf den Koordinatenursprung blickt.

Der Vergleich mit einem menschlichen Beobachter ist hier allerdings nicht ganz korrekt. Das menschliche Auge, oder auch eine Kamera, bilden die Welt mit einer *Zentralperspektive* ab. Dadurch erscheinen Gegenstände im Vordergrund größer als weiter hinten liegende. AutoCAD verwendet dahingegen eine *Parallelprojektion*. Sie erzeugt das Bild mit parallelen Projektionsstrahlen, ähnlich dem Schattenwurf bei Sonnenlicht. (Wegen der großen Entfernung der Sonne sind die Sonnenstrahlen annähernd parallel.) Durch die Festlegung des Punktes (100,100,100) wird lediglich die Richtung der parallelen Projektionsstrahlen festgelegt: Richtung der Geraden durch diesen Punkt und den Nullpunkt. Die Eingabe des Punktes (1,1,1) beim Befehl **APUNKT** ergibt deshalb genau die gleiche 3D-Ansicht. Die Parallelprojektion ist etwas leichter zu handhaben als eine Zentralperspektive. Sie liefert ein Bild des Objekts, das einer Aufnahme mit einem Teleobjektiv aus großer Entfernung entspricht. Bei vielen Anwendungen sieht man den Unterschied zwischen den verschiedenen Projektionsarten kaum, die Parallelprojektion liefert durchaus realistisch aussehende Bilder. In Aufgabe 10.1 kommen wir noch einmal auf den Unterschied zwischen Parallel- und Zentralprojektion zurück.

Nachdem man die neue Blickrichtung in Teil c) festgelegt hat, sieht man alle Kanten der Dosenumrandung, so als wären die Seitenflächen der Dose durchsichtig. In Teil d) unterdrücken wir die Teile der Kanten, die von den massiven (undurchsichtigen) Seitenflächen verdeckt werden. Bild 10-1 zeigt damit die realistische Ansicht der (nach oben offenen) Keksdose.

Mit der folgenden Befehlssequenz konstruieren wir den Boden der Dose (als undurchsichtige Fläche) und betrachten das Ergebnis (Bild 10-2).

12. Drei aufeinanderfolgende Ecken des 5-Ecks im Gegenuhrzeigersinn mit <ML> markieren	**1. AUTOCAD**	**10. ZEICHNEN**
	2. ANZEIGE	**11. 3DFLAECH**
	3. DRSICHT	**13. Unsichtb**
14. Vierte Ecke mit <ML> markieren	**4. Welt**	**15. Unsichtb**
16. Fünfte Ecke mit <ML> markieren, mit <MR> <MR> abschließen	**5. AUTOCAD**	**17. AUTOCAD**
	6. MODI	**18. ANZEIGE**
	7. naechste	**19. APUNKT**
	8. OFANG	**21. VERDECKT**
	9. SCHnittp	**22. JA**

20. APUNKT Drehen/<Ansichtspunkt> <1.00, 1.00, 1.00>: <u>1,1,-1</u> <RETURN>

a) Ansicht der Dose von oben wieder herstellen (*Schritte 1 - 4*)

b) Objektfangmodus "Schnittpunkt" einstellen (*Schritte 5 - 9*)

c) Dosenboden als unsichtbare Fläche definieren (*Schritte 10 - 16*)

d) Dose von schräg unten (mit Unterdrückung der verdeckten Linien) betrachten (*Schritte 17 - 22*)

Durch die Zeichnung der Grundfläche mit dem Befehl **POLYGON** zu Beginn unserer Konstruktion ist der Dosenboden noch nicht als (undurchsichtige) Fläche definiert. Wenn Sie also die obige Befehlsfolge ohne den Teil c) ausführen, sehen Sie eine nach unten offene Dose. Mit dem

Befehl **3DFLAECH** haben wir die Grundseite als undurchsichtige Fläche definiert. Die Fläche wird dabei, ähnlich wie beim Befehl **SOLID**, mit undurchsichtigen Dreiecken ausgefüllt. Normalerweise werden dabei alle Kanten dieser Dreiecke gezeichnet. In unserem Beispiel wären (unerwünschte) Sehnen innerhalb der fünfeckigen Grundflächen sichtbar geworden. Dies haben wir durch Aufruf der Option **Unsichtb** in den Schritten 13 und 15 unterdrückt.

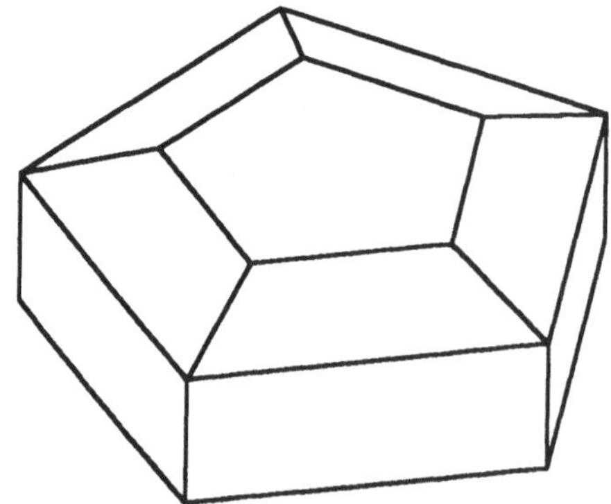

Bild 10-3 Keksdose mit Deckel - Ansicht schräg von oben

Als nächstes konstruieren wir einen Deckel für unsere Keksdose in Form eines 5-eckigen Pyramidenstumpfs. Wir zeichnen den Deckel auf einem neuen Layer. Durch Tauen und Frieren dieses Layers können wir die Dose dann mit und ohne Deckel darstellen. Definieren Sie diesen Layer bitte vor Beginn des folgenden Beispiels und geben Sie ihm eine neue Farbe. Außerdem setzen Sie bitte die Ansicht der Keksdose wie in Teil a) des letzten Beispiels wieder auf "senkrecht von oben" zurück. Der Objektfangmodus "Schnittpunkt" soll beibehalten werden.

In der folgenden Tabelle konstruieren wir nur eine Seitenfläche des Deckels als undurchsichtige 3D-Fläche. Teil d) muß noch für die anderen vier Seitenflächen des Pyramidenstumpfs wiederholt werden. Außerdem muß die obere Deckfläche des Deckels noch mit **3DFLAECH** zu einer undurchsichtigen Fläche gemacht werden (wie zu Beginn des Abschnitts der Boden der Dose). Anschließend kann man mit den Befehlen **APUNKT** und **VERDECKT** die Ansicht von Bild 10-3 herstellen.

8. Mittelpunkt (altes 5-Eck) mit <ML> markieren	**4. ZEICHNEN**
10. Polygonecke (altes 5-Eck) mit <ML> markieren	**5. naechste**
	6. POLYGON
15. 5-Eck mit <ML> wählen	**9. Inkreis**
16. Punkt im Innern des 5-Ecks mit <ML> markieren	**11. EDIT**
	12. naechste
19. Inneres 5-Eck mit <ML> wählen, mit <MR> abschließen	**13. VERSETZ**
	17. EDIT
25. Im Gegenuhrzeigersinn mit <ML> wählen: beide Enden einer Kante des äußeren 5-Ecks, beide Enden der gegenüberliegenden Kante des inneren 5-Ecks; mit <MR> abschließen	**18. AENDERN**
	20. Erhebung
	22. ZEICHNEN
	23. naechste
	24. 3DFLAECH

1. Befehl: <u>ERHEBUNG</u> <RETURN>
2. Neue aktuelle Erhebung <0.00>: <u>50</u> <RETURN>
3. Neue aktuelle Objekthöhe <0.00>: <u>0</u> <RETURN>
7. Befehl: POLYGON Anzahl Seiten: <u>5</u> <RETURN>
14. Abstand oder durch Punkt <durch Punkt>: <u>40</u> <RETURN>
21. Neue(r) Erhebung <50.00>: <u>65</u> <RETURN> <RETURN>

a) Objekthöhe und Erhebung einstellen (*Schritte 1 - 3*)

b) Grundfläche des Deckels zeichnen (*Schritte 4 - 10*)

c) Obere Fläche des Deckels zeichnen (*Schritte 11 - 21*)

d) Eine Seitenfläche des Deckels zeichnen (*Schritte 22 - 25*)

Bei dieser Konstruktion haben wir erstmalig unterschiedliche *Erhebungen* ausgenutzt. Bisher hatten wir immer mit Erhebung 0 gearbeitet, d.h. es wird auf der x,y-Ebene gezeichnet. Durch Eingabe einer anderen Erhebung kann man eine neue Zeichenebene wählen, parallel zur x,y-Ebene im Abstand des eingegebenen Wertes. Im 3. Schritt haben wir eine Erhebung von 50 eingegeben. Damit haben wir unsere Arbeitshöhe, d.h. die z-Koordinate, auf diesen Wert eingestellt. Die Konstruktion des Deckels beginnt damit korrekt an der Oberkante der Dose. Wie die Objekthöhe kann man auch die Erhebung während einer AutoCAD-Sitzung immer wieder ändern, und so Objekte auf unterschiedlichem Niveau konstruieren. Mit dem Befehl **AENDERN** kann man die Erhebung eines bereits gezeichneten Objekts auch nachträglich verändern. Dies haben wir bei der Konstruktion der oberen Deckelfläche ausgenutzt. Wir haben Sie zunächst auf dem Niveau 50 mit dem Befehl **VER-SETZ** aus der Grundfläche des Deckels erzeugt und anschließend auf das Niveau 65 gehoben. Der Deckel ist somit ein fünfeckiger Pyramidenstumpf, dessen Grundfläche die z-Koordinate 50 und dessen Deckfläche die z-Koordinate 65 hat.

Bei den obigen Konstruktionen haben wir die Punkte jeweils mit der Maus markiert. Dabei war es wichtig, daß ein Objektfangmodus, hier "Schnittpunkt", eingestellt war. Die Punkte des Objekts werden dann *einschließlich ihrer z-Koordinate* gefangen. Markiert man also beim Befehl **3DFLAECH** zwei gegenüberliegende Kanten von Boden (Erhebung 50) und Deckfläche (Erhebung 65) des Pyramidenstumpfs, so wird die dazwischenliegende seitliche Begrenzungsfläche des Stumpfs korrekt konstruiert. Ohne Objektfang wird die gerade eingestellte aktuelle Erhebung als z-Koordinate genommen. Es wäre also ein Trapez in der durch z=50 gegebenen waagerechten Ebene entstanden.

Bis zur Version 9 von AutoCAD war der Befehl **ERHEBUNG** im Untermenü **3D** enthalten. Ab Version 10 steht er dort nicht mehr, sondern muß über die Tastatur eingegeben werden. In späteren Versionen soll er ganz entfallen, zugunsten einer Einstellung der aktuellen Zeichenhöhe über benutzerdefinierte Koordinatensysteme (s. nächster Anschnitt). Ab Version 10 zeichnet der Befehl **LINIE** auch Linien zwischen unterschiedlichen z-Niveaus. der bisher hierfür vorgesehene Befehl **3DLINIE** entfällt deshalb.

10.2 Benutzerkoordinatensystem BKS

Mit *Erhebung* und *Objekthöhe* kann man nur Konstruktionen in Ebenen durchführen, die parallel zur x,y-Ebene des (Welt-) Koordinatensystems liegen. Ab der Version 10 stellt AutoCAD ein *Benutzerkoordinatensystem,* **BKS** genannt, zur Verfügung. Damit kann man eine beliebige Ebene im Raum als aktuelle Zeichenebene wählen. Dies ermöglicht wesentlich flexiblere Konstruktionen. Wenn Sie eine ältere Version von AutoCAD verwenden, können Sie diesen Abschnitt übergehen.

Als Anwendung wollen wir am Deckel der Keksdose aus dem vorigen Abschnitt einen Griff anbringen, und zwar auf einer der schrägen Seitenflächen.

Der Griff (Knopf) wird als kleiner Zylinder dargestellt, der senkrecht auf dieser Seitenfläche (also schräg im Raum) steht. Bild 10-4 zeigt die modifizierte Dose.

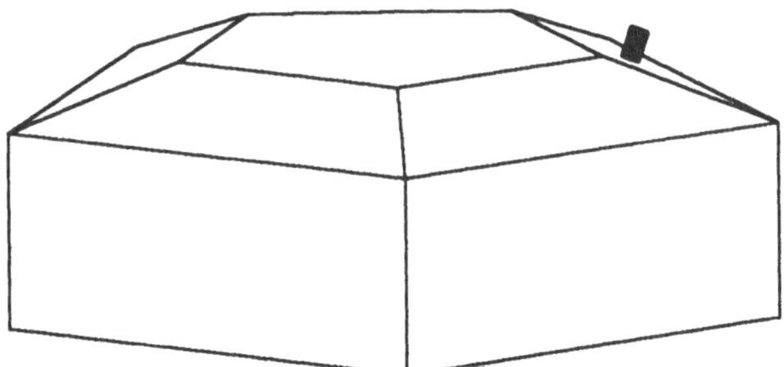

Bild 10-4 Keksdose mit Griff am Deckel

Den Griff können wir als Ring mit Innendurchmesser 0, Außendurchmesser 5 und Objekthöhe 8 darstellen. Mit den bisherigen Mitteln können wir ihn aber nicht korrekt an der schrägen Seitenfläche des Deckels anbringen. Wir können weder einen Punkt in der Mitte dieser Seite markieren, noch können wir erreichen, daß der Ring in Richtung *senkrecht zur Fläche* (statt senkrecht zur x,y-Ebene) hochgezogen wird. Hier hilft die Einführung eines Benutzerkoordinatensystems, dessen x- und y-Achse in der Ebene der Seite liegen, an der wir den Griff anbringen wollen.

3. **Ecke der Fläche mit <ML> als Ursprung markieren**	1. **BKS**
4. **Benachbarte Ecke mit <ML> als zweiten Punkt auf der x-Achse markieren**	6. **AUTOCAD**
	7. **DRSICHT**
5. **Dritte Ecke mit <ML> zur Festlegung der x,y-Ebene markieren**	8. **Aktuell**
	9. **AUTOCAD**
12. **Fläche mit <ML> wählen, mit <MR> abschließen**	10. **FRAGE**
	11. **LISTE**

2. Ursprung/ZAchse/3Punkt/Element/Ansicht/X/Y/Z/ Vorher/Holen/Sichern/Loeschen/?/<Welt> <u>3Punkt</u> **<RETURN>**

a) Neues Benutzerkoordinatensystem festlegen (*Schritte 1 - 5*)

b) Draufsicht (senkrecht von oben auf die x,y-Ebene) im aktuellen (d.h. dem
   in a) definierten) Koordinatensystem wählen (*Schritte 6 - 8*)

c) Elemente der Seitenfläche auflisten (*Schritte 9 - 12*)

Wir arbeiten jetzt also mit einem neuen Koordinatensystem, dessen Ursprung eine Ecke der Seitenfläche ist, auf der wir den Griff montieren wollen. Eine Kante dieser Fläche liegt auf der x-Achse des neuen Koordinatensystems. Das können Sie ausprobieren, indem Sie mit dem Graphikcursor
die Kante entlangfahren und dabei die Koordinatenanzeige am oberen
Bildrand beobachten. In Teil c) haben wir die Elemente der Seitenfläche mit
dem Befehl **LISTE** ausgegeben, um Ihnen zu demonstrieren, daß sie
tatsächlich in der x,y-Ebene des neuen Koordinatensystems liegt: alle z-Koordinaten in der Liste sind 0.

Wir haben den Befehl **BKS** hier mit der Option **3Punkt** verwendet. Dabei
wird zuerst der Koordinatenursprung des neuen Systems erfragt und anschließend ein zweiter Punkt, der zusammen mit dem Ursprung die Richtung
der x-Achse festlegt. Danach ist die x,y-Ebene noch nicht eindeutig bestimmt: Man kann sie noch um die x-Achse drehen. Durch Angabe eines
dritten Punktes (der natürlich nicht auf der x-Achse liegen darf) legt man die
x,y-Ebene fest. Damit ist das neue Koordinatensystem vollständig bestimmt.
Alle folgenden Koordinateneingaben und -anzeigen beziehen sich auf dieses
System.

Mit dem Befehl **DRSICHT** (ab Version 10) kann man schnell zur Draufsicht
(senkrecht von oben auf die x,y-Ebene) eines beliebigen Koordinatensystems
wechseln (Optionen **Aktuell** bzw. **Welt** für das aktuelle bzw. das Weltkoordinatensystem und **BKS** zum Aufruf eines mit Namen versehenen Benutzerkoordinatensystems). Dabei wird *nicht* das Koordinatensystem gewechselt.

Am Ende des letzten Beispiels zeigt AutoCAD den Textbildschirm. Wir
Kehren mit <F1> in den Zeichnungseditor zurück und konstruieren den
Griff am Dosendeckel:

8. Mittelpunkt des Rings auf der Seiten-
   fläche des Deckels mit <ML> markieren,
   mit <MR> abschließen
	4. ZEICHNEN **10. ANZEIGE**
	5. RING **11. APUNKT**
	9. AUTOCAD **12. drehen**

1. Befehl: <u>ERHEBUNG</u> **<RETURN>**
2. Neue aktuelle Erhebung <65.00>: <u>0</u> **<RETURN>**
3. Neue aktuelle Objekthöhe <0.00>: 8 **<RETURN>**
6. Innendurchmesser <0.5>: <u>0</u> **<RETURN>**
7. Aussendurchmesser <1.0>: <u>5</u> **<RETURN>**
13. Winkel in der XY-Ebene von der X-Achse eingeben <54>: <u>144</u> **<RETURN>**
14. Winkel von der XY-Ebene eingeben <69>: <u>0</u> **<RETURN>**

a) Griff konstruieren (*Schritte 1 - 8*)

b) 3D-Ansicht herstellen (*Schritte 9 - 14*)

Die Seitenfläche, auf die wir den Griff aufsetzen wollen, liegt im neuen Koordinatensystem in der x,y-Ebene. Wir können deshalb einen Punkt in der Mitte dieser Fläche im 8. Schritt mit <ML> markieren. (Im Weltkoordinatensystem wäre das nicht möglich gewesen.) Die Erhebung und Objekthöhe, die wir in den Schritten 2 und 3 eingestellt haben, beziehen sich ebenfalls auf das neue Koordinatensystem. Es entsteht also der gewünschte Griff als Zylinder der Höhe 8 senkrecht auf die Seitenfläche geklebt.

In Teil b) überprüfen wir die Konstruktion aus Teil a) indem wir den Griff von der Seite betrachten. Dazu benutzen wir den Befehl **APUNKT** mit der Option **drehen.** Die Blickrichtung wird dabei nicht durch einen Punkt gesteuert, von dem man die Szene betrachtet, sondern durch zwei Winkel. Der erste Winkel wird in der x,y-Ebene von der x-Achse aus gemessen,der zweite ist der Winkel gegenüber der Waagerechten. Wir haben ihn hier auf 0 gesetzt, um die Dose von der Seite her zu betrachten. Durch Änderung des ersten Winkels kann man gewissermaßen um das Objekt herumgehen. Je nachdem, auf welche Seitenfläche des Deckels Sie den Griff aufgesetzt haben, benötigen Sie hier einen anderen Winkel, um den korrekten Sitz des Griffs deutlich zu sehen. Eine graphisch interaktive Bestimmung der Blickrichtung mit der Option **Achsen** des Befehls **APUNKT** behandeln wir in Aufgabe 10.1. Im Pull-Down-Menü *Anzeige* finden Sie ein Dialogfenster zur vereinfachten Auswahl verschiedener 3D-Ansichten.

In unserem Beispiel haben wir den Befehl **BKS** mit der Option **3Punkt** benutzt. Das Benutzerkoordinatensystem wurde dann durch Eingabe von drei Punkten festgelegt. Durch geeignete Wahl dieser Punkte haben wir unser eigentliches Ziel erreicht: Die Seitenfläche, an der wir den Griff anbringen wollten, lag in der x,y-Ebene. Dieses Ziel kann man schneller erreichen: Aufruf von **BKS Element** und Wahl der Seitenfläche mit <ML>. Hierdurch wird automatisch ein Koordinatensystem erzeugt, das die Fläche in seiner x,y-Ebene enthält. Mit der Option **Ursprung** von **BKS** wird das neue Koordinatensystem unter Beibehaltung der Achsenrichtungen verschoben. Mit den Optionen **X**, **Y** und **Z** kann man das Koordinatensystem um die jeweilige Achse drehen. Bei der Option **ZAchse** muß man einen neuen Ursprung und einen Punkt auf der (neuen) z-Achse angeben. Die x,y-Ebene wird dann automatisch senkrecht zur z-Achse festgelegt. (Über die genaue Lage der x- und y-Achse hat man dabei keine Kontrolle.) Mit **Vorher** kann man das zuletzt definierte BKS wieder zum aktuellen BKS machen, mit **Welt** kehrt man zum Weltkoordinatensystem zurück. Die Option **Ansicht** stellt ein Koordinatensystem her, dessen x,y-Ebene senkrecht zur aktuellen Blickrichtung liegt. Schließlich hat der Befehl **BKS** noch die Optionen **Sichern**, **Holen**und **Loeschen**, mit denen man das aktuelle BKS unter einem Namen abspeichern kann, sowie ein gespeichertes BKS zum aktuellen Koordinatensystem machen bzw. löschen kann. Mit **Umbenenn** kann man den Namen eines BKS ändern, mit **?** alle in der Zeichnung gespeicherten Benutzterkoordinatensysteme auflisten.

Zur Erleichterung der Orientierung wird die Lage der x- und y-Achse des aktuellen Koordinatensystems durch ein *Koordinatensystem-Symbol* angezeigt, das sich normalerweise in der linken unteren Bildecke befindet. Das folgende Beispiel demonstriert die verschiedenen Informationen, die dieses Symbol liegert.

Am Ende von Teil a) zeigt die x-Achse des Koordinatensystem-Symbols nach rechts und die y-Achse nach oben. Als Zeichen für das Weltkoordinatensystem wird zusätzlich der Buchstabe W angezeigt. Die Kreuzung der beiden Achsen ist als kleines Quadrat ausgebildet. Dies zeigt an, daß man von oben, d.h. aus dem Bereich positiver z-Koordinaten, auf die x,y-Ebene blickt. In Teil b) ändern wir die Blickrichtung und betrachten die x,y-Ebene von unten. Das kleine Quadrat ist verschwunden. Außerdem zeigt die x-

Achse jetzt (entsprechend der "Rechte-Hand-Regel") nach links. In Teil c) manipulieren wir das Koordinatensystem-Symbol mit dem Befehl **BKSYM-BOL**. Mit der Option **Ursprung** bestimmen wir, daß das Symbol fortan nicht mehr in der linken unteren Bildecke angezeigt wird, sondern im Ursprung des Koordinatensystems. Dies geschieht allerdings nicht. Die Verschiebung in den Ursprung erfolgt nämlich nur, wenn das Symbol danach noch vollständig angezeigt werden kann. In Teil d) verschieben wir den Ursprung in die Bildmitte. Das Koordinatensystem-Symbol wird jetzt dort angezeigt. An der Kreuzung seiner Achsen erscheint ein + als Zeichen für den Koordinatenursprung. Außerdem ist jetzt natürlich das W verschwunden, denn wir befinden uns nicht mehr im Weltkoordinatensystem. Mit der Option **KeinUrsp** von **BKSYMBOL** wird die Anzeige des Koordinatensystem-Symbols wieder auf die linke untere Bildecke zurückgesetzt. Mit **EIN** und **AUS** schaltet man die Anzeige des Symbols ein und aus. Wählt man die Option **ALles**, so beziehen sich die Änderungen auf alle Fenster (sonst nur auf das aktive).

19. Neue Lage des Ursprungs ungefähr **in Bildmitte mit <ML> markieren**	1. AUTOCAD	9. APUNKT
	2. BKS	11. AUTOCAD
	3. Welt	12. MODI
	4. AUTOCAD	13. naechste
	5. ANZEIGE	14. BKSYMBOL
	6. DRSICHT	15. Ursprung
	7. Welt	16. AUTOCAD
	8. LETZTES	17. BKS

10. APUNKT Drehen/<Ansichtspunkt> <(0.00, 0.00, 1.00)>: <u>0, 0, -1</u> <RETURN>
18. Ursprung/ZAchse/3Punkt/Element/Ansicht/X/Y/Z/
    Vorher/Holen/Sichern/Loeschen/?/<Welt> <u>URSPRUNG</u> <RETURN>

a) Rückkehr zum Weltkoordinatensystem und Herstellung der Draufsicht
   (*Schritte 1 - 7*)

b) Blickrichtung von unten auf die x,y-Ebene (*Schritte 8 - 10*)

c) Plazierung des Koordinatensystem-Symbols im Ursprung
   (*Schritte 11 - 15*)

d) Ursprung des Koordinatensystems verschieben (*Schritte 16 - 19*)

10.3 Vordefinierte Objekte

Im Untermenü **ZEICHNEN 3D** stellt AutoCAD (ab Version 9) einige fertig vordefinierte Körper bzw. Flächen zur Verfügung, und zwar Quader, Pyramide, Keil, Kegel, Kugel, Schüssel (nach oben offene Halbkugel), Kuppel (nach unten offene Halbkugel), Torus (Ringfläche) und Polygonmasche. Wir zeichnen damit den Bleistift aus Bild 10-5:

6. **Zentrum der Grundfläche mit <ML> markieren**	1. **ZEICHNEN**
7. **Randpunkt der Grundfläche mit <ML> markieren (Radius 30)**	2. **naechste**
	3. **3D**
15. **Mittelpunkt der Kuppel (=Mittelpunkt der Zylindergrundfläche mit <ML> markieren**	4. **3D Objekte**
	5. **Kegel**
	14. **Kuppel**
16. **Randpunkt der Kuppel (auf Rand des Zylinders) mit <ML> markieren**	19. **AUTOCAD**
	20. **BKS**
32. **Mittelpunkt des Kegels (=Mittelpunkt der Zylindergrundfläche) mit <ML> markieren**	27. **ZEICHNEN**
	28. **naechste**
	29. **3D**
	30. **3D Objekte**
33. **Randpunkt des Kegels (auf Rand des Zylinders) mit <ML> markieren**	31. **Kegel**

 8. Durchmesser/<Radius> der Spitze <0>: <u>30</u> **<RETURN>**
 9. Hoehe: <u>250</u> **<RETURN>**
10. Anzahl der Segmente <16>: **<RETURN>**
11. Befehl: <u>ERHEBUNG</u> **<RETURN>**
12. Neue aktuelle Erhebung <0.00>: <u>250</u> **<RETURN>**
13. Neue aktuelle Objekthoehe <0.00>: **<RETURN>**
17. Anzahl der Laengensegmente <16>: **<RETURN>**
18. Anzahl der Breitensegmente <8>: **<RETURN>**
21. Ursprung/ZAchse/3Punkt/Element/Ansicht/X/Y/Z/ Vorher/Hole/Sichern/Loeschen/?/<Welt> <u>ZAchse</u> **<RETURN>**
22. Ursprung <0,0,0>: **<RETURN>**
23. Punkt auf der positiven Z-Achse <0.00,0.00,1.00>: <u>0,0,-1</u> **<RETURN>**
24. Befehl: <u>ERHEBUNG</u> **<RETURN>**
25. Neue aktuelle Erhebung <250.00>: <u>0</u> **<RETURN>**
26. Neue aktuelle Objekthoehe <0.00>: **<RETURN>**
34. Durchmesser/<Radius> der Spitze <0>: **<RETURN>**
35. Hoehe: <u>60</u> **<RETURN>**
36. Anzahl der Segmente <16>: **<RETURN>**

a) Schaft des Bleistifts (Zylinder) zeichnen (*Schritte 1 - 10*)

b) Obere Abrundung (Kuppel) zeichnen (*Schritte 11 - 18*)

c) Bleistiftspitze (Kegel) zeichnen (*Schritte 19 - 36*)

Den Befehl **Kegel** kann man zur Konstruktion eines spitzen Kegels (Teil c)), eines Kegelstumpfes oder eines Zylinders (Radius von Grund- und Deckfläche gleich, Teil a)) verwenden. Damit die Bleistiftspitze nach unten zeigt, haben wir vor ihrer Konstruktion mit **Kegel** die z-Achse des Koordinatensystems mit **BKS ZAchse** nach unten gekehrt.

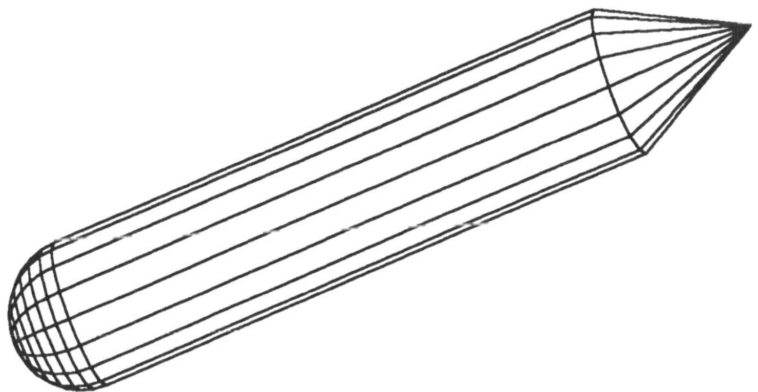

Bild 10-5 Bleistift

Die anderen vordefinierten Körper werden in ähnlicher Weise durch Angabe markanter Punkte und Abmessungen definiert. Mit Hilfe unterschiedlicher Erhebungen und Benutzerkoordinatensystemen kann man sie beliebig im Raum positionieren und zusammensetzen. Mit dem Befehl **Masche** kann man eine Fläche in ein räumliches Viereck einspannen.

Man kann die Objekte auch so positionieren, daß sie sich durchdringen. Mit dem Befehl **VERDECKT** wird diese Durchdringung einigermaßen korrekt dargestellt. Die Schnittkurven zwischen den Objekten werden dabei allerdings nicht exakt ausgerechnet und angezeigt (Bild 10-6). Hier bieten spezielle CAD-Programme für 3D-Konstruktionen im *Volumenmodell* erheblich erweiterte Möglichkeiten. Mit ihnen kann man sog. *Boolesche Operationen* zwischen den Körpern ausführen, d.h. Vereinigung, Durchschnitt, Differenz etc. bilden. Die Ergebnisse dieser Operationen können dann im weiteren Konstruktionsprozeß verwendet werden.

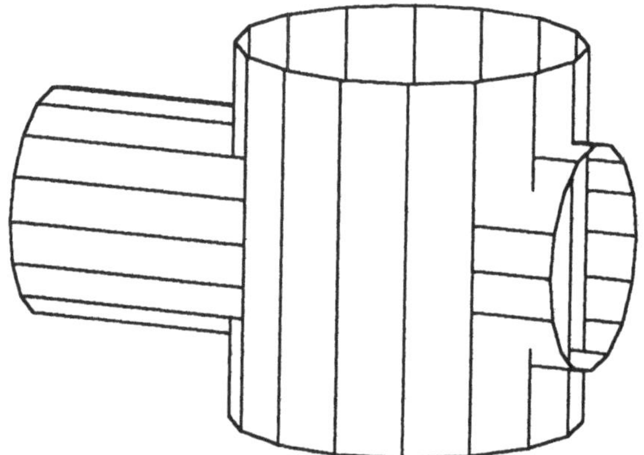

Bild 10-6 Durchdringung von Zylindern

10.4 Gekrümmte Flächen

Ab Version 10 stellt AutoCAD Funktionen zum Zeichnen räumlicher Kurven (3D-Polylinien) und gekrümmter Flächen zur Verfügung. Mit dem Befehl **ROTOB** kann man *Rotationsflächen* erzeugen, indem man eine Kurve um eine Achse rotieren läßt. Damit erzeugen wir aus dem Umriß der Schachfigur aus Bild 5-1 eine wirkliche, 3-dimensionale Figur (Bild 10-7).

Bild 10-7 Schachfigur als Rotationsfläche

Als Ausgangspunkt für die Zeichnung kopieren Sie bitte die Schachfigur in den Zeichnungseditor, zeichnen Sie die Mittelachse ein und stutzen Sie den Umriß der Figur daran, so daß nur die linke Hälfte übrigbleibt.

5. Umriß der Figur mit <ML> wählen **6. Mittelachse mit <ML> wählen**	**1. ZEICHNEN** **10. ANZEIGE** **2. naechste** **11. APUNKT** **3. 3D** **13. VERDECKT** **4. ROTOB** **14. JA** **9. AUTOCAD**

7. Startwinkel <0>: **<RETURN**
8. Eingeschlossener Winkel (+ = guz, - = uz) <Vollkreis>: **<RETURN>**
12. APUNKT Drehen/<Ansichtspunkt< <0.00, 0.00, 1.00>: <u>0,1,-1</u> **<RETURN>**

a) Schachfigur als Rotationsfläche erzeugen (*Schritte 1 - 8*)

b) Figur schräg von oben betrachten (*Schritte 9 - 14*)

In den Schritten 7 und 8 kann man spezielle Werte eingeben, um nur Teile der Rotationsfläche zu erzeugen. Bei einer Eingabe von 180 im 8. Schritt wäre z.B. nur die halbe Oberfläche erzeugt worden, so daß man von einer Seite in die Figur hineinblicken kann. Durch Angabe eines Startwinkels im 7. Schritt kann man den Beginn der teilweise erzeugten Rotationsfläche variieren.

Die Netzdichte der erzeugten Fläche wird für den Befehl **ROTOB** (und die weiteren Befehle für gekrümmte Flächen) mit den Befehlen **Surftab1** und **Surftab2** gesteuert. Mit **Surftab1** bestimmt man die Anzahl der Netzlinien in Rotationsrichtung, mit **Surftab2** die Anzahl längs der Rotationsachse. Ein dichtes Netz läßt gekrümmte Flächen natürlich "runder" erscheinen. Dies können Sie ausprobieren, wenn Sie im obigen Beispiel nach dem 3. Schritt mit **Surftab1** und **Surftab2** die Werte 50 und 20 eingeben. Von der verfeinerten Darstellung haben Sie allerdings nur etwas, wenn Sie die verdeckten Linien mit dem Befehl **VERDECKT** unterdrücken. Hier ist eine deutliche *Warnung* auszusprechen: Die Unterdrückung der verdeckten Linien ("Hidden-Line-Problem") ist ein sehr rechenzeitintensives Problem in der Computergraphik. In AutoCAD wird es leider nur mit einem sehr ineffizienten Algorithmus gelöst. Die Rechenzeiten steigen deshalb mit wachsender Netzdichte sprunghaft an. (Schon ein Experiment mit den obigen (nicht allzu großen) Werten wird Sie überzeugen...) Es ist deshalb ratsam, eine passende Ansicht des Objekts zunächst ohne den Befehl **VERDECKT** zu suchen. Beim Plotten der Zeichnung kann man sich dann für die Unterdrückung der verdeckten Linien entscheiden. (Sie wird neu ausgeführt, unabhängig davon, ob man sie vorher bereits am Bildschirm gemacht hat!) Wenn man Probeansichten mit **VERDECKT** benötigt, sollte man die Objekte hierzu zunächst mit geringer Maschendichte zeichnen, um Zeit zu sparen.

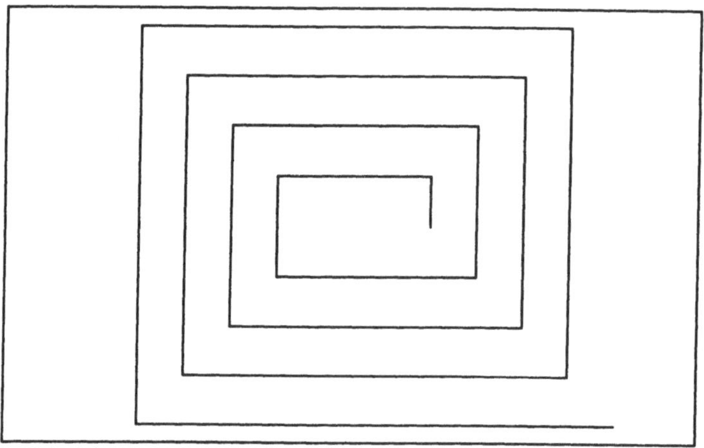

Bild 10-8 Ebene Spirale aus Streckenzügen

Mit dem Befehl **3DPOLY** kann man *3-dimensionale Polylinien* aus geraden Strecken erzeugen, Kreisbogen sind nicht möglich. Im Unterschied zu **PLINIE** können die Strecken zwischen Punkten im Raum (nicht nur in der Ebene) verlaufen. Mit **PEDIT** kann man diese Polylinien editieren. Beim Editieren der Scheitelpunkte mit **Schieben** kann man auch die z-Koordinate der Scheitelpunkte verändern. Im übrigen sind die Editiermöglichkeiten ähnlich wie bei 2-dimensionalen Polylinien. Mit **Kurv Lin** kann man den Streckenzug durch eine B-Spline-Kurve ersetzen. Zur Konstruktion einer "Sprungfeder" (3-dimensionale Spirale, Bild 10-9) zeichnen wir zunächst eine Spirale aus Streckenzügen in der x,y-Ebene (Bild 10-8):

5. Ecken des Polygonzugs aus Bild 10-8 mit <ML> markieren, mit <MR> abschließen	1. ZEICHNEN 2. naechste 3. 3D 4. 3DPOLY

Die Zeichnung des Streckenzuges erfolgt also genau wie bei den Befehlen
LINIE und **PLINIE** (mit Fangraster und Orthogonalmodus geht das sehr
flott). Wir "heben" nun die Polylinie in den Raum, indem wir den Scheitelpunkten sukzessive eine um jeweils 10 größere z-Koordinate zuordnen. Anschließend ersetzen wir den Polygonzug mit **Kurv Lin** durch eine glatte Spi-
ralkurve.

4. Polylinie mit <ML> wählen, mit <MR> abschließen 20. Polylinie mit <ML> wählen, mit <MR> abschließen	1. EDIT 13. AUTOCAD 2. naechste 14. ANZEIGE 3. PEDIT 15. APUNKT 5. Ed Schpt 17. EDIT 6. Naechste 18. naechste 7. Schieben 19. PEDIT 9. Naechste 21. Kurv Lin 10. Schieben 22. eXit 12. eXit

8. Den neuen Standort eingeben: @0,0,10 <RETURN>
11. Den neuen Standort eingeben: @0,0,20 <RETURN>
16. APUNKT Drehen/<Ansichtspunkt> <0.00,0.00,1.00>: 1,2,1 <RETURN>

a) z-Koordinate der Scheitelpunkte der Polylinie sukzessive um 10 anheben
   (hier nur für die ersten 3 Punkte) (*Schritte 1 - 12*)

b) Polylinie im Raum darstellen (*Schritte 13 - 16*)

c) Polylinie (Polygonzug) durch Kurve ersetzen (*Schritte 17 - 22*)

Beim Anheben der Scheitelpunkte in Teil a) haben wir relative Koordinaten
benutzt (s. Abschnitt 3.3). Durch Eingabe von 0 bleiben die x- und y-Koordinaten des Punktes automatisch erhalten. In der Tabelle haben wir nur die
ersten drei Scheitelpunkte behandelt. Die übrigen Punkte müssen Sie auf die
gleiche Weise anheben (jeweils um 10 erhöhte z-Koordinate), bevor Sie im
12. Schritt mit **eXit** abschließen. Zur Verbesserung des 3-dimensionalen

Eindrucks haben wir in Bild 10-9 noch einen Zylinder (**RING** mit Objekthöhe 200) eingezeichnet.

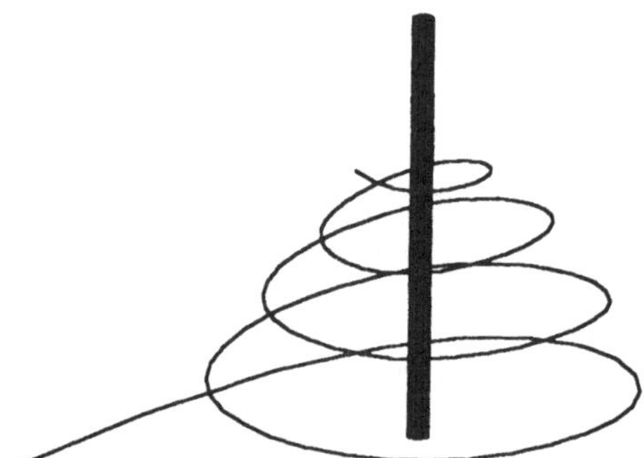

Bild 10-9 Spirale im Raum

Zwischen zwei Polylinien kann man mit dem Befehl **REGELOB** eine Fläche
einspannen. Zeichnen Sie hierzu zwei Streckenzüge als Polylinien mit dem
Befehl **PLINIE** oder **3DPOLY** und überführen Sie sie mit **PEDIT Kurv Lin**
in Kurven (ungefähr wie in Bild 10-10). Die innere Kurve sollte dabei höher
liegen als die äußere (größere z-Koordinaten).

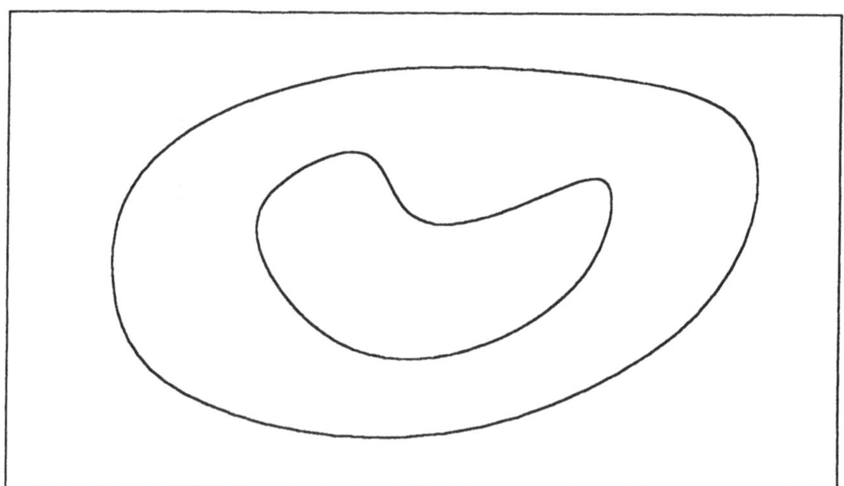

Bild 10-10 Kurven zur Konstruktion einer Regelfläche

5. Innere Kurve mit <ML> wählen **6. Äußere Kurve mit <ML> wählen**	**1. ZEICHNEN** **7. AUTOCAD** **2. naechste** **8. ANZEIGE** **3. 3D** **9. APUNKT** **4. REGELOB**
10. Befehl: APUNKT Drehen/<Ansichtspunkt> <0.00,0.00,1.00>: <u>0,1,1</u> <RETURN>	

a) Regelfläche erzeugen (*Schritte 1 - 6*)

b) Fläche in 3D-Ansicht betrachten (*Schritte 7 - 10*)

Die Fläche zwischen den beiden Kurven besteht aus Vierecken, deren untere Kante auf der unteren Kurve und deren obere Kante auf der oberen Kurve liegen (Bild 10-11).

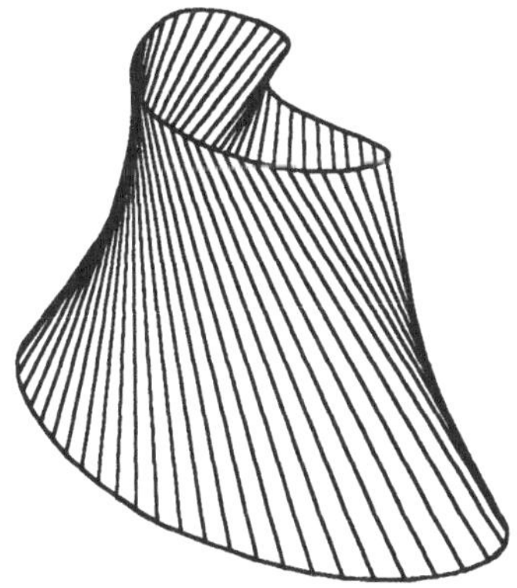

Bild 10-11 Regelfläche zwischen zwei Kurven

Die Anzahl der Vierecke steuert man mit **Surftabl1**. Gibt man damit vor dem 4. Schritt den Wert 50 ein, so erhält man Bild 10-11 (verdeckte Linien eliminiert). Bei kleineren Werten sieht man deutlicher, wie die Vierecke zwischen den Kurven eingespannt sind.

Eine 2D-Polylinie kann man durch Wahl der Objekthöhe mit dem Befehl **ERHEBUNG** (bzw. durch nachträgliche Änderung der Objekthöhe mit **AENDERN**) in Richtung der z-Achse "hochziehen". Mit **BKS** kann man vorher die z-Richtung festlegen. Auf diese Weise läßt sich auch ein "schiefer Zylinder" über der Kurve erzeugen. Auf 3D-Polylinien kann dieses Verfahren nicht angewandt werden. Mit dem Befehl **TABOB** läßt sich jedoch der gleiche Effekt erreichen. Die Richtung, in die die Kurve hochgezogen wird, gibt man dabei durch eine Strecke an, die zuvor mit **LINIE** gezeichnet wurde. Zeichnen Sie eine 3D-Polylinie mit Scheitelpunkten unterschiedlicher Höhe als Ausgangspunkt für das nächste Beispiel. Die folgende Befehlsfolge erzeugt daraus eine Fläche wie in Bild 10-12.

9. Polylinie mit <ML> wählen	**1. ZEICHNEN**	**6. naechste**
10. Linie mit <ML> wählen	**2. LINIE**	**7. 3D**
	5. ZEICHNEN	**8. TABOB**
3. Befehl: LINIE Von Punkt: <u>0,0,0</u> **<RETURN>**		
4. Nach Punkt: <u>50,50,200</u> **<RETURN> <RETURN>**		

a) Strecke Zeichnen, die Richtung und Betrag zum "Hochziehen" der Polylinie bestimmt (*Schritte 1 - 4*)

b) Polylinie hochziehen (*Schritte 5 - 10*)

Nach Ende dieser Befehlsfolge sehen Sie den "schräg hochgezogenen" Zylinder über der Kurve sofort. Durch Wahl einer anderen Blickrichtung mit **APUNKT** sieht man noch besser, daß die untere und obere Begrenzung nicht ebene, sondern räumliche Kurven sind.

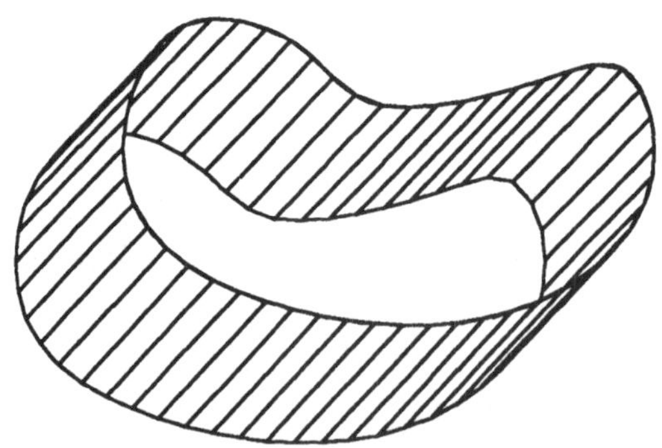

Bild 10-12 Mit **TABOB** hochgezogene Fläche

In Aufgabe 10.3 führen wir noch den Befehl **KANTOB** ein, mit dem man eine Fläche in ein "Viereck" aus vier 3D-Polylininen einspannen kann. Ausserdem geben wir dort noch ein kurzes Beispiel für das Editieren von Flächen, insbesondere für die Möglichkeit, Flächen zu "glätten". Den Befehl

3DMASCHE, mit dem man Flächen "Punkt für Punkt" erzeugen kann, behandeln wir hier nicht. Er spielt für interaktive Anwendungen keine Rolle.

10.5 Dia-Serien

Man kann AutoCAD-Zeichnungen in speziellen Dateien als *Dias* speichern und diese Dias anschließend wieder vorführen. Dies erlaubt einen schnellen Wechsel zwischen verschiedenen Bildern, ohne daß man hierzu eine größere Anzahl von Befehlen von Hand oder in Form einer Skriptdatei eingeben muß. Dias sind also ein zusätzliches Hilfsmittel zur Erstellung graphischer Präsentationen. Wir wollen die Regelfläche aus Bild 10-11 durch eine kleine Diaserie darstellen. Laden Sie hierzu die Zeichnung in den Zeichnungseditor. Das erste Dia wird mit der folgenden Befehlssequenz aufgenommen.

	1. ANZEIGE	7. JA
	2. APUNKT	8. AUTOCAD
	3. drehen	9. DIAS
	6. VERDECKT	10. MACHDIA

4. Winkel in XY-Ebene von der X-Achse eingeben <329>: <RETURN>
5. Winkel von der XY-Ebene eingeben <70>: <u>30</u> <RETURN>
11. Dia-Datei <Bil10_11>: <u>DIA1</u> <RETURN>

a) Blickrichtung (30° gegen die Horizontale geneigt) wählen (*Schritte 1 - 5*)

b) Verdeckte Linien entfernen (*Schritte 6 - 7*)

c) Dia machen (*Schritte 8 - 11*)

Das Dia ist in einer Datei DIA1.SLD gespeichert und kann mit **ZEIGDIA** <u>DIA1</u> <RETURN> jederzeit dargestellt werden, auch dann, wenn eine andere Zeichnung in den Zeichnungseditor geladen ist. Mit dem Befehl **NEU-ZEICH** löscht man das Dia und kehrt wieder zur Zeichnung im Zeichnungseditor zurück. Im Unterschied zur Zeichnung kann man ein Dia jedoch nicht editieren, sondern *nur ansehen*. Gibt man während der Betrachtung eines Dias irgendwelche Zeichnungs- oder Editierbefehle ein, so wirken sie sich auf die (unsichtbare) Zeichnung im Editor aus! AutoCAD verwendet übrigens auch intern Dias, z.B. beim Befehl **PUNKT** zur Darstellung der verschiedenen Punktsymbole.

Machen Sie jetzt noch drei weitere Dias der Regelfläche mit Namen DIA2, DIA3 und DIA4. Geben Sie dabei im 5. Schritt des obigen Beispiels jeweils die Winkel 45, 60 und 75 Grad ein. Mit der folgenden Skriptdatei SCHAU.SCR können Sie die vier Dias dann nacheinander darstellen (mit unendlicher Wiederholung). Diese Darstellung aus verschiedenen Blickrichtungen gibt zusammen mit der Unterdrückung der verdeckten Linien eine recht gute räumliche Vorstellung von der Gestalt der Fläche.

```
ZEIGDIA DIA1
ZEIGDIA *DIA2
PAUSE 2000
ZEIGDIA
ZEIGDIA *DIA3
PAUSE 2000
ZEIGDIA
ZEIGDIA *DIA4
PAUSE 2000
ZEIGDIA
PAUSE 2000
RSCRIPT
```

In der Skriptdatei darf, außer in der letzten Zeile, kein Leerzeichen am Zeilenende stehen. In der Datei wird eine spezielle Option des Befehls **ZEIGDIA** verwandt. Der Aufruf **ZEIGDIA DIA1** in der ersten Zeile bewirkt die Anzeige dieses Dias. Durch **ZEIGDIA *DIA2** (dem Namen des Dias wird ein * vorangestellt) wird dann das zweite Dia in den Hauptspeicher geladen, aber *noch nicht angezeigt*. Nach einer Pause von zwei Sekunden zur Betrachtung des ersten Dias wird dann das zweite durch **ZEIGDIA** (ohne Angabe eines Dateinamens) angezeigt. Mit "*Dia-Name" kann man also das nächste Dia bereits laden, während das vorige noch angezeigt wird. Auf diese Weise vermeidet man Verzögerungen im Ablauf von Diaserien, die durch das Einlesen komplexer Dias von der Platte entstehen.

Dias können natürlich von allen AutoCAD-Zeichnungen angefertigt werden, nicht nur von 3-dimensionalen. Sie sind vor allem dann nützlich, wenn ein schneller Bildwechsel gewünscht wird, ohne neue Ausführung zeitraubender Funktionen, wie etwa die Unterdrückung der verdeckten Linien in unserem Beispiel.

10.6 Aufgaben

Aufgabe 10.1

a) Bisher haben wir den Befehl **APUNKT** auf zwei Weisen genutzt. Durch direkte Eingabe eines Ansichtspunktes haben wir die 3D-Szene von dort aus betrachtet. Die Wahl eines solchen Punktes ist nicht einfach. Bei komplexen Szenen muß man oft länger experimentieren bis man mit der Ansicht zufrieden ist. Mit der Option **drehen** kann man die Blickrichtung durch Angabe von zwei Winkeln (Drehwinkel in der x,y-Ebene und Höhenwinkel des Sichtstrahls gegenüber der x,y-Ebene) in vielen Fällen besser dosieren. Mit der Option **Achsen** kann man die Blickrichtung interaktiv bestimmen. Es wird ein Koordinatenkreuz mit x-, y- und z-Achse angezeigt, dessen Ansicht man mit der Maus verändern kann. Experimentieren Sie ein wenig damit. Versuchen Sie herauszubekommen, welche Rolle das Fadenkreuz mit den beiden konzentrischen Kreisen spielt, das auch noch angezeigt wird.

b) In Abschnitt 10.1 haben wir bereits erwähnt, daß die 3D-Ansichten, die man mit **APUNKT** erhält, nicht der natürlichen Optik beim Sehen, der Zentralperspektive, entsprechen, sondern durch eine Parallelprojektion vermittelt werden. Bei dieser Projektionsart werden parallele Linien des 3D-Objekts (z.B. Kanten der Keksdose aus Bild 10-1) in der Projektion auch wieder parallel dargestellt, während beim natürlichen Sehen etwa die parallelen Ränder einer Straße zum Horizont hin aufeinander zuzulaufen scheinen. Mit dem Befehl **DANSICHT** aus dem Untermenü **ANZEIGE** (ab Version 10) kann man 3D-Szenen mit einer natürlichen Kameraperspektive darstellen. Probieren Sie das einmal mit der Keksdose aus Abschnitt 10.1. Nach Aufruf von **DANSICHT** wählen Sie die Keksdose als Objekt. Mit **Optionen** schalten Sie das Bildschirmmenü von **DANSICHT** ein. Mit **Kamera** können Sie den Punkt wählen, von dem aus Sie photografieren (mit zwei Winkeln, wie bei **APUNKT drehen**). Mit der Option **ABstand** schalten Sie dann die Perspektive ein und bestimmen den Abstand der Kamera zum Objekt. Falls Sie zu Anfang nichts sehen, sind Sie zu dicht dran. Vergrößern Sie den Abstand, bis die Keksdose (in perspektivischer Darstellung) erscheint. Erproben Sie auch die weiteren Optionen des Befehls **DANSICHT**.

Aufgabe 10.2

a) In Abschnitt 10.3 haben wir einen Bleistift aus vordefinierten 3D-Objekten zusammengesetzt. Durch Wahl eines Benutzerkoordinatensystems hatten wir den ihn umgedreht, um dann die Bleistiftspitze als Kegel aufzusetzen. Diesen Wechsel des Koordinatensystems kann man sich sparen, wenn man die vordefinierten 3D-Objekte von AutoCAD geschickter nutzt. Wie?

b) Konstruieren Sie den Bleistift als Rotationsfläche

Aufgabe 10.3

a) Mit dem 3D-Befehl **KANTOB** können Sie eine Fläche in ein räumliches "Viereck" einspannen, dessen "Kanten" 3D-Polylinien sind (Bild 10-13). Zeichnen Sie ein solches Viereck aus Polylinien und erzeugen Sie die Fläche mit **KANTOB**. Die Maschenweite können Sie vorher mit **Surftab1** und **Surftab2** einstellen.

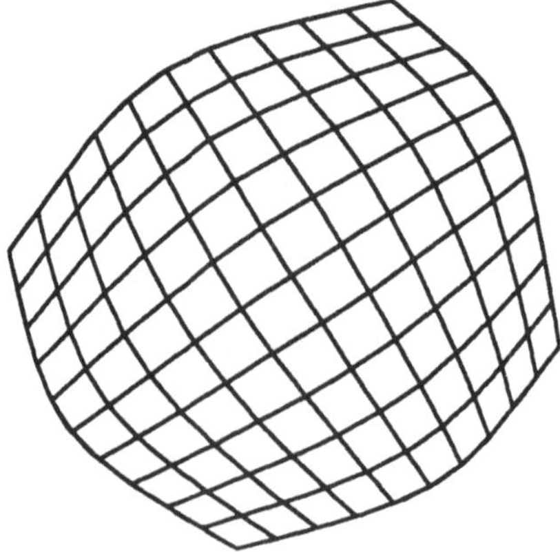

Bild 10-13 Coonsfläche in Viereck aus räumlichen Polylinien eingespannt

b) Mit dem Befehl **PEDIT** kann man nicht nur 2- und 3-dimensionale Polylinien editieren, sondern auch Flächen. Wählen Sie die Fläche aus Teil a) als Objekt für **PEDIT**. Sie erhalten ein anders Bildschirmmenü als beim Editieren von Polylinien. Wählen Sie daraus die Option **Glaetten**. Was geschieht?

10.7 Die AutoCAD-Funktionen dieses Kapitels

ERHEBUNG

Mit diesem Befehl kann man die Erhebung wählen, d.h. die Höhe über der x,y-Ebene, auf der nachfolgend gezeichnet wird. Außerdem kann man die Objekthöhe einstellen, d.h. die Höhe der nachfolgend gezeichneten Objekte. Bei Objekthöhe 50 wird beispielsweise mit dem Befehl **KREIS** ein Zylinder der Höhe 50 erzeugt. Bis zur Version 9 von AutoCAD befand sich der Befehl **ERHEBUNG** im Untermenü **3D**.

APUNKT

Mit diesem Befehl wird die Ansichtsrichtung einer 3D-Szene festgelegt. Dies geschieht entweder durch Eingabe des Betrachterstandorts oder durch eine der Optionen **drehen** oder **Achsen**. Bei **drehen** wird die Blickrichtung durch zwei Winkel festgelegt, den Winkel mit der x-Achse in der x,y-Ebene und den Neigungswinkel gegenüber der x,y-Ebene. Mit **Achsen** kann man die Blickrichtung interaktiv mit der Maus wählen. Zur Orientierung wird dabei ein (3-dimensionales) Koordinatenkreuz angezeigt. Mit der Option **Plan** kann man die Blickrichtung senkrecht von oben auf die x,y-Ebene einstellen. Der Befehl **VERDECKT** ist vom Bildschirmmenü von **APUNKT** aus erreichbar. Der Befehl **APUNKT** befindet sich im Untermenü **ANZEIGE**.

VERDECKT

Mit diesem Befehl kann man die verdeckten Linien bei 3D-Objekten unterdrücken. Bei komplexen Objekten erfordert das allerdings sehr große Rechenzeiten. Der Befehl befindet sich im Bildschirmmenü von **APUNKT**.

BKS

Mit dem Befehl **BKS** kann man ein individuelles Benutzerkoordinatensystem einführen. Alle nachfolgenden Koordinatenangaben beziehen sich auf dieses neue Koordinatensystem. Zur Definition des Systems stehen verschiedene Optionen zur Verfügung. Mit **Ursprung** wird das alte Koordinatensystem unter Beibehaltung der Achsrichtungen verschoben. Mit **X**, **Y** und **Z** kann man das System um die x-, y- und z-Achse drehen. **ZAchse** erwartet die Eingabe eines neuen Ursprungs und eines Punktes auf der (neuen) z-Achse. **3Punkt** legt das Koordinatensystem durch Angabe von 3 Punkten fest: Ursprung, ein weiterer Punkt auf der x-Achse und ein dritter Punkt der x,y-Ebene (nicht auf der x-Achse). Mit **Element** definiert man ein Koordinatensystem durch Zeigen auf ein geeignetes 3D-Element, z.B. ein Polygon. Das Koordinatensystem wird dann so ausgerichtet, daß dieses Element in der x,y-Ebene liegt. Die Option **Ansicht** stellt ein Koordinatensystem her, dessen x,y-Ebene senkrecht zur momentanen Blickrichtung liegt. Mit **Vorher** kehrt man zum zuletzt definierten Benutzerkoordinatensystem zurück, mit **Welt** zum Weltkoordinatensystem.

Mit den Optionen **Sichern** und **Holen** kann man ein Benutzerkoordinatensystem unter einem Namen speichern und später unter diesem Namen wieder als aktuelles Koordinatensystem zurückholen. Mit **Loeschen** und **Umbenenn** kann man gespeicherte Koordinatensysteme löschen und umbenennen. Mit **?** erhält man eine Liste aller in der Zeichnung gespeicherter Benutzerkoordinatensysteme.

Der Befehl **BKS** läßt sich direkt vom Hauptmenü **AUTOCAD** aus erreichen. Er steht außerdem im Untermenü **MODI**.

BKSYMBOL

Die Ausrichtung des aktuellen Benutzerkoordinatensystems wird durch ein Koordinatensystem-Symbol angezeigt. Mit **BKSYMBOL** kann man dieses Symbol manipulieren. Die Optionen **EIN** und **AUS** schalten die Anzeige des Symbols ein und aus. Mit **Ursprung** verlegt man das Symbol von der linken unteren Bildschirmecke in den Koordinatenursprung, sofern er im momentanen Bildausschnitt sichtbar ist. Mit **KeinUrsp** macht man diese Verlegung wieder rückgängig. Hat man den Bildschirm in mehrere Fenster unterteilt, erreicht man mit der Option **ALles**, daß sich Änderungen des Koordinatensystem-Symbols auf alle Fenster auswirken, nicht nur auf das aktive. Der Befehl **BKSYMBOL** befindet sich im Untermenü **MODI**.

DRSICHT

Mit diesem Befehl kann man schnell zur "Draufsicht" (senkrecht von oben auf die x,y-Ebene) zurückkehren. Mit den drei Optionen kann man dabei zwischen verschiedenen Koordinatensystemen wählen: **Aktuell** für das aktuelle Benutzerkoordinatensystem, **Welt** für das Weltkoordinatensystem und **BKS** für ein gespeichertes Benutzerkoordinatensystem, dessen Namen man eingibt. **DRSICHT** steht im Untermenü **ANZEIGE**.

DANSICHT

Bei der Betrachtung 3-dimensionaler Szenen mit dem Befehl **APUNKT** verwendet AutoCAD die Parallelprojektion. Mit **DANSICHT** kann man die Szene in der (realistischeren) Zentralperspektive darstellen. Dabei blickt man von einem, mit der Option **Kamera** wählbaren, Beobachtungspunkt in Richtung auf einen Zielpunkt, den man mit **ZIel** verändern kann. Die "Brennweite der Kamera", also die Stärke der perspektivischen Verzerrung, stellt man über die Option **ABstand** ein. Hiermit wird die Perspektive eingeschaltet. Mit **AUs** schaltet man sie wieder aus (Rückkehr zur Parallelprojektion). Mit der Option **PUnkte** können Beobachtungs- und der Zielpunkt durch Koordinateneingabe spezifiziert werden.

Nach Aufruf von **DANSICHT** wird man zur Auswahl von Objekten aufgefordert. Diese Objekte werden bei allen Optionen des Befehls sichtbar mitgeführt. Wählt man hier viele (alle) Objekte der Szene, so hat man immer einen vollständigen Überblick über das, was bei der nächsten Operation geschieht. Bei größeren Szenen muß AutoCAD hierfür allerdings sehr viel rechnen und kann deshalb die Darstellung nicht in einer vernünftigen Zeit nachführen. Hier sollte man nur einige wenige Objekte zur automatischen Nachführung auswählen. Nachdem man den Befehl **DAN-SICHT** mit der Option **eXit** verlassen hat, wird wieder die gesamte Szene perspektivisch dargestellt. Innerhalb des Befehls **DANSICHT** kann man die letzte Operation mit **ZUrueck** rückgängig machen.

Mit **ZOom** und **PAn** kann man auf einen Bildausschnitt zoomen bzw. den Ausschnitt verschieben. (Die gewöhnlichen Befehle **ZOOM** und **PAN** arbeiten nicht im Perspektivmodus.) Mit der Option **Drehen** kann man die Ansicht um die Ziellinie (vom Beobachtungspunkt zum Zielpunkt) drehen bzw. dagegen neigen.

Die Option **Verdeckt** unterdrückt die verdeckten Linien. Mit der Option **Schnitt** kann man undurchsichtige Schnittebenen definieren. Objekte, die vor der vorderen bzw. hinter der hinteren Ebene liegen, werden nicht dargestellt. Mit **Hinten** bzw. **Vorne** definiert man nur die hintere bzw. vordere Schnittebene. Mit **Aus** schaltet man die Schnittebenen wieder aus.

Der Befehl **DANSICHT** steht im Untermenü **ANZEIGE**.

3DFLAECH

Befehl zum Zeichnen ausgefüllter 3D-Flaechen (Polygone). Die Flächen sind aus Dreiecken zusammengesetzt. Beim Zeichnen von Vielecken mit mehr als drei Ecken werden deshalb Sehnen innerhalb des Polygons gezeichnet. Dies kann man mit der Option **Unsichtb** verhindern. Mit den Optionen **ZeigKant** und **VerdKant** kann man die Anzeige dieser unsichtbaren Sehnen ein- und ausschalten. Dies wirkt sich jeweils nach der nächsten Regeneration der Zeichnung aus. Der Befehl **3DFLAECH** steht im Untermenü **3D** und im Untermenü **ZEICHNEN**.

3D Objekte

Unter diesem Punkt im Bildschirmmenü **3D** stellt AutoCAD eine Reihe von fertig definierten 3D-Objekten zur Verfügung. Man kann sie durch Wahl verschiedener Parameter (markante Punkte, Radien etc.) verändern und zum Aufbau eigener Graphikszenen benutzen. Die folgenden Objekte erreicht man unter den (weitgehend selbsterklärenden) Optionen: **Quader, Kegel, Schuess** (Schüssel), **Kuppel, Masche** (Fläche, die in ein räumliches Viereck eingespannt ist), **Pyramide**, **Kugel**, **Torus** (Ringfläche), **Keil**.

3DPOLY

Befehl zum Zeichnen 3-dimensionaler Polylinien. Er wirkt ähnlich, wie **PLINIE**, unterstützt aber auch Scheitelpunkte im Raum. 3D-Polylinien können ebenfalls mit **PEDIT** editiert werden, ähnlich wie Polylinien in der Ebene. **3DPOLY** steht im Untermenü **3D**.

Surftab1, Surftab2

In AutoCAD lassen sich gekrümmte Flächen als Netze darstellen (s. die folgenden vier Befehle). Die Maschenweite dieser Netze kann man zuvor mit den Befehlen **Surftab1** und **Surftab2** einstellen. Sie befinden sich im Untermenü **3D**.

ROTOB

Befehl zum Zeichnen von Rotationskörpern. Man muß eine Kurve wählen und eine gerade Linie, um die die Kurve rotieren soll. Die Rotation erfolgt um den Vollwinkel oder einen beliebigen anderen Winkel. In diesem Fall kann auch noch der Beginn der Rotationsfläche durch Angabe eines Startwinkels festgelegt werden. Der Befehl **ROTOB** steht im Untermenü **3D**.

TABOB

Mit diesem Befehl kann man eine Kurve in einer (durch eine Linie gegebenen) Richtung zu einer Fläche "verlängern", also z.B. einen Kreis zu einem (möglicherweise schiefen) Zylinder. Der Befehl steht im Untermenü **3D**.

REGELOB

Mit diesem Befehl spannt man eine Regelfläche zwischen zwei zuvor gezeichneten Kurven (2D- oder 3D-Polylinien) ein. Er befindet sich im Untermenü **3D**.

KANTOB

Dies ist ein Befehl, mit dem man in ein räumliches "Viereck", dessen Kanten 2D- oder 3D-Polylinien sind, ein Flächenstück einspannen kann. Er steht im Untermenü **3D**.

3DMASCHE

Mit diesem Befehl kann man eine Fläche "Punkt für Punkt" durch Definition der einzelnen Netzknoten erzeugen. Dies ist sehr aufwendig und spielt deshalb für interaktive Anwendungen von AutoCAD kaum eine Rolle. Der Befehl, er befindet sich im Untermenü **3D**, ist mehr für die Anwendung in AutoLISP- Programmen gedacht.

MACHDIA

Aufnahme der derzeitigen Ansicht des Zeichnungseditors als "Dia" und Speicherung unter einem frei wählbaren Namen. Der Befehl ist im Untermenü **DIENST** über den Punkt **DIAS** zu erreichen.

ZEIGDIA

Mit diesem Befehl kann man ein zuvor mit **MACHDIA** aufgenommenes Dia unter seinem Namen aufrufen und anzeigen. Ein Dia kann nur betrachtet, nicht editiert werden. Stellt man dem Namen des Dias beim Aufruf mit **ZEIGDIA** einen * voran, wird es nur in den Hauptspeicher geladen, aber erst nach nach einer neuerlichen Eingabe des Befehls **ZEIGDIA** (ohne Namen) angezeigt. Bei Diaserien kann man damit Wartezeiten vermeiden, die durch Einlesen der Daten von der Festplatte entstehen. Der Befehl **ZEIGDIA** ist im Untermenü **DIENST** über den Punkt **DIAS** zu erreichen.

11 LISP ist kein Sprachfehler: AutoLISP

Die Themen dieses Kapitels

- Grundzüge von LISP: Rechenoperationen, Variable und Wertzuweisung, Datentypen, Listen und Listenoperationen, Funktionen, Schleifen, Verzweigungen (Abschnitt 11.1)
- AutoLISP-Programme in Dateien (Abschnitt 11.1)
- Graphikfunktionen von AutoLISP (Abschnitt 11.2)
- AutoCAD-Befehle in AutoLISP-Programmen (Abschnitt 11.2)
- Programmierung eigener AutoCAD-Befehle in AutoLISP (Abschnitt 11.2)
- Rekursion (Abschnitt 11.3)

11.1 Grundzüge von LISP

Mit AutoLISP bietet AutoCAD eine mächtige *Programmierschnittstelle*, mit der man *eigene Befehle* implementieren und in das System aufnehmen kann. Auf diese Weise kann man AutoCAD optimal an die eigenen Bedürfnisse anpassen. Die Anpassungsmöglichkeiten gehen weit über das hinaus, was man etwa mit Skriptdateien erreichen kann. Sie erfordern allerdings auch tiefere Kenntnisse über AutoCAD und in der Programmierung in einer höheren Programmiersprache. Wenn Sie dieses Buch bis hierhin durchgearbeitet haben, werden Ihnen die AutoCAD-Anteile dieses Kapitels keine Schwierigkeiten machen. Sie sollten zusätzlich Grundkenntnisse einer höheren Programmiersprache wie BASIC, PASCAL, C oder FORTRAN haben.

AutoLISP setzt allerdings nicht auf einer der obigen Programmiersprachen auf, sondern auf der Sprache LISP (**LI**st Processing Language), die Anfang der 60er Jahre am Massachusetts Institute of Technology entwickelt wurde und heute im Bereich der künstlichen Intelligenz vielfältig angewandt wird. Ein weit verbreiteter LISP-Dialekt, CommonLISP, ist Teil des Sprachumfangs von AutoLISP. Wesentliche Gründe für die Auswahl der Sprache LISP als Programmierschnittstelle für AutoCAD sind die einfache Behandlung verschieden strukturierter Objekte in Form von Listen und die flexible Interaktion mit dem Benutzer in dieser Sprache.

In diesem Buch können wir Ihnen keine umfassende Einführung in LISP bieten. Auch die umfangreichen zusätzlichen graphischen Funktionen von AutoLISP können wir hier nur in Ansätzen behandeln. Nach Durcharbeit des Kapitels werden Sie jedoch in der Lage sein, viele nützliche Erweiterungen und individuelle Anpassungen Ihres AutoCAD-Systems selbst zu programmieren.

Wenn Sie eine prozedurale Programmiersprache, wie etwa PASCAL, kennen, wird Ihnen die LISP-Notation zunächst etwas ungewohnt erscheinen, aber Sie werden auch etliches Bekanntes wiederentdecken. Hierzu stellen wir Ihnen in diesem Abschnitt einige einfache Beispiele vor, die Sie an Ihrem AutoCAD-System ausprobieren und variieren können. Wenn Sie bereits Erfahrung mit LISP haben, können Sie den Rest des Abschnitts übergehen und mit der speziellen graphischen Programmierung von AutoCAD unter AutoLISP in Abschnitt 11.2 fortfahren.

AutoLISP wird beim Laden von AutoCAD automatisch installiert (wenn der Zusatz ADE-3 in Ihrem Systempaket enthalten ist). Sie können dann die folgenden Beispiele im Befehlsbereich hinter dem Wort "Befehl:" eingeben. Weil wir in diesem Abschnitt keine graphischen Funktionen nutzen, empfiehlt sich die Umschaltung auf den Tetxbildschirm mit <F1>. Man sieht dann eine größere Anzahl zurückliegender Eingaben und Systemantworten, und kann so die AutoLISP-Sitzung besser verfolgen.

Als erstes Beispiel berechnen wir die Summe 1+2 durch die Eingabe (+ 1 2) <RETURN>. In der nächsten Zeile erscheint das Ergebnis 3. Die Summe wird in LISP durch einen *Ausdruck* (in runde Klammern eingeschlossen) berechnet. Der +-Operator wird vorangestellt. + und die folgenden Summanden werden jeweils mit einem Leerzeichen getrennt. Auf die gleiche Weise kann man beliebig viele Summanden aufaddieren: (+ 1 2 3 4) ergibt 10. (In den folgenden Beispielen ersparen wir uns die Unterstreichung der Eingaben und den Abschluß mit <RETURN>.)

Die Division folgt dem gleichen Muster: Den Bruch 1/2 berechnet man mit dem Ausdruck (/ 1 2). Das Ergebnis 0 hatten Sie wohl nicht erwartet? Probieren Sie es nochmal mit (/ 1.0 2.0). Jetzt stimmt's! An diesem Beispiel sehen Sie einen wichtigen Unterschied von LISP zu vielen anderen Progammiersprachen: Viele Operationen untersuchen ihre Argumente und reagieren spezifisch darauf. Bei (/ 1 2) waren die Argumente ganzzahlig. LISP hat deshalb eine "Division mit Rest" ausgeführt, Ergebnis 0. Bei der Eingabe (/ 1.0 2.0) waren dagegen die Argumente reelle Zahlen, und es wurde das Ergebnis 0.5 berechnet. Bei Variablen (s.u.) besteht ebenfalls keine strenge Typbindung. Sie werden nach dem Typ des gerade zugewiesenen Werts behandelt. Hierin liegt die große Flexibilität von LISP (aber auch eine böse Fehlerquelle). Der Ausdruck (/ 24 2 3) ergibt den Wert 4. Die erste Zahl wird als Zähler des Bruchs verwendet, alle weiteren als Produkt im Nenner. Der Ausdruck ergibt also den gleichen Wert wie (/ 24 (* 2 3)). (Man kann Ausdrücke beliebig verschachteln.) Erproben Sie selbst die Wirkung der Operatoren - und * für Differenz- und Produktbildung.

In LISP stehen die folgenden *Datentypen* zur Verfügung. *Ganze Zahlen* im Bereich von -32768 bis +32767 werden wie in den obigen Beispielen eingegeben. Man kann ihnen noch das Vorzeichen + oder - voranstellen. *Reelle Zahlen* werden mit Dezimalpunkt eingegeben. Es muß mindestens eine Ziffer vor dem Punkt stehen und eine dahinter. (5. und .23 sind also nicht zulässig.) Eine Eingabe im wissenschaftlichen Format mit Mantisse und Exponent ist ebenfalls möglich, also z.B. 0.5e10 statt 5.0. *Zeichenketten* sind beliebige Zeichenfolgen, die in Anführungszeichen eingeschlossen werden, z.B. "Geben Sie eine ganze Zahl ein". Für solche Eingabeaufforderungen werden wir Zeichenketten im folgenden Abschnitt benutzen. *Symbole* sind eine Aneinanderreihung beliebiger druckfähiger Zeichen außer ( ) . ' " ;. Man kann ihnen Werte zuordnen und sie ähnlich verwenden wie Variable in anderen Programmiersprachen. Die in LISP eingebauten Funktionen kann man ebenfalls als Daten auffassen, als Daten des Typs *Funktion*. Die arithmetischen Operatoren +, -, * und / sind Beispiele solcher Funktionen. Weitere sind z.B. die Wurzel: (sqrt 9) ergibt 3.

Der wichtigste Datentyp in LISP ist die *Liste*. Eine Liste (in runde Klammern eingeschlossen) besteht aus *Elementen*, die durch Leerzeichen getrennt werden, z,B. (a b 17 c 1.4). Die Elemente können von unterschiedlichem Typ sein, im Beispiel zwei Symbole, eine ganze Zahl, noch ein Symbol und eine reelle Zahl. Listenelemente können auch selbst wieder Listen sein, also etwa (a (a b) c), so daß man Listen beliebig verschachteln kann. Einen Ausdruck wie (+ 1 2) kann man auch als Liste auffassen: das erste Element ist die Funktion +, die nächsten beiden Elemente sind die Argumente der Funktion. Die Liste ist, im Vergleich etwa zu einem Feld in einer herkömmlichen Programmiersprache, ein sehr flexibler Datentyp: weder liegt ihre Länge von vornherein fest, noch müssen alle Elemente vom gleichen Typ sein. In AutoLISP verwenden wir Listen zur Koordinatendarstellung von Punkten, z.B. (1 -2.4) oder (4 7.3 5.6). Die Flexibilität der Liste ist hier bereits in zweifacher Hinsicht nützlich: ganzzahlige und reelle Koordinaten können gemischt verwendet werden und es können sowohl 2D- als auch 3D-Punkte als Listen (der Längen 2 und 3) dargestellt werden.

Der Datentyp Liste ist natürlich nur brauchbar, wenn man Listen auch bearbeiten kann. Die wichtigsten LISP-Funktionen hierzu sind car, cdr und list. car liefert das erste Element der Liste: (car '(1 -2.4)) ergibt 1, der Ausdruck (car '(4 7.3 5.6)) liefert 4. Man erhält also mit der gleichen Funktion die x-Koordinate eines 2D- oder eines 3D-Punktes! (Bei der Übergabe der Liste als Argument der Funktion muß man ein Hochkomma voranstellen.) Auf das zweite Element (in unseren Beispielen also die y-Koordinate) kann man nicht direkt zugreifen. Man muß hier einen Umweg über die Funktion cdr gehen. Diese Funktion entfernt das erste Element aus der Liste und liefert den Rest zurück. (cdr '(1 2.4)) liefert die Liste (2.4) und (cdr '(4 7.3 5.6)) die Liste (7.3 5.6). Mit (car (cdr '(1 -2.4))) und (car (cdr '(4 7.3 5.6))) kann man auf die y-Koordinaten der Punkte zugreifen. (Wiederum ist die Prozedur für 2D- und 3D-Punkte gleich!) Der Zugriff auf einzelne Listenelemente ist also etwas umständlicher als bei einem Feld in einer herkömmlichen Programmiersprache: nur das erste Element ist direkt mit car erreichbar, die übrigen erreicht man durch Kombinationen von car und cdr. Es gibt allerdings auch eine Funktion nth, mit der man direkt auf das Listenelement der Nummer n zugreifen kann: (nth 2 '(4 7.3 5.6)) liefert die z-Koordinate 5.6 (die Numerierung beginnt bei 0). Mit der Funktion list kann man eine Liste aus einzelnen Teilen zusammensetzen: (list 4 7.3 5.6) liefert die Liste (4 7.3 5.6).

Bisher haben wir die LISP-Beispiele direkt auf der Befehlszeile des Zeichnungseditors von AutoCAD eingegeben. Bei mehrzeiligen Eingaben ist das etwas umständlich. Außerdem werden Ihre AutoLISP-Eingaben nicht mit der Zeichnung gespeichert. Wenn Sie den Zeichnungseditor verlassen, geht Ihre ganze Arbeit verloren. Etwas umfangreichere AutoLISP-Programme erstellt man deshalb besser mit einem Texteditor und speichert sie als ASCII-Datei mit der Endung .LSP im AutoCAD-Verzeichnis. Speichern Sie das folgende Programm (das wir gleich näher besprechen) in einer Datei BEI1.LSP. Die Einrückungen dienen nur der besseren Übersicht. Das Programm läuft genauso, wenn Sie alles in eine Zeile schreiben. Die auf ein ; folgenden Texte sind Kommentare, die Sie weglassen können, ohne die Funktion des Programms zu beeinträchtigen.

```
(defun abstand (pkt)                            ; Funktionsname und
                                                ; Parameterliste
  (setq abst (* (car pkt) (car pkt)))           ; Quadrat x-Koordinate
  (setq abst (+ abst (* (cadr pkt) (cadr pkt))))); Quadrat y-Koordinate
  (setq abst (sqrt abst))                       ; Wurzel ausQuadratsum-
                                                ; me (wird Funktionswert)
)
```

Kehren Sie nun in den Zeichnungseditor von AutoCAD zurück und geben Sie (load "BEI1") ein. Das Programm wird geladen und dabei auch auf Korrektheit überprüft. Wenn alles gut geht wird das Wort ABSTAND angezeigt, wenn nicht erhalten Sie eine Fehlermeldung. Wahrscheinlich haben Sie eine der vielen Klammern vergessen ...

Das Programm definiert eine LISP-Funktion mit Namen abstand, die den Abstand eines Punktes (x,y) vom Koordinatenursprung berechnet. Dieser Abstand ist bekanntlich die Wurzel aus der Quadratsumme $x^2 + y^2$. Auf die Eingabe (abstand '(3 4)) erhalten Sie die Antwort 5 (die Wurzel aus 25).

Die Definition einer Funktion beginnt mit dem Wort defun (**define fun**ction) gefolgt vom Namen der Funktion und der Liste der Argumente, in unserem Beispiel (pkt). (Wenn die Funktion keine Argumente hat, muß die leere Liste () angegeben werden.) Dies ist ähnlich wie etwa eine Funktionsdefinition in PASCAL, mit dem Unterschied, daß der Typ des Arguments pkt nicht deklariert wird. Dieser Typ (eine 2-elementige Liste mit den Koordinaten des Punktes) ergibt sich erst aus dem weiteren Zusammenhang. Die Klammer zu Beginn der Definition (vor defun) wird erst ganz zum Schluß wieder geschlossen. Sie definiert das Ende der Funktion. Zwischen der Argumentliste und dieser Klammer steht ein LISP-Programm, das den Rumpf der Funktion bildet.

Mit (setq abst (* (car pkt) (car pkt))) wird eine Hilfsvariable abst (als Symbol) eingeführt und ihr das Quadrat der x-Koordinate zugewiesen. Diese Zuweisung geschieht mit der LISP-Funktion setq (**set equal**). In PASCAL hätte diese Zeile die Gestalt abst := x*x (wenn die x-Koordinate im Parameter x enthalten ist). In der nächsten Zeile wird zu diesem Wert das Quadrat der y-Koordinate hinzuaddiert. Dabei wird (car (cdr ... durch (cadr ... abgekürzt. In der dritten Zeile wird die Wurzel aus der Summe gezogen. Dieser Wert (der Wert des letzten Ausdrucks) wird automatisch als Wert der Funktion abstand zurückgegeben.

Funktionsaufrufe mit unzulässigen Argumenten, wie etwa (abstand 10), (abstand '(1 a)) oder (abstand 1 2) werden mit einer Fehlermeldung quittiert. Der Aufruf (abstand '(3 4 17)) liefert dagegen das Ergebnis 5. Es wird korrekt aus den ersten beiden Listenelementen berechnet. Der Rest der Liste bleibt unberücksichtigt. Der Abstand eines 3D-Punktes (x,y,z) vom Ursprung ist die Wurzel aus $x^2 + y^2 + z^2$. Die folgende verbesserte Funktion abstand arbeitet sowohl für 2D- als auch für 3D-Punkte. (Sie funktioniert sogar für beliebige höhere Dimensionen, aber das ist für CAD-Anwendungen natürlich weniger interessant.)

```
(defun abstand (pkt)
  (setq laenge (length pkt))                      ; Länge der Liste
  (setq abst 0)                                    ; abst initialisieren
  (repeat laenge                                   ; Quadratsumme
    (setq abst (+ abst (* (car pkt) (car pkt))))) ; berechnen
    (setq pkt (cdr pkt))
  )
  (setq abst (sqrt abst))                          ; Wurzel ziehen
)
```

Verwendet wird die LISP-Funktion length, die die Anzahl der Elemente einer Liste ermittelt und eine Programmschleife, die über die LISP-Funktion repeat gesteuert wird. Hinter repeat muß ein ganzzahliger Ausdruck stehen. Alle weiteren Ausdrücke in der Liste (repeat ganzz. Ausdr. ...) werden dann so oft ausgeführt, wie der Wert des ganzzahligen Ausdrucks angibt. Dies entspricht also in etwa der FOR-Schleife in FORTRAN oder PASCAL, *nicht* der REPEAT-Schleife in PASCAL. In LISP gibt es noch weitere Schleifenkonstrukte, sowie Programmverzweigungen, die wir Ihnen in den nächsten Abschnitten vorstellen.

11.2 Programmbeispiele in AutoLISP

Die Funktion abstand aus dem vorigen Abschnitt ist noch nicht allzu gut an die Arbeitsweise von AutoCAD angepaßt. Es ist zu umständlich, den Punkt jeweils als Koordinatenliste einzugeben. Eine Markierung mit der Maus (oder wahlweise Tastatureingabe), wie bei AutoCAD-Befehlen üblich, wäre angenehmer. Im Befehls- und Anfragefeld sollte jeweils ein kurzer Hinweis auf die nächste Aktion stehen, die vom Benutzer erwartet wird. Außerdem sollte man den Befehl ohne runde Klammern wie einen ganz gewöhnlichen AutoCAD-Befehl eingeben können. Diese Wünsche erfüllen wir uns, indem wir die folgenden Zeilen an die Datei anhängen, die die Funktion abstand enthält:

```
(defun C:distanz ()
    (setq pkt (getpoint "\nPunkt markieren oder eingeben: "))
    (abstand pkt)
)
```

In der ersten Zeile definieren wir eine Funktion distanz, wobei dem Namen C: vorangestellt wird. Eine solche Funktion kann ohne Klammerung wie ein normaler AutoCAD-Befehl aufgerufen werden. Die Funktion darf keine Argumente haben. In der nächsten Zeile wird mit der AutoLISP-Funktion getpoint der Punkt erfragt, der vermessen werden soll. getpoint akzeptiert eine Koordinateneingabe eines 2D- oder 3D-Punktes über die Tastatur oder die Markierung des Punktes mit der Maus. In einer Zeichenkette kann man noch einen Anfragetext festlegen, der im Befehls- und Anfragebereich erscheint. Die Zeichenkette des Beispiels beginnt mit \n. Hierdurch erreicht man, daß der Text auf einer neuen Zeile erscheint. Mit \ kann man verschiedene Steuerzeichen in den Text einbetten, z.B RETURN mit \r oder ESCAPE mit \e. Die Funktion getpoint liefert die Punktkoordinaten als Liste zurück. Wir haben sie mit setq der Variablen pkt zugewiesen und mit (abstand pkt) den Abstand zum Ursprung berechnet. Er wird als Wert der Funktion distanz zurückgeliefert.

Aus einemAutoLISP-Programm kann man auch gewöhnliche AutoCAD-Befehle aufrufen. Die folgende Variante der Funktion distanz zeichnet zusätzlich eine Linie vom Koordinatenursprung zum markierten Punkt.

```
(defun C:distanz ()
   (setq pkt (getpoint "\nPunkt markieren oder eingeben: "))
   (command "LINIE" '(0 0 0) pkt "")
   (abstand pkt)
)
```

Der AutoCAD-Befehl **LINIE** wird mit der AutoLISP-Funktion command aufgerufen. Der Befehl wird dabei in Anführungszeichen eingeschlossen. Die Argumente, also hier die beiden Endpunkte der Linie werden in Auto-LISP-Notation angegeben. Der Befehl **LINIE** bleibt nach Eingabe der ersten beiden Punkte aktiv zum Zeichnen weiterer Linien. Bei der interaktiven Anwendung des Befehls haben wir ihn durch **<RETURN>** abgeschlossen. In AutoLISP geschieht dies durch Angabe einer leeren Zeichenkette "" als letztes Argument. Mit (command) ohne Argumente kann man die meisten AutoCAD-Befehle ebenfalls in AutoLISP beenden. Dieser Ausdruck entspricht **<Ctrl C>** bei interaktiven AutoCAD-Sitzungen. Es ist wichtig, daß die Zeile (abstand pkt) weiterhin am *Ende* der Funktion steht, denn der Wert des letzten Ausdrucks wird ja als Funktionswert zurückgegeben. Steht stattdessen (command "LINIE" '(0 0 0) pkt "") am Ende von distanz, so erscheint nach Ausführung der Funktion nicht der Abstand zum Ursprung in der Befehlszeile, sondern nil, der Standardwert von command.

Wenn sie mit verschiedenen Varianten eines AutoLISP-Programms experimentieren, sollten Sie nicht vergessen, nach jeder Änderung die Programmdatei zu speichern und die geänderte Datei mit (load "Dateiname") in den Zeichnungseditor zu laden. Andernfalls weiß AutoCAD natürlich nichts von Ihren Änderungen. AutoLISP unterscheidet übrigens nicht zwischen Groß- und Kleinschreibung. Sie können in dieser Hinsicht also Ihren ganz persönlichen Stil walten lassen.

In Abschnitt 10.4 haben wir eine räumliche Spirale als 3D-Polylinie konstruiert. Dazu haben wir die Spirale zunächst in der Ebene gezeichnet (Bild 10-8) und dann die z-Koordinaten der Scheitelpunkte mit **PEDIT** in einem etwas umständlichen Verfahren geändert. Das folgende AutoLISP-

plementiert einen AutoCAD-Befehl **SUPERLINIE**, der dies vereinfacht.
Nach Aufruf des Befehls wird die Anzahl der Scheitelpunkte und die z-Koordinate des ersten und letzten Scheitels erfragt. Anschließend muß man nur noch die Scheitelpunkte mit der Maus in der x,y-Ebene (des aktuellen Benutzerkoordinatensystems) markieren. Die z-Koordinaten werden automatisch zwischen dem Start- und Endwert interpoliert, so daß ein (einigermaßen) gleichmäßig ansteigender 3D-Polygonzug entsteht. Wahlweise kann der Polygonzug dann noch zur Kurve geglättet werden.

```
(defun zanhaeng (p z)
; Haengt an den 2D-Punkt p als 3. Koordinate z an
  (list (car p) (cadr p) z)
)

(defun slinie (scheitelzahl zstart zend kurve)
; Zeichnet 3D-Polylinie mit entsprechender Scheitelzahl
; Scheitel als 2D-Punkte eingeben bzw. markieren
; z-Koordinaten werden zwischen zstart und zend linear interpoliert
  (setq scheitelzahl (- scheitelzahl 1))
  (setq inkr (/ (- zend zstart) scheitelzahl))
  (setq zaktuell zstart)
  (setq startpkt (getpoint "\nStartpunkt eingeben/markieren "))
  (setq startpkt (zanhaeng startpkt zaktuell))
  (command "3DPOLY" startpkt)
  (repeat scheitelzahl
    (setq zaktuell (+ zaktuell inkr))
    (setq pkt (getpoint "\nnaechsten Punkt eingeben/markieren "))
    (setq pkt (zanhaeng pkt zaktuell))
    (command pkt)
  )
  (command)
  (if (= kurve 1)
    (command "PEDIT" "LETZTES" "Kurvenlinie" "eXit")
  )
)
```

```
(defun C:superlinie()
; AutoCAD-Befehl fuer 3D-Polylinie mit gleichmaessigem Anstieg
  (setq scheitelzahl (getint "\nScheitelzahl der Polylinie: "))
  (setq zstart (getreal "\z-Koordinate des  ersten Scheitels: "))
  (setq zend (getreal "\z-Koordinate des letzten Scheitels: "))
  (setq kurve (getint "\nKurve glaetten (0/1): "))
  (slinie scheitelzahl zstart zend kurve)
)
```

In der Funktion slinie bleibt der AutoCAD-Befehl **3DPOLY** nach seinem
Aufruf mit der AutoLISP-Funktion command weiter aktiv. In der anschließenden repeat-Schleife können somit die weiteren Scheitelpunkte eingegeben werden. Nach Abschluß der Schleife wird **3DPOLY** mit (command)
beendet. Die folgende *Programmverzweigung* fragt ab, ob die Kurve geglättet
werden soll. Der Anwender hat hierzu der Variablen kurve den Wert 1 oder
0 zugewiesen. (= kurve 1) ist ein logischer Ausdruck, der Wahr ist, wenn
kurve den Wert 1 hat. In diesem Fall führt die LISP-Funktion if den
nächsten Ausdruck der Liste (if (= kurve 1) ...) aus, hier also die Glättung
der Kurve mit **PEDIT**. Dies entspricht also dem IF ... THEN ... in PASCAL.
Die weiteren logischen Operatoren von LISP und die zweiseitige
Verzweigung können Sie in Abschnitt 11.4 nachschlagen.

Der Befehl **SUPERLINIE** ist natürlich ein recht spezielles Beispiel. In Aufgabe 11.2 behandeln wir eine Variation dieses Befehls. Wenn Sie lieber
AutoLISP-Programme für Ihre eigenen Probleme erstellen möchten, können
Sie sich an diesen Beispielen orientieren. Ein reichhaltiges Beispielmaterial
sind auch die mit AutoCAD gelieferten AutoLISP-Programme. Sie sind im
Quelltext in Dateien mit der Endung .LSP enthalten. Beispielsweise enthält
die Datei 3D.LSP die AutoCAD-Befehle zur Erzeugung der vordefinierten
3D-Objekte (Kugel, Torus etc.), die wir in Abschnitt 10.3 behandelt haben.

Wenn Sie selbst programmierte AutoCAD-Befehle in Ihr System einbinden
möchten, sollten Sie den Programmtext in die Datei ACAD.LSP aufnehmen.
Diese Datei wird beim Start von AutoCAD automatisch geladen. Die Befehle stehen dann ohne eine vorherige Eingabe von (load "...") zur Verfügung.

In AutoLISP kann man auch Funktionen programmieren, die nach dem Laden der AutoLISP-Datei automatisch ausgeführt werden. Hierzu muß man dem Funktionsnamen S: voranstellen.

11.3 Aufgaben

Aufgabe 11.1

Schreiben Sie eine LISP-Funktion, die alle Elemente einer Liste von Zahlen aufsummiert.

Aufgabe 11.2

Im vorigen Abschnitt haben wir mit AutoLISP einen AutoCAD-Befehl **SUPERLINIE** definiert, mit dem man eine 3D-Polylinie mit der Maus eingeben kann. Die z-Koordinaten der Scheitelpunkte wurden dabei automatisch zwischen dem Start- und Endwert interpoliert. Die Anzahl der Scheitelpunkte mußte hierzu am Anfang festgelegt werden.

Modifizieren Sie diese Funktion folgendermaßen: Es wird nur der Startwert für die z-Koordinate und ein Inkrement eingegeben, um das die z-Koordinate des nächsten Scheitelpunkts jeweils erhöht werden soll. Die Anzahl der Scheitelpunkte liegt nicht von vornherein fest. Man kann beliebig viele Scheitelpunkte mit <ML> markieren. Mit <MR> beendet man den Befehl **SUPERLINIE**. Wie im vorigen Abschnitt kann man wählen, ob der Polygonzug durch eine Kurve geglättet werden soll.

Statt der AutoLISP-Funktion repeat können Sie hierzu die Funktion while verwenden. Sie definiert eine Schleife analog zum WHILE-Statement in PASCAL. Die Schleife bleibt solange aktiv, wie der folgende Ausdruck wahr ist. (while (< = i 10) ...) führt die nachfolgenden Befehle der Liste also aus, bis $i > 10$ eintritt. Wird die AutoLISP-Funktion getpoint nicht mit der Eingabe oder Markierung eines Punktes beantwortet, sondern beispielsweise mit <MR>, so liefert sie den Wert nil (eine spezielle in LISP definierte Konstante). Hiermit können Sie die while-Schleife beenden.

Aufgabe 11.3

Diese Aufgabe demonstriert die sehr weitgehenden Möglichkeiten durch *rekursive Programmierung* in AutoLISP. Wenn Sie noch keine Erfahrung mit rekursiven Programmen haben, sollten Sie diese Aufgabe nicht selbständig angehen, sondern die Lösung nachvollziehen.

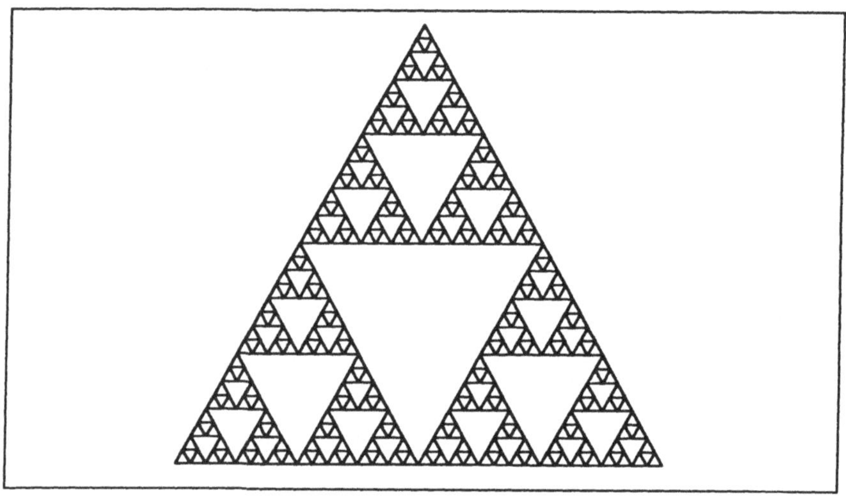

Bild 11-1 Unterteilung durch vierfache Rekursion

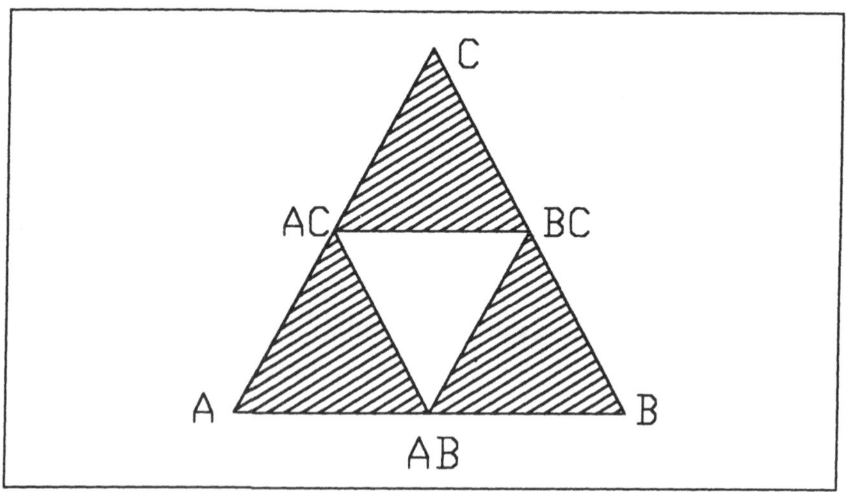

Bild 11-2 Zur Konstruktion von Bild 11-1

Konstruiert werden soll eine sukzessive Unterteilung eines Dreiecks, die ein hübsches Muster wie in Bild 11-1 ergibt (sog. Sierpinski-Teppich). Ausgehend von einem Dreieck mit Ecken a, b, c zeichnet man ein inneres Dreieck, dessen Ecken ab, ac und bc die Mittelpunkte der Seiten des Ausgangsdreiecks a, b, c sind. Die Figur wird hierdurch in vier Dreiecke zerlegt. Die äußeren drei Dreiecke (in Bild 11-2 schraffiert) behandelt man nach dem gleichen Verfahren weiter. Mehrfache Wiederholung liefert Bild 11-1. Eine rekursive Lösung bietet sich an: Eine Funktion muster (a b c) zeichnet das Dreieck und ruft sich anschließend mit den Ecken der drei Teildreiecke selbst auf. Damit sich dieser rekursive Aufruf nicht unendlich fortsetzt, sollte man eine Schranke für die minimale Größe der Dreiecke angeben (z.B. als zusätzlichen Parameter von muster), mit der man die Rekursion abbricht.

11.4 Die AutoLISP-Funktionen dieses Kapitels

Dieser Abschnitt weicht ein wenig von der Struktur des letzten Abschnitts in den vorigen Kapiteln ab. Wir haben die AutoLISP-Funktionen des Kapitels (und noch einige weitere) jeweils zu Gruppen mit ähnlicher Funktion zusammengefaßt. Damit haben Sie einen Überblick über die wichtigsten Funktionen von AutoLISP, mit denen Sie bereits eine große Anzahl praktischer Probleme programmieren können. Zur besseren Hervorhebung sind die AutoLISP-Funktionen *kursiv* gedruckt.

Arithmetische Operationen

Die arithmetischen Operatoren +, -, *, / werden in LISP an den Beginn des Ausdrucks gestellt. Z.B. berechnet (+ 1 3) die Summe 1 + 3 = 4. Es können auch mehr als zwei Argumente angegeben werden: (* 4 5 3) liefert das Produkt 60 dieser drei Zahlen, (/ 12 2 3) ergibt 2 (das erste Argument wird durch alle nachfolgenden dividiert. Ruft man die Division / nur mit ganzzahligen Argumenten auf, so wird eine "Division mit Rest" ausgeführt. Z.B. hat (/ 13 2) das Ergebnis 6 während (/ 13.0 2.0) den Wert 6.5 liefert.

Neben den Grundrechenarten gibt es weitere mathematische Funktionen: (*max* ...) und (*min* ...) geben das Maximum und das Minimum ihrer Argumente zurück, (*abs* x) ermittelt den Absolutwert von x. (*sqrt* x) zieht die Quadratwurzel aus x, (*expt* x p) berechnet x^p, (*exp* x) e^x und (*log* x) den natürlichen Logarithmus von x. Weiterhin sind die Winkelfunktionen (sin w) und (*cos* w) und die inverse Tangensfunktion (*atan* x) vorhanden. Die Winkel werden im *Bogenmaß* eingegeben bzw. berechnet.

Logische Operationen

Logische Ausdrücke können die Werte T (= wahr) oder nil (= falsch) annehmen: (< 1 2) ergibt T, (= 1 2) nil. "Ungleich" wird durch /= dargestellt. Die weiteren Vergleichsoperatoren sind <, < =, >, > =. Die logischen Funktionen (*minusp* x), (*zerop* x) und (*numberp* x) sind jeweils wahr, wenn x eine negative Zahl, 0 bzw. irgendeine Zahl ist. (*null* a) ist wahr, wenn das Symbol a den Wert nil hat.

(*not* log. Ausdruck) verneint den logischen Ausdruck. (*and* ...) bzw. (*or* ...) bilden eine logische UND- bzw. ODER-Verknüpfung zwischen den logischen Ausdrücken in der nachfolgenden Liste von Argumenten.

Verzweigungen

Die einseitige Verzweigung hat die Form (*if* log. Ausdruck Ausdruck1), wobei Ausdruck1 ausgeführt wird, wenn der logische Ausdruck wahr ist. Bei der zweiseitigen Verzweigung (*if* log. Ausdruck Ausdruck1 Ausdruck2) wird Ausdruck1 ausgeführt, wenn der logische Ausdruck wahr ist, andernfalls wird Ausdruck2 berechnet.

Mit *cond* kann man eine Auswahl ähnlich dem CASE-Statement in PASCAL realisieren. Die Argumente von *cond* sind Listen (für jeden Fall eine). Am Anfang jeder Liste steht ein logischer Ausdruck. Diese Ausdrücke werden berechnet bis der erste mit Wert T gefunden wird. Die zugehörige Liste wird abgearbeitet und der Wert des letzten Ausdruck als Wert von *cond* zurückgegeben. Beispiel:

```
(cond  ((= s 1) "A")      ; liefert den Wert A, B oder C, je nachdem ob
       ((= s 2) "B")      ; s den Wert 1, 2 oder 3 hat
       ((= s 3) "C")
```

Schleifen

(*repeat* ganzz. Ausdruck ...) führt die restlichen Argumente in der Argumentliste so oft aus, wie der Wert des ganzzahligen Ausdrucks angibt. Z.B. schreibt (*repeat* 10 (*print* "AutoLISP")) zehnmal das Wort AutoLISP auf den Bildschirm. (Danach erscheint das Wort noch ein elftes Mal, weil es als Wert der Funktion *repeat* zurückgegeben wird.)

(*while* log. Ausdruck ...) wiederholt die auf den logischen Ausdruck folgenden Argumente so lange, wie dieser logische Ausdruck wahr ist. Z.B. ist (*while* (= 1 1) (*print* "AutoLISP")) eine Endlosschleife, die AutoLISP auf den Bildschirm schreibt, während (*while* (= 1 2) ...) gar nichts tut.

Wertzuweisungen

Mit (*setq* Symbol Wert) weist man einem Symbol einen Wert zu. Durch (*setq* i 0) wird also z.B. i auf den Wert 0 gesetzt. Mit einem Aufruf von *setq* können mehreren Symbolen Werte zugewiesen werden: (*setq* a 1 b 5) setzt a auf den Wert 1 und b auf 5. Als Funktionswert von *setq* wird der letzte zugewiesene Wert zurückgeliefert, im Beispiel also 5. Als Wert kann ein beliebiger Ausdruck eingesetzt werden, z.B. (*setq* x (+ y 5)).

Mit der AutoLISP-Funktion *setvar* kann man den Systemvariablen von AutoCAD Werte zuweisen.

Listenverarbeitung

Der wichtigste Datentyp in LISP ist die *Liste*. Eine Liste besteht aus (in runde Klammern eingeschlossenen durch Leerzeichen getrennten) *Elementen*, die von unterschiedlichen Datentypen sein können. Auch der Datentyp Liste ist möglich, so daß man Listen verschachteln kann. Einen arithmetischen oder logischen Ausdruck oder den Aufruf einer LISP-Funktion kann man auch als Liste auffassen. Das erste Listenelement ist die Funktion selbst, also z.B. +, < = oder *max*, der Rest der Liste enthält die Argumente der Funktion. 2D- und 3D-Punkte werden in AutoLISP als Listen der Länge 2 oder 3 von ganzen oder reellen Zahlen dargestellt.

Die Funktion *car* liefert das erste Listenelement zurück, die Funktion *cdr* den Rest der Liste. (*car* '(1 2 3)) liefert das Ergebnis 1 und (*cdr* '(1 2 3)) ergibt (2 3). Die Verschachtelung (*car* (*cdr* '(1 2 3))) kann durch (*cadr* '(1 2 3)) abgekürzt werden (und hat als Ergebnis 2). Entsprechend kürzen *caar*, *cddr*, *cadar* andere Verschachtelungen von *car* und *cdr* ab. AutoLISP unterstützt diese Abkürzungen für bis zu vier Verschachtelungsebenen. Mit der Funktion *nth* kann man direkt auf ein bestimmtes Listenelement zugreifen. Die Numerierung der Listenelemente beginnt bei 0. Der Ausdruck (*nth* 2 (-1 0 17)) hat also 17 als Ergebnis. Mit der Funktion *last* erhält man das letzte Listenelement, also z.B. die z-Koordinate eines 3D-Punkts. Die Funktion *length* ermittelt die Anzahl der Elemente einer Liste. (*length* '(a b c)) liefert also das Ergebnis 3. Die Funktion *reverse* kehrt die Reihenfolge einer Liste um.

Mit der Funktion *list* kann man einzelne Elemente zu einer Liste zusammenfassen: (*list* 1 2 3) ergibt (1 2 3). Mit *cons* kann man ein neues Element vorne an eine bestehende Liste anfügen: (*cons* 1 '(a b c)) hat als Ergebnis die Liste (1 A B C). Die Funktion *append* verkettet mehrere Listen zu einer einzigen: (*append* '(1 2) '(3 4)) ergibt (1 2 3 4).

Geometrische Eingaben und Abfragen

Die Funktion *getpoint* erwartet die Markierung eines Punktes mit der Maus oder die Eingabe seiner Koordinaten über die Tastatur. Die Koordinaten des Punktes werden als Liste zur weiteren Verwendung in Auto-LISP zurückgegeben. Beantwortet man etwa den Aufruf des Ausdrucks (*setq* pkt (*getpoint*)) mit der Tastatureingabe 1,2 <RETURN>, so erhält das Symbol pkt als Wert die Liste (1 2). Man kann *getpoint* einen Anfrage-text (Textstring als Argument) hinzufügen, der beim Aufruf im Befehls- und Anfragefeld erscheint, z.B. (*getpoint* "Punkt eingeben"). Gibt man einen Punkt als Argument ein, wird eine Gummibandlinie von diesem Punkt zur aktuellen Mausposition gezeichnet, z.B. (*getpoint* '(0 0) "Punkt eingeben")). Die Funktion *getcorner* arbeitet ähnlich wie *getpoint*, benötigt aber in jedem Fall einen Punkt als Argument. von diesem Punkt aus wird mit der Maus ein Fenster aufgezogen, z.B. (*getcorner* '(10 100) "Zweite Fensterecke markieren"). Mit der Funktion *osnap* kann man aus AutoLISP direkt auf die verschiedenen Objektfangmodi zugreifen. Der Aufruf (*osnap* Pkt Modustext) liefert den Punkt zurück, den man erhält, wenn man auf den Punkt Pkt den durch Modustext beschriebenen

Objektfangmodus anwendet. Ruft man z.B. (*osnap* (getpoint) "mit") auf und markiert anschließend einen beliebigen Punkt einer Strecke, so erhält man die Koordinaten des Streckenmittelpunkts.

Die Funktionen *getdist* und *getangle* ermitteln den Abstand zwischen zwei Punkten (Markierung mit der Maus oder Tastatureingabe) bzw. den Steigungswinkel der Verbindungslinie der beiden Punkte (im Bogenmaß von der positiven x-Achse aus gemessen). Der erste Punkt kann der Funktion als Argument hinzugefügt werden. Dann muß nur noch der zweite Punkt markiert werden. Den Aufruf (*getangle*) kann man auch mit der Eingabe eines Winkels im aktuell eingestellten Winkelformat von AutoCAD beantworten. Dieser Winkel wird dann ins Bogenmaß umgerechnet. Den Funktionen *getangle* und *getdist* kann man auch einen Anfragetext als Argument hinzufügen (wie bei *getpoint*). Mit (*inters* pkt1 pkt2 pkt3 pkt4) kann man den Schnittpunkt zweier Strecken berechnen. pkt1, pkt2 sind die Endpunkte der ersten Strecke, pkt3, pkt3 die der zweiten. Wenn die Strecken sich nicht schneiden liefert *inters* den Wert nil. Fügt man beim Aufruf von *inters* als fünftes Argument nil hinzu, so wird der Schnittpunkt der Geraden, also der unendlich verlängerten Strecken, berechnet.

Mit *getint* und *getreal* kann man einen ganzzzahligen oder reellen Wert von der Tastatur einlesen. Die Funktion *getstring* dient zur Eingabe einer Zeichenkette. Ein Anfragetext kann als Argument hinzugefügt werden. Durch Aufruf der Funktion *initget* vor einer dieser Funktionen kann man unerwünschte Eingaben sperren: (*initget* 1) verhindert Leereingaben, (*initget* 2) schließt Nullwerte aus und (*initget* 4) negative Werte. Durch Addition dieser drei Argumente kann man die Einschränkungen kombinieren: Nach (*initget* (+ 1 2 4)) wird nur noch die Eingabe positiver Werte akzeptiert.

Man kann die möglichen Eingaben auch auf selbst festgelegte *Schlüsselwörter*, z.B. "Ja" und "Nein" einschränken: Nach (*initget* 1 "Ja Nein") akzeptiert ein anschließender Aufruf der Funktion *getkword* nur diese beiden Eingaben. Bei jeder anderen Eingabe wird der Benutzer zu einer erneuten Eingabe aufgefordert.

Mit (*getvar* Variablenname) kann man den Wert einer AutoCAD-Systemvariablen ermiteln.

AutoCAD-Befehle in AutoLISP

Mit der AutoLISP-Funktion *command* kann man AutoCAD-Befehle von AutoLISP aus aufrufen. Der Name des AutoCAD-Befehls (in Anführungszeichen) ist das erste Argument von *command*. Die weiteren Argumente entsprechen den Tastatureingaben bei der interaktiven Benutzung des AutoCAD-Befehls. Punkte werden im AutoLISP-Format als Listen angegeben: (*command* "LINIE" '(10 10) '(20 100) '(200 20) "Schliess") zeichnet ein Dreick mit den Ecken (10,10), (20,100) und (200,20). Der Aufruf (*command* "LINIE") aktiviert den Befehl **LINIE**. Anschließend können Linien durch Markierung von Punkten mit der Maus oder Tastatureingaben wie beim interaktiven Betrieb von AutoCAD gezeichnet werden. Mit (*command* "") oder (*command*) kann man einen zuvor aktivierten AutoCAD-Befehl beenden.

Als Ersatz der Funktionstaste **<F1>** zur Umschaltung zwischen Text- und Graphikbildschirm dienen in AutoLISP die Funktionen *graphscr* und *textscr*.

Umwandlungsfunktionen

AutoLISP enthält eine Reihe von Funktionen zur Umwandlung von Datentypen. *atof* wandelt eine Zeichenkette in eine reelle Zahl, z.B. ergibt (*atof* "4.9") bzw. (*atof* "3") die Zahlen 4.9 bzw. 3.0. *atoi* wandelt eine Zeichenkette in eine Ganzzahl, wobei eventuelle Nachkommastellen abgeschnitten werden: (*atoi* "4.9") bzw. (*atoi* "3") ergibt 4 bzw. 3. Die Funktionen *rtos* und *itoa* wandeln umgekehrt eine reelle bzw. ganze Zahl in eine Zeichenkette um. *fix* wandelt eine reelle in eine ganze Zahl durch Abschneiden der Nachkommastellen. Mit *float* kann man eine ganze in eine reelle Zahl umwandeln: (*float* 3) ergibt 3.0.

Verarbeitung von Zeichenketten

Die Funktion *strlen* berechnet die Länge einer Zeichenkette. *strcat* verkettet mehrere Zeichenkette zu einer: (*strcat* "Christoph " "Schulz") ergibt "Christoph Schulz". Mit (*substr* zeichenkette start laenge) kann man einen Teilstring aus einer Zeichenkette isolieren: beginnend bei der Position start soviele Zeichen, wie laenge angibt. Läßt man das Argument laenge weg, werden alle Zeichen von start bis zum Ende der Zeichenkette zurückgeliefert: (*substr* "Christoph" 4 3) ergibt "ist", (*substr* "Christoph" 4) ergibt "istoph"). (*strcase* Zeichenkette) wandelt alle Buchstaben in Großbuchstaben um, (*strcase* Zeichenkette T) in Kleinbuchstaben. Die Funktion *ascii* liefert den ASCII-Code des ersten Zeichens einer Zeichenkette, also liefert z.B (*ascii* "Affe") den Wert 65.

Definition eigener AutoLISP-Funktionen

Mit der LISP-Funktion *defun* kann man eigene AutoLISP-Funktionen definieren:

```
(defun Funktionsname (Argumentliste)
    AutoLISP-Programm
)
```

Nach *defun* wird der Name der Funktion angegeben, gefolgt von der Liste der Argumente, mit der die Funktion aufgerufen wird. Hat die Funktion keine Argumente, muß die leere Liste mit () angegeben werden. Im Anschluß daran wird ein Programm aus AutoLISP-Ausdrücken angegeben, das die Arbeitsweise der Funktion bestimmt. Dies entspricht dem Prozedurrumpf in PASCAL. Der Wert des letzten Ausdrucks wird als Wert der Funktion zurückgegeben. Die Funktion wird mit einer Klammer) abgeschlossen. Beispiele für Funktionsdefinitionen stehen in den vorangehenden Abschnitten.

Führt man innerhalb einer Funktion ein neues Symbol ein, so ist dies global definiert, entspricht also in etwa einer globalen Variablen in PASCAL. Möchte man das Symbol nur lokal zur Funktion erklären, entsprechend einer lokalen Variablen in einer PASCAL-Prozedur, so muß man es hinter einem / in der Argumentliste aufführen:

```
(defun meinefunktion (arg / loksym)
  (setq loksym (* 2 arg))
)
```

Das Symbol loksym ist jetzt außerhalb von meinefunktion unbekannt. Eine Funktion wird nur mit ihren Argumenten aufgerufen, nicht mit den lokalen Symbolen, d.h. der Aufruf (meinefunktion 9) ist korrekt und liefert das Ergebnis 18, während der Aufruf (meinefunktion 3 4) eine Fehlermeldung auslöst: Falsche Anzahl von Argumenten. Das Beispiel demonstriert nur den Mechanismus zur Definition lokaler Symbole. Die Einführung von loksym ist nicht besonders sinnvoll. In Aufgabe 11.3 finden Sie ein Beispiel, bei dem man lokale Symbole wirklich benötigt.

Mit zwei Namenskonventionen kann man besondere AutoLISP-Funktionen definieren. Stellt man dem Funktionsnamen C: voran, so kann man die Funktion ohne Einschluß in runde Klammern wie einen AutoCAD-Befehl aufrufen. (Viele AutoCAD-Befehle sind genau auf diese Weise programmiert worden.) Eine mit C: deklarierte Funktion darf keine Argumente haben. Funktionen, deren Name mit S: beginnt, werden automatisch ausgeführt, wenn eine Datei mit der Funktion (s.u.) geladen wird. Sie lassen sich z.B. zur Initialisierung einer Zeichnung mit bestimmten Parametern (Limiten, Objektfangmodi etc.) verwenden.

AutoLISP-Programme in Dateien

Man kann AutoLISP-Programme im Befehls- und Anfragebereich des Zeichnungseditors eingeben. Bei größeren Programmen ist das sehr mühsam. Außerdem kann man so eingegebene Programme nicht speichern. Einfacher ist es, AutoLISP-Programme mit einem Texteditor als ASCII-Dateien zu erzeugen und mit der Endung .LSP im Hauptverzeichnis von AutoCAD zu speichern. Mit (*load* "Dateiname") kann man sie dann in den Zeichnungseditor laden. ("Dateiname" muß die Endung .LSP nicht enthalten.) Anschließend stehen alle in der Datei definierten AutoLISP-Funktionen im Zeichnungseditor zu Verfügung. Eine spezielle AutoLISP-Datei ist ACAD.LSP. Sie wird, wenn vorhanden, zu Beginn jeder Auto-CAD-Sitzung automatisch geladen. Die AutoLISP-Funktionen in dieser Datei stehen also sofort zur Verfügung und müssen nicht erst mit *load* geladen werden.

Fehlerbehandlung

Wenn eine AutoLISP-datei mit *load* in den Zeichnungseditor geladen wird, wird sie bereits auf einige formale Fehler geprüft. Um eventuelle Fehlermeldungen zu lesen, empfiehlt es sich, nach dem Laden mit **<F1>**

auf den Textbildschirm umzuschalten. Entsprechend werden Fehlermeldungen ausgegeben, wenn bei der Ausführung einer AutoLISP-Funktion ein Laufzeitfehler auftritt. Wir können hier nicht alle Fehlermeldungen erklären und verweisen auf das "AutoLISP-Handbuch für Programmierer". Die meisten Fehler entstehen in LISP durch vergessene oder zuviel gesetzte Klammern (auch wenn die Fehlermeldungen oft nicht direkt auf diese Ursache hinweisen). Wenn der AutoLISP-Interpreter bemerkt, daß schließende Klammern am Ende des Ausdrucks fehlen, gibt er >n anstelle des berechneten Wertes aus. Durch nachträgliche Eingabe von n schließenden Klammern kann man den Ausdruck abschließen und seinen Wert erhalten.

Mit der Funktion *trace* kann man den Ablauf eines AutoLISP-Programms protokollieren. Mit (*trace* Funktionsname) wird die Ausgabe der Eingabewerte und des berechneten Funktionswertes dieser Funktion veranlaßt. Als Beispiel können Sie in der rekursiven Lösung von Aufgabe 11.1 zu Anfang der Funktion summrek den Ausdruck (*trace* summrek) einfügen. Die rekursive Arbeitsweise der Funktion wird dann am Bildschirm angezeigt: Die Funktion wird mit einer sukzessive (von vorne) verkürzten Liste solange aufgerufen bis sie leer ist (Eingabe nil). Dann steigt die Rekursion wieder auf, wobei die Listenelemente (von rechts nach links!) aufsummiert werden. Bei längeren Programmen möchte man einen Funktionsaufruf nicht immer während des ganzen Programms protokollieren. Mit (*untrace* Funktionsname) kann man den Protokollmodus deshalb jederzeit wieder ausschalten.

Kompatibilität zu älteren Versionen von AutoLISP

Ab der Version 10 unterstützt AutoLISP einige Erweiterungen im 3D-Bereich. Unsere Beschreibung bezieht sich auf diese Version. Die Kompatibilität zu früheren Versionen wird durch die Systemvariable FLATLAND sichergestellt. FLATLAND=0 unterstützt Version 10. Wenn Sie AutoLISP-Programme aus älteren Versionen verwenden möchten, setzen Sie FLATLAND auf den Wert 1.

Lösung der Aufgaben

Dieser Abschnitt enthält Lösungshinweise zu den Aufgaben. Zu einigen Aufgaben kann man keine sinnvollen Lösungshinweise geben, z.B. wenn ein Befehl in der Aufgabenstellung bereits vollständig beschrieben ist, und die Aufgabe lautet "Probieren Sie's aus!". In diesen Fällen entfällt der entsprechende Aufgabenteil in den Lösungshinweisen kommentarlos.

Aufgaben zu Kapitel 2

Aufgabe 2.1

a) Nach Aufruf von **ZOOM** erscheint im Befehlsbereich jeweils eine Zeile mit allen Optionen dieses Befehls. Alternativ zur Auswahl der Option mit der Maus aus dem Bildschirm-Menü kann man hier auch den Optionsnamen über die Tastatur eingeben (Kurzform: 1. Buchstabe). Nach der Wahl von **ZOOM Li. Ecke** im 12. Schritt erscheint im Befehlsbereich die Anfrage "Punkt untere linke Ecke:". Hier kann man die Koordinaten der Ecke eingeben als Alternative zur Markierung mit der Maus im 13. Schritt. Entsprechend erscheint nach dem 16. Schritt die Meldung "Mittelpunkt:".

b) Das Beispiel besteht aus vier Gruppen von Aktionen: a) Fensterausschnitt mit **ZOOM** vergrößern, Eingabe der Koordinaten der linken unteren und rechten oberen Fensterecke über die Tastatur (*Schritte 1-5*); b) Verschiebung des Bildausschnitts mit **PAN** (*Schritte 6-9*); c) Verschiebung der linken Ecke des Bildausschnitts mit **ZOOM Li. Ecke**, keine Höhenänderung des Bildausschnitts (*Schritte 10-14*); d) Verschiebung des Mittelpunkts des Bildausschnitts mit **ZOOM Mitte**, Veränderung der Höhe des Bildausschnitts von 4 auf 2 (*Schritte 15-18*).

c) Die x- und y-Koordinate werden durch ein Komma getrennt. Dezimalstellen werden durch einen Dezimalpunkt abgetrennt. (Das Komma ist ja schon für einen anderen Zweck vergeben.)

d) Es wird die im Befehlsfeld vorgeschlagene Höhe 4.00 angenommen.

Aufgabe 2.2

Die Fragen a) - c) werden durch Abschnitt 2.7 beantwortet.

d) Geben Sie **QUIT** über die Tastatur ein, so erscheint die Sicherheitsabfrage "Wollen Sie wirklich alle Aenderungen in der Zeichnung verlieren?". Mit <u>J</u> **<RETURN>** verlassen Sie den Zeichnungseditor mit <u>N</u> **<RETURN>** können Sie den Quit-Befehl abbrechen. Der Quit-Befehl speichert die geänderte Zeichnung *nicht*. Es geht einem also u.U. die Arbeit von Stunden verloren.

e) Der Befehl **ENDE** speichert im Gegensatz zu **Quit** das Bild unter seinem Namen ab, ehe der Zeichnungseditor verlassen wird. Bei Eingabe des Befehls über die Tastatur erfolgt dies ohne Sicherheitsabfrage.

Aufgaben zu Kapitel 3

Aufgabe 3.1

Wir gehen von der Situation von Bild 3-3 aus.

5. Beide Ränder der Querstr. mit <ML> **wählen** **6. Objektwahl mit <MR> abschließen** **8. Rand der Mittelstr. im Mündungsbe-** **reich der Querstr. mit <ML> wählen** **9. Rand der Weststr. im Mündungsbe-** **reich der Querstr. mit <ML> wählen** **10. STUTZEN mit <MR> abschließen**	**1. EDIT** **2. naechste** **3. STUTZEN**
4. Schnittkanten wählen ... **7.** Objekt wählen, das gestutzt werden soll ...	

Diese Lösung ist wesentlich schneller als die mit dem Befehl **BRUCH** in Abschnitt 3.3. Man spart insbesondere die Markierung der Punkte, an denen die Straßenränder unterbrochen werden sollen. Hat man also Schnittkanten, an denen ein Objekt gestutzt werden kann, ist **STUTZEN** meist die schnellste Lösung. Der Befehl **BRUCH** ist für die Aufgabenstellungen bestimmt, bei denen keine Schnittkanten zur Verfügung stehen.

Aufgabe 3.2

a) Beschriftung der Weststr. wie in Abschnitt 3.4, aber im 3. Schritt den Startpunkt (185,200) markieren und im 4. Schritt einen Drehwinkel von 90° eingeben. Beschriftung der Oststr. wie in Abschnitt 3.4, aber im 4. Schritt den Startpunkt (355,120) und im 5. Schritt den Endpunkt (355,270) der Textzeile markieren.

b)

3. **Beschriftung Weststr. mit <ML>** **wählen** 5. **Texteinfügepunkt (185,120) mit** **<ML> markieren** 9. **Text mit Maus drehen und mit <ML>** **markieren.**	1. **EDIT** 2. **AENDERN**

4. Eigenschaften/<Modifikationspunkt>: **<RETURN>**
6. Textstil: STANDARD
　　Neuer Stil oder RETURN, wenn keine Aenderungen gewünscht: **<RETURN>**
7. Neue Hoehe <10.00>: **<RETURN>**
8. Neuer Drehwinkel <270>:
10. Neuer Text <Weststr.>: **<RETURN>**

In den Schritten 5 und 9 kann man den Text sichtbar "über den Bildschirm ziehen" und so bequem neu positionieren. Im 9. Schritt sollte man den Orthogonalmodus einschalten, da dann nur Drehungen um 90° möglich sind.

Die Beschriftung der Oststr. läßt sich nicht mit **AENDERN** umdrehen, weil sie mit **TEXT Einpass** erstellt wurde. Im Dialog von **AENDERN** tritt die Frage nach dem Drehwinkel deshalb nicht auf.

Aufgabe 3.3

4. **Startpunkt (210,45) mit <ML> markieren**	1. **AUTOCAD** 3. **DTEXT** 2. **ZEICHNEN**
5. Hoehe <10.00>: <RETURN> 6. Drehwinkel <0>: <RETURN> 7. Text: <u>Ch.Schulz</u> <RETURN> 8. Text: <u>25.2.1991</u> <RETURN> <RETURN>	

Optionen und Dialog sind beim Befehl **DTEXT** so wie beim Befehl **TEXT**. Bei der Texteingabe können mit **DTEXT** mehrere Zeilen eingegeben werden. Man erreicht die nächste Zeile jeweils mit **<RETURN>**. Während der Eingabe erscheint der Text bereits in korrekter Position und Größe in der Zeichnung.

Aufgabe 3.4

a) Haben Sie Layer 0 lediglich ausgeschaltet, so wirkt sich die anschließende Löschoperation auch auf diesen unsichtbaren Layer aus (ein Teil Ihrer Straßen ist gelöscht worden). Ist Layer 0 dagegen eingefroren, so wird er von der Löschoperation nicht berührt (was ja in den meisten Fällen auch nicht erwünscht ist).

b)

4. **Fenster aufziehen, das alle Beschriftungen enthält** 5. **Mit <MR> Objektwahl beenden**	1. **EDIT** 6. **LAyer** 2. **AENDERN** 3. **Fenster**
7. Neuer Layer <variiert>: <u>0</u> <RETURN> 8. Welche Eigenschaft aendern (Farbe/Erhebung /LAyer/Ltyp/Objekthoehe) ? <RETURN>	

Im 4. Schritt werden nicht nur die Beschriftungen als Objekte für den Befehl **AENDERN** gewählt, sondern auch einige der Straßenränder von Layer 0 (s. Meldung über die Anzahl der gefundenen Objekte). Das stört hier nicht, denn man kann diese Objekte, die schon auf Layer 0 stehen,

ruhig noch einmal auf diesen Layer transferieren. Will man solche überflüssigen Auswahlen vermeiden, muß man die entsprechenden Layer vorher einfrieren. Am Ende der Sequenz werden die Beschriftungen in der Farbe weiß des Layers 0 dargestellt. Will man sie wieder in rot darstellen, so muß man die Farbe durch einen weiteren Aufruf von **AENDERN** wieder auf rot setzen.

Aufgaben zu Kapitel 4

Aufgabe 4.1

Bild Lös-1 wird nach dem gleichen Verfahren gezeichnet wie Bild 4-2.

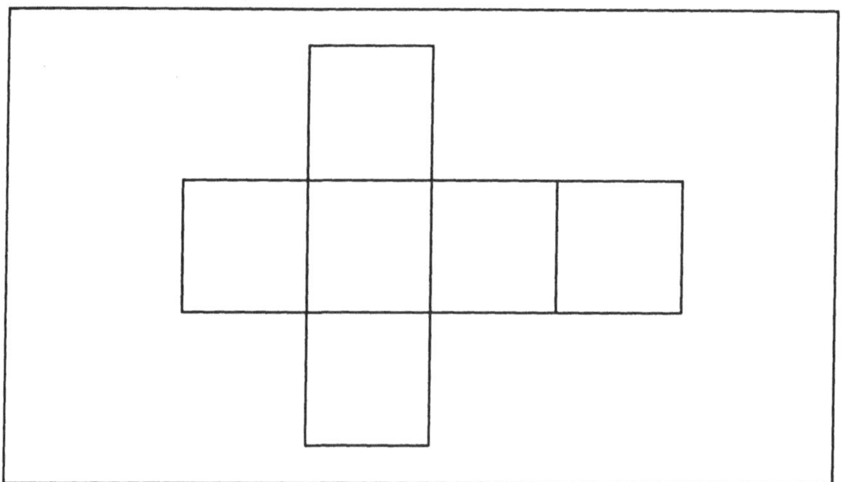

Bild Lös-1 Netz des Würfels

Aufgabe 4.2

a) Zeichnen der zweiten Mittelsenkrechten wie in Abschnitt 4.2. Falls sich die beiden Mittelsenkrechten nicht schneiden, Aufruf von **EDIT DEHNEN**, Auswahl einer Mittelsenkrechten als Grenzkante, Auswahl der andern als Objekt, das gedehnt werden soll.

b) Der Kreis wird mit **KREIS MIT,RAD** gezeichnet wie bei der Konstruktion des Tropfens in Bild 4-4. Als Mittelpunkt wird der Schnittpunkt der beiden Mittelsenkrechten aus a) markiert, als Punkt auf dem Radius eine Ecke des Dreiecks. Beide Punkte markiert man exakt mit dem **OFANG**-Befehl **SCHnittp**.

c) Der Umkreis des Dreiecks läßt sich auf die gleiche Weise wie der Umkreis des 6-Ecks in Abschnitt 4.1 als 3-Punkte-Kreis konstruieren. Anschließend kann man die 3 Mittelsenkrechten zeichnen, indem man das Lot vom Mittelpunkt des Umkreises auf die 3 Dreiecksseiten fällt. Hier die Konstruktion für eine Mittelsenkrechte:

5. Umkreis mit < ML > wählen	**1. ZEICHNEN**	**4. ZENtrum**
8. Dreiecksseite mit < ML > wählen,	**2. LINIE**	**6. *****
mit < MR > abschließen	**3. *****	**7. LOT**

Aufgabe 4.3

a) Ausgangspunkt ist der Teil von Bild 4-5, den wir in Abschnitt 4.2 konstruiert haben.

9. Mittelpunkt des Diagramms mit < ML > markieren	**1. LAYER**	**16. ZEICHNEN**
	2. Mach	**17. LINIE**
12. Anfangspunkt des Tortenstücks mit < ML > markieren	**4. ZEICHNEN**	**18. *****
	5. BOGEN	**19. SCHnittp**
15. Endpunkt des Tortenstücks mit < ML > markieren	**6. M,S,E**	**21. *****
	7. ***	**22. SCHnittp**
20. Anfangspunkt des Tortenstücks mit < ML > markieren	**8. SCHnittp**	**24. *****
	10. ***	**25. SCHnittp**
23. Mittelpunkt des Diagramms mit < ML > markieren	**11. SCHnittp**	
	13. ***	
26. Endpunkt des Tortenstücks mit < ML > markieren, mit < MR > abschließen	**14. SCHnittp**	
3. Neuer aktueller Layer <0>: 1 < RETURN > < RETURN >		

In den Schritten 1 - 3 wird der neue Layer erzeugt, in den Schritten 4 - 15 der Bogen des neuen Tortenstücks gezeichnet , in den Schritten 16 - 26 seine beiden geradlinigen Begrenzungen. In dieser Sequenz verwenden wir den **OFANG**-Befehl **SCHnittp** mehrfach (und keinen der anderen

OFANG-Befehle). Man kann sich hier die Arbeit etwas erleichtern, indem man nach dem 3. Schritt **SCHnittp** durch die Auswahl **MODI OFANG SCHnittp** dauerhaft einschaltet (vgl. Abschnitt 4.6). Die Auswahlen ***** SCHnittp** entfallen dann. Am Schluß schaltet man den Fangmodus **SCHnittp** durch **MODI OFANG Keiner** wieder aus.

b) Zum Herausziehen des Tortenstücks zeichnen wir zunächst seine Winkelhalbierende, längs derer wir ziehen.

4. Mittelpunkt des Diagramms mit <ML> markieren	1. LINIE	24. ***
7. Kreisbogen des Tortenstücks mit <ML> markieren, mit <MR> abschließen	2. ***	25. ENDpunkt
	3. SCHnittp	27. AUTOCAD
	5. ***	28. LAYER
9. Hilfslinie zum Verlängern der Winkelhalbierenden zeichnen (Markierung der Endpunkte mit <ML>), mit <MR> abschließen	6. MITtelpt	29. Tauen
	8. LINIE	
	10. EDIT	
	11. DEHNEN	
12. Hilfslinie mit <ML> wählen, mit <MR> abschließen	14. AUTOCAD	
	15. LAYER	
13. Winkelhalbierende mit <ML> wählen, mit <MR> abschließen	16. FRieren	
	18. EDIT	
23. Schnittpunkt Winkelhalbierende, Bogen mit <ML> markieren	19. naechste	
	20. SCHIEBEN	
26. Endpunkt der Winkelhalbierenden mit <ML> markieren	21. ***	
	22. SCHnittp	
17. Layername(n), zum Frieren: 0 <RETURN> <RETURN>		
30. Layername(n), zum Tauen: 0 <RETURN> <RETURN>		

In den Schritten 1 - 7 zeichnen wir die Winkelhalbierende, und zwar etwas einfacher als in Abschnitt 4.3: Der Mittelpunkt des Kreisbogens wird nicht mit dem Befehl **TEILEN** ermittelt, sondern durch den **OFANG-Befehl MITtelpt**. In den Schritten 8 - 13 wird eine Hilfslinie gezeichnet, bis zu der das Tortenstück geschoben werden soll, und die Winkelhalbierende entsprechend verlängert. Anschließend frieren wir den Layer 0 mit dem Diagrammteil aus Abschnitt 4.2 ein (Schritte 14 - 17). In den Schritten 18 - 26 wird das Tortenstück aus dem Diagramm herausgezogen. Nach dem Auftauen von Layer 0 sieht man das vollständige Diagramm, allerdings noch mit der Winkelhalbierenden und der Hilfslinie. Die

Löschung dieser beiden Hilfselemente und die Beschriftung der Zeichnung überlassen wir Ihnen. Wenn Sie das Tortenstück nur nach Augenmaß (und nicht genau symmetrisch) aus dem Diagramm ziehen möchten, können Sie sich natürlich die Konstruktion der Winkelhalbierenden und der Hilfslinie sparen.

Aufgabe 4.4

a) Der Inkreis eines Dreiecks ist der (einzige) Kreis, der von allen drei Kanten des Dreiecks als Tangenten berührt wird. Dies nutzen wir zur Konstruktion des Kreises aus. (Das Dreieck sei bereits gezeichnet.)

8. Die drei Kanten des Dreiecks mit <ML> wählen	1. MODI	9. AUTOCAD
	2. naechste	10. MODI
	3. OFANG	11. naechste
	4. TANgente	12. OFANG
	5. ZEICHNEN	13. KEIner
	6. KREIS	
	7. 3 PUNKT	

Der **OFANG**-Befehl **TANgente** wird im 8. Schritt zur Markierung der drei Dreiecksseiten als Tangenten des Kreises benutzt. Dieser Befehl wird in den Schritten 1 - 4 (dauerhaft) eingeschaltet und in den Schritten 9 - 12 wieder ausgeschaltet.

b) Die Winkelhalbierende verläuft durch den Mittelpunkt jedes Kreises, der tangential zu beiden Schenkeln des Winkels liegt:

4. Beide Schenkel des Winkels mit <ML> markieren	1. ZEICHNEN	9. SCHnittp
10. Scheitel des Winkels mit <ML> wählen	2. KREIS	11. ***
13. Kreis mit <ML> wählen, mit <MR> abschließen	3. TTR	12. ZENtrum
	6. ZEICHNEN	
	7. LINIE	
	8. ***	
5. Radius: <u>40</u> <RETURN>		

Aufgabe 4.5

Den Umriß der Laterne zeichnet man mit dem Befehl **POLYGON** (Wahl der Option **Umkreis** bei eingeschaltetem Orthogonalmodus). Den Stiel zeichnet man mit dem Befehl **LINIE**, wobei man am Mittelpunkt der oberen Kante der Laterne beginnt (Markierung mit ***** MITttelpt**). Anschließend füllt man die Laterne aus:

9. Die 4 Ecken der Laterne im Uhrzeigersinn mit < ML > markieren, mit < MR > abschließen	1. AUTOCAD	7. naechste
	2. MODI	8. SOLID
	3. naechste	10. EDIT
12. Mittelpunkt der Laterne mit < ML > markieren, mit < MR > abschließen	4. OFANG	11. AENDERN
	5. SCHnittp	13. Farbe
	6. ZEICHNEN	14. gelb

In den Schritten 1 - 5 wird der Objektfangmodus **SCHnittp** dauerhaft eingeschaltet. Anschließend wird die Laterne in den Schritten 6 - 9 ausgefüllt. Die Ausfüllung wird dann in den Schritten 10 - 14 gelb gefärbt. In Schritt 5 und 14 bleiben die gewählten Befehle weiter aktiv. Man muß mit **<RETURN>** oder **<MR>** abschließen, um das Ergebnis zu sehen. Am Ende der Befehlsfolge ist der Objektfangmodus **SCHnittp** weiter aktiv. Man kann ihn mit **MODI OFANG KEIner** wieder ausschalten.

Aufgaben zu Kapitel 5

Aufgabe 5.1

3. Punkt (10,270) mit < ML > markieren	1. ZEICHNEN	7. Fuellen
9. Punkte (400,270, (400,10), (10,10) mit < ML > markieren	2. PLINIE	8. aus
	4. Breite	10. Schliess
5. Startbreite <0,00>: <u>10</u> <RETURN>		
6. Endbreite <10.00>: <RETURN>		

Der Befehl **PLINIE** erwartet zunächst die Markierung des Anfangspunktes der Polylinie. Anschließend kann man die Breite der Polylinie festlegen, wobei AutoCAD den Wert der Startbreite für die Endbreite vorschlägt. Diesen Wert kann man mit **<RETURN>** übernehmen oder einen neuen Wert eingeben. Wählt man im obigen Beispiel die Endbreite 5, so verjüngt sich die obere Kante des Bilderrahmens von 10 auf 5 und die anderen drei Kanten werden in der Breite 5 gezeichnet. Mit **Fuellen aus** haben wir den Füllmodus ausgeschaltet, so daß der Bilderrahmen durch zwei parallele Linien dargestellt wird. Beachtlich ist dabei, das AutoCAD die einzelnen Segmente der Polylinie mit einer sauberen Abschrägung aneinandersetzt. Dies geht übrigens nicht nur im Fall rechter Winkel. Der Befehl **BAND** kann dies auch. Er hat aber keine Option zum Schließen der Linie. Der Versuch, den Bilderahmen mit **BAND** zu zeichnen führt deshalb zu einigen Schwierigkeiten ...

Aufgabe 5.2

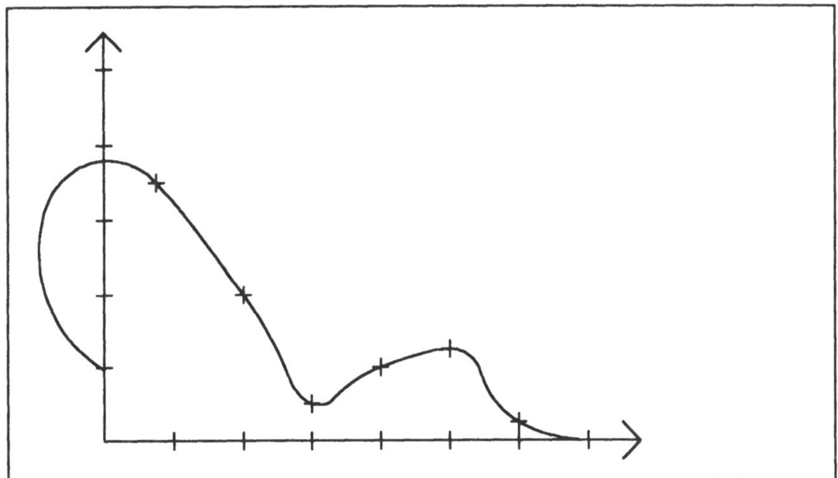

Bild Lös-2 Schlecht geglättete Umsatzkurve

Bild Lös-2 zeigt die mit **Kurv Ang** gezeichnete "Umsatzkurve". Das Ergebnis ist bereits auf den ersten Blick unbefriedigend. Ein Funktionsgraph hat ja niemals zwei Punkte, die senkrecht übereinanderliegen. (Zum Zeitpunkt x gibt es ja nur einen Wert für den Umsatz.) Es stört also vor allem der "Bauch" am linken Ende der Kurve. Wir machen einen ersten Versuch, ihn zu beseitigen, indem wir mit **PEDIT** weitere Scheitelpunkte in die Polylinie einfügen, d.h. Punkte durch die die Splinekurve laufen muß.

4. Polylinie mit <ML> wählen, mit <MR> abschließen	1. EDIT	9. Kurv Ang
	2. naechste	10. Ed Schpt
7. Ort des neuen Scheitelpunkts mit <ML> markieren	3. PEDIT	11. Naechste
	5. Ed Schpt	12. Schieben
13. Scheitelpunkt an neuen Ort schieben, mit <ML> markieren	6. Einfuege	14. eXit
	8. eXit	15. Kurv Ang

Nachdem Sie im 7. Schritt einen neuen Punkt so gewählt haben, daß Sie damit die Kurve auf den richtigen Weg zwingen (wie Sie hoffen), werden Sie bei der Betrachtung des Ergebnisses nach dem 9. Schritt wahrscheinlich nicht allzu glücklich sein. In den nachfolgenden Schritten können Sie Ihren Punkt verschieben, in der Hoffnung, daß es dann besser wird. Dies können Sie natürlich auch mehrfach tun. Wenn das Ergebnis immer noch nicht gefällt, kann man versuchen, noch weitere Scheitelpunkte einzufügen. Wir wählen hier aber einen anderen Weg. Zunächst stellen wir den alten Zustand wieder her, indem wir den neuen Scheitelpunkt wieder löschen (Schritte 1 - 4), dann schreiben wir die Tangentenrichtung im ersten Scheitelpunkt vor.

6. Tangentenrichtung mit <ML> markieren	1. Ed Schpt	5. Tangente
	2. Linie	7. eXit
	3. Naechste (2)	8. Kurv Ang
	4. Los	

Wenn Sie im 6. Schritt die Tangente ungefähr in Richtung auf den zweiten Scheitelpunkt wählen, werden Sie mit dem Ergebnis wahrscheinlich einigermaßen zufrieden sein. Wenn nicht, probieren Sie es noch einmal. Der sehr spitze Eindruck der Kurve am zweiten Scheitelpunkt läßt sich noch etwas mildern, indem man dort eine flache Tangentenrichtung vorschreibt.

Aufgaben zu Kapitel 6

Aufgabe 6.1

a) Ausgangspunkt der Konstruktion ist die Vase, die wir in Abschnitt 5.2 begonnen und in 6.1 durch Spiegelung vollendet haben. Der Mittelpunkt ihres Bodens hat die Koordinaten (220,20).

5. Punkt (220,90) mit <ML> markieren 7. Punkt (220,100) mit <ML> 12. Viereck mit <ML> wählen 13. Punkt außerhalb mit <ML> wählen 14. Äußeres Viereck mit <ML> wählen 15. Punkt außerhalb mit <ML> wählen, mit <MR> abschließen 19. Punkt (220,100) mit <ML> markieren 20. Punkt (220,120) mit <ML> markieren 25. Kreis mit <ML> wählen 26. Punkt außerhalb mit <ML> wählen, mit <MR> abschließen	1. ZEICHNEN 21. EDIT 2. naechste 22. naechste 3. POLYGON 23. VERSETZ 6. Inkreis 8. EDIT 9. naechste 10. VERSETZ 16. ZEICHNEN 17. KREIS 18. MIT,RAD

4. Befehl: POLYGON Anzahl Seiten: <u>4</u> <RETURN>
11. Abstand oder durch Punkt <durch Punkt>: <u>3</u> <RETURN>
24. Abstand oder durch Punkt <durch Punkt>: <u>5</u> <RETURN>

b) Der Versuch, einen Kreis mit Radius 100 um 101 nach innen zu versetzen wird von AutoCAD mit der Meldung "Nicht parallel mit diesem Abstand" quittiert. Schwieriger wird's etwa bei Ellipsen. Wenn Sie eine Ellipse mit großer Halbachse der Länge 170 und kleiner Halbachse der Länge 70 nach innen versetzen, geht dies bis zum Abstand 53 ohne Probleme. Die versetzten Kurven verlieren allerdings mit zunehmendem Abstand die Ähnlichkeit mit einer Ellipse. Dies muß auch so sein, denn die inneren Parallelkurven einer Ellipse sind (anders als beim Kreis) nicht wieder Ellipsen. Ab einem bestimmten Abstand bilden sich Spitzen und sogar Überschneidungen in der Parallelkurve. Mit diesen (für die Praxis auch nicht sehr interessanten) Konstruktionen kommt AutoCAD allerdings nicht mehr ganz klar. Für Abstände ab 54 sehen Sic im obigen Beispiel recht merkwürdige Gebilde.

Aufgabe 6.2

a) Wir beginnen nach dem 44. Schritt der Konstruktion des Zahnrads in Abschnitt 6.2, d.h. der Zahn ist fertig, die Hilfslinien noch nicht gelöscht. Wir stumpfen den Zahn ab, indem wir ihn an einer Hilfslinie stutzen, die senkrecht zur Mittelachse des Zahns steht.

3. Ersten Punkt der Hilfslinie (zum Stutzen) mit <ML> markieren	**1. ZEICHNEN**
6. Mittelachse des Zahns mit <ML> wählen, mit <MR> abschließen	**2. LINIE**
9. Linken Schenkel des Zahns mit <ML> als Grenzkante wählen, mit <MR> abschließen	**4. *****
10. Hilfslinie mit <ML> wählen, mit <MR> abschließen	**6. LOT**
14. Hilfslinie mit <ML> als Schnittkante wählen, mit <MR> abschließen	**7. EDIT**
15. Beide Schenkel des Zahns mit <ML> wählen, mit <MR> abschließen	**8. DEHNEN**
17. Rechten Schenkel des Zahns mit <ML> als Schnittkante wählen, mit <MR> abschließen	**11. EDIT**
18. Hilfslinie (überstehendes Stück) mit <ML> wählen, mit <MR> abschließen	**12. naechste**
	13. STUTZEN
	16. STUTZEN

Die restliche Konstruktion verläuft wieder wie beim ersten Zahnrad: Löschen der Hilfslinien und automatische Konstruktion des Zahnrads mit **REIHE Polar**.

b) Die sechs länglichen Aussparungen im Zahnrad konstruieren wir wieder aus einem Exemplar durch **REIHE Polar**. Die Aussparung besteht aus zwei Kreisen, die durch Tangenten verbunden sind (Schritte 1 - 28). Die Radnabe zeichnen wir mit dem Befehl **RING**.

4. Punkt (220,200) mit <ML> markieren	**1.** ZEICHNEN	**26.** STUTZEN
7. Punkt (220,170) mit <ML> markieren	**2.** KREIS	**29.** EDIT
13. Oberen Kreis (links) mit <ML> wählen	**3.** MIT,RAD	**30.** REIHE
16. Unteren Kreis mit (links) <ML> wählen, mit <MR> abschließen	**6.** MIT,RAD	**31.** Fenster
20. Oberen Kreis (rechts) mit <ML> wählen	**9.** ZEICHNEN	**33.** Polar
23. Unteren Kreis mit (rechts) <ML> wählen, mit <MR> abschließen	**10.** LINIE	**38.** ZEICHNEN
27. Tangenten mit <ML> als Schnittkanten wählen, mit <MR> abschließen	**11.** ***	**39.** RING
28. Teile der Kreise zwischen den Tangenten mit <ML> wählen, mit <MR> abschließen	**12.** TANgente	
32. Aussparung mit Fenster wählen	**14.** ***	
34. Punkt (220,140) mit <ML> markieren	**15.** TANgente	
42. Punkt (220,140) mit <ML> markieren, mit <MR> abschließen	**17.** LINIE	
	18. ***	
	19. TANgente	
	21. ***	
	22. TANgente	
	24. EDIT	
	25. naechste	

5. Kreis 3P/2P/TTR/<Mittelpunkt>:Durchmesser/<Radius>: ZUG 15 <RETURN>

8. Kreis 3P/2P/TTR/<Mittelpunkt>:Durchmesser/<Radius>: ZUG 5 <RETURN>

35. Anzahl der Elemente: 6 <RETURN>
36. Auszufuellender Winkel (+ =GUZ -=UZ) <360>: <RETURN>
37. Elemente drehen beim Kopieren <J>: <RETURN>
40. Innendurchmesser <0.50>: 1 <RETURN>
41. Aussendurchmesser <1.00>: 3 <RETURN>

c) Die Ausführung dieser Aufgabe überlassen wir Ihnen: Herstellung des zweiten Zahnrades mit **KOPIEREN**, Drehung um 6°, damit es ins andere paßt, Zusammenfügen der beiden Zahnräder mit **SCHIEBEN**.

Aufgaben zu Kapitel 7

Aufgabe 7.1

a) Das Zeichnen der beiden Polygone überlassen wir Ihnen. Die Messung
   der Flächendifferenz geht folgendermaßen (wobei Sie natürlich einen anderen Wert erhalten, der Ihren Polygonen entspricht):

10. BeidePolygone mit <ML> wählen,
    mit <MR> abschließen
12. Eckpunkte des Polygondurchschnitts
    im Uhrzeigersinn mit <ML> markieren,
    mit <MR> abschließen
	1. MODI
	2. naechste
	3. OFANG
	4. SCHnittp
	5. AUTOCAD
		6. FRAGE
		7. FLAECHE
		8. Addieren
		9. Objekt
		11. Subtrah

13. Flaeche = 2997.25, Umfang = 223.96 Gesamtflaeche = 40728.85		

Nach Aufruf von **FLAECHE** haben wir in den Schritten 8 und 9 den Ad-
ditionsmodus und die Objektwahl eingestellt. Im 10. Schritt wird dann
durch Wahl der beiden Polylinien automatisch die Flächensumme berechnet. Mit <MR> haben wir den Objektwahlmodus verlassen und sind
zur Markierung von Einzelpunkten zurückgekehrt (der Standardeinstel-
lung beim Befehl **FLAECHE**). In dieser Einstellung haben wir im 12.
Schritt die Fläche des Durchschnitts gemessen (nachdem wir vorher auf
den Subtraktionsmodus umgeschaltet haben). Wenn Sie dem Ergebnis
mißtrauen, können Sie die drei Flächen noch einmal einzeln messen und
mit dem Taschenrechner zusammenrechnen. Am Ende des Beispiels ist
der Befehl **FLAECHE** noch aktiv. Er kann mit <MR> oder <RETURN>
beendet werden.

b) Wendet man den Befehl **FLAECHE** auf eine offene Polylinie an, so wird
   die Fläche angezeigt, die von der Polylinie eingeschlossen wird, die man
   mit **PEDIT Schliess** erhält.

c) Im Prinzip funktioniert die Flächenmessung auch für Ellipsen, wobei die
   Genauigkeit allerdings etwas zu wünschen übrig läßt. Hierzu können Sie
   folgendes Experiment machen. Zeichnen Sie einen einen Kreis mit
   Durchmesser 100. Seine Fläche wird von AutoCAD mit 7853.98 (=
   2500π) im Rahmen der Rechengenauigkeit exakt gemessen. Zum Ver-

gleich messen Sie nun die Fläche einer Ellipse, deren große Achse die Länge 100 und die kleine die Länge 50 hat. Man kann sich vorstellen, daß die Ellipse dadurch entstanden ist, daß man den Kreis in einer Koordinatenrichtung um den Faktor 0.5 gestaucht hat. Die Fläche der Ellipse ist also die halbe Kreisfläche 3926.99. Die Messung mit dem Befehl **FLAECHE** ergibt aber 3925.21.

Aufgabe 7.2

a) Holen Sie Bild 7-4 in den Zeichnungseditor und führen Sie die folgenden Befehle aus:

11. Fenster um Figur aufziehen, mit <ML> fixieren, mit <MR> abschließen	1. AUTOCAD	6. EIN
	2. BEM	7. BEMMENUE
	3. Bem Var.	8. naechte
	4. naechste	9. UPDATE
	5. bemtom	10. Fenster

Der Maßtext steht nicht mehr innerhalb der Maßlinie, sondern darüber. Dies gilt allerdings nur für die Bemaßungen auf der rechten Seite, bei denen der Text in Richtung der Maßlinie verläuft. Bei den Bemaßungen auf der linken Seite der Figur hatten wir den Maßtext durch Einschalten der Bemaßungsvariablen **bemtih** in horizontale Richtung gedreht. Für diese Bemaßungen ergibt unser zusätzlicher Wunsch "Text oberhalb der Maßlinie" offenbar keinen Sinn. AutoCAD ändert deshalb nichts an diesen Bemaßungen.

b) Bei der Verkleinerung bzw. Vergrößerung von Objekten mit dem Befehl **VARIA** werden die Bemaßungen von AutoCAD automatisch geändert.

c) Die Reihenfolge der Markierung der Schenkel hat keine Auswirkung auf den gemessenen Winkel. Es wird immer der kleinere der beiden Winkel ausgegeben. Wenn Sie beispielsweise ein Quadrat bemaßen, schlägt AutoCAD immer den Innenwinkel von 90° vor, nicht den Außenwinkel von 270°.

Aufgabe 7.3

a) Die Schraffur der Flächendifferenz ist ganz einfach:

7. Beide Polygone mit <ML> wählen, 　　**mit <MR> abschließen**	**1.** ZEICHNEN　　　**3. b** **2.** SCHRAF
4. Winkel für Doppelschraffurlinien <0>: <u>45</u> <RETURN> **5.** Abstand zwischen den Linien <1.00>: <u>5</u> <RETURN> **6.** Doppelschraffur <N>: <RETURN>	

b) Die Schraffur des Durchschnitts der Polygone macht mehr Mühe. Der Rand des Durchschnitts ist ja kein einheitliches Objekt, sondern besteht aus Teilen der beiden Polylinien. Mit dieser schwierigen Situation kommt AutoCAD allein nicht zurecht. Sie müssen ihm helfen, indem Sie den Umriß des Durchschnitts (auf einem anderen Layer) noch einmal nachzeichnen (Schritte 1 - 13):

12. Die vier Ecken des Durchschnitts 　　**mit <ML> markieren** **20. Rand des Durchschnitts mit <ML>** 　　**wählen, mit <MR> abschließen**	**1.** AUTOCAD **2.** LAYER **3.** Mach **5.** AUTOCAD **6.** MODI **7.** naechste **8.** OFANG	**9.** SCHnittp **10.** ZEICHNEN **11.** PLINIE **13.** Schliess **14.** ZEICHNEN **15.** SCHRAFF **16. b**
4. Neuer aktueller Layer <0> <u>1</u> <RETURN> <RETURN> **17.** Winkel für Doppelschraffurlinien <45>: <u>0</u> <RETURN> **18.** Abstand zwischen den Linien <5.00>: <RETURN> **19.** Doppelschraffur <N>: <u>J</u> <RETURN>		

Am Ende des Beispiels können Sie das Hilfspolygon wieder löschen, ohne daß seine Schraffur verlorengeht. Beim Zeichnen des Hilfspolygons gibt es eventuell Schwierigkeiten, weil der Objektfangmodus **SCHnittp** sich auch auf Schnittpunkte mit Schraffurlinien bezieht (die hier aber nicht gemeint sind). Wenn Sie den interessierenden Zeichnungsausschnitt vorher vergrößern, macht die Markierung der richtigen Punkte keine Probleme.

c) Zwei Zeilen definieren das Schraffurmuster MYPAT:

*MYPAT, Muster aus Aufgabe 7.3
0, 0,0, 0.3,0.4, 0.3,-0.2,0,-0.1,0,-0.2

Aufgaben zu Kapitel 8

Aufgabe 8.1

Der Widerstand:

<table>
<tr><td>

3. Punkte (70,30), (70,60), (170,60),
 (170,30) mit <ML> markieren

8. Linke Kante des Widerstands mit <ML>
 markieren

9. Punkt 30 Einheiten links davon mit
 <ML> markieren, mit <MR>
 abschließen

13. Rechte Kante des Widerstands mit
 <ML> markieren

14. Punkt 30 Einheiten rechts davon mit
 <ML> markieren, mit <MR>
 abschließen

20. Fenster um Widerstand aufzihen, mit
 <ML> fixieren, mit <MR> abschließen

</td><td>

1. ZEICHNEN   **22. LETZTES**
2. LINIE   **23. WBLOCK**
4. schliess   **26. =**
5. LINIE
6. ***
7. MITtelpt
10. LINIE
11. ***
12. MITtelpt
15. AUTOCAD
16. BLOECKE
17. BLOCK
19. Fenster
21. HOPPLA

</td></tr>
</table>

18. Basispunkt der Einfuegung: <u>120,45</u> **<RETURN>**
24. Befehl: WBLOCK Dateiname: <u>WID</u> **<RETURN>**
25. Blockname:

Den Widerstand zeichnen wir als geschlossene Linie durch Markierung seiner vier Ecken (Fangraster 10 und Orthogonalmodus erleichtern die Markierung). Die beiden Anschlußdrähte beginnen in der Mitte des Widerstands. Bei Fangraster 10 lassen sie sich nicht direkt markieren, so daß wir dies über den Objektfangbefehl **MITtelpt** tun. Im Orthogonalmodus können wir die Länge der Anschlußdrähte leicht durch Beobachtung der Koordinatenanzeige am oberen Bildschirmrand festlegen: Es werden dort relative Koordinaten angezeigt. Bei der Blockdefinition wählen wir als Basispunkt den Mittelpunkt (120,45) des Widerstands. Im Fangraster 10 läßt er sich wieder nicht direkt markieren, so daß wir die Koordinaten über die Tastatur eingeben. Dies Beispiel demonstriert die gemischte Anwendung der verschiedenen Markierungs- und Eingabemöglichkeiten, die man pragmatisch zur Reduzierung des Konstruktionsaufwands einsetzen sollte. Wahrscheinlich haben Sie sich das inzwischen schon ohnehin angewöhnt - und sich gewundert, warum wir bei dieser Konstruktion nicht gleich ein Fangraster mit Rasterwert 5 gewählt haben. Das wäre natürlich praktischer gewesen ...

Der Schalter:

5. Punkte (180,210), (230,230) mit <ML> markieren, mit <MR> abschließen	**1. ZEICHNEN**
8. Punkte (150,210), (180,210) mit <ML> markieren, mit <MR> abschließen	**2. naechste**
10. Punkte (220,170), (220,200) mit <ML> markieren, mit <MR> abschließen	**3. BAND**
12. Punkte (220,240), (220,270) mit <ML> markieren, mit <MR> abschließen	**6. ZEICHNEN**
17. Punkte (180,210), (220,240), (220,200) mit <ML> markieren, mit <MR> abschließen	**7. LINIE**
	9. LINIE
	11. LINIE
	13. ZEICHNEN
	14. RING

4. Bandbreite <0.00>: <u>3</u> <RETURN>
15. Innendurchmesser <0.50>: <u>8</u> <RETURN>
16. Aussendurchmesser <1.00>: <u>8</u> <RETURN>

Die Definition des Blocks SCHALT und seine Speicherung mit **WBLOCK** funktionieren genauso wie beim Widerstand. Als Basispunkt des Blocks bietet sich das "Scharnier" (350,220) des Schalters an. Ehe Sie dies ausführen, sollten Sie den Schalter aber noch einmal genau betrachten. Die drei "Kringel" haben wir als Ringe mit Innen- und Außendurchmesser 8 gezeichnet. Eine Vergrößerung eines solchen Rings bringt eine Unsauberkeit an den Tag: Der als Band gezeichnete Schalter und die Anschlußdrähte ragen in den Ring hinein. Für ein sauberes Bild sollte man sie noch mit **STUTZEN** am Rand des Rings abschneiden. Bei den Anschlußdrähten macht dies keine Schwierigkeiten, aber beim Schalter: Ein *Band* kann AutoCAD nicht stutzen. Es gibt aber einen Ausweg: Zeichnen

Sie den Schalter nicht als *Band*, sondern als *Polylinie* (mit Anfangs- und Endbreite 3).

Die Zeichnung des *Voltmeters* führen wir nicht im Detail aus. Zeichnen Sie es als einen Kreis mit Durchmesser 80. Den Pfeil können Sie wie beim Transistor in Abschnitt 8.1 erstellen. Als Einfügepunkt bei der Blockdefinition ist der Mittelpunkt des Kreises praktisch. Anschlußdrähte sehen wir hier nicht vor, damit man das Voltmeter (bei gleicher Stellung des Pfeils) sowohl in waagerechte als auch in senkrechte Leitungen einbauen kann (Anschluß der Leitungen mit dem Objektfangbefehl **QUAdrant**). Der Blockname (und der Name der mit **WBLOCK** erzeugten Datei) ist VOLT.

Aufgabe 8.2

a) Die Zuordnung der Attribute erfolgt genauso wie beim Transistor in Abschnitt 8.2.

b) Den Schaltplan können Sie auf die gleiche Weise aufbauen wie in Abschnitt 8.1 beschrieben, mit dem Unterschied, daß Sie jeweils noch nach dem Wert des Attributs BEZ gefragt werden. Bei den beiden Transistoren und dem Widerstand R3 muß man die Beschriftung noch mit **ATTEDIT** in die korrekte Position bringen, wie in Abschnitt 8.2 beschrieben.

c)

	1. EDIT **2. ATTEDIT**
3. Attribute einzeln editieren <J>: <u>N</u> **<RETURN>**	
4. Nur auf Schirm sichtbare Attribute editieren <J>: <u>N</u> **<RETURN>**	
5. Blockname Spezifikation <*>: <u>TRANS</u> **<RETURN>**	
6. Attributbezeichnung Spezifikation <*>: <u>LIEF</u> **<RETURN>**	
7. Attributwert Spezifikation <*>: **<RETURN>** 2 Attribute gewaehlt ..	
8. Zeichenkette zu aendern: <u>Billich Elektronik GmbH</u> **<RETURN>**	
9. Neue Zeichenkette: <u>Teuerlein Versand</u> **<RETURN>**	
10. Befehl: **<F1>**	

Nach dem 4. Schritt schaltet AutoCAD in den Textmodus um, aus dem
Sie im 10. Schritt in den Zeichnungseditor zurückkehren. In Abschnitt 8.2
haben wir die Attribute auf dem Bildschirm mit der Maus gewählt. Hier
haben wir einen anderen Weg beschritten. Durch Angabe von Blockname
und Attributbezeichnung und -wert kann man jeweils ganze Gruppen von
Attributen zum gleichzeitigen Editieren auswählen. Den * kann man dabei als Joker einsetzen.

d) Der Versuch, das konstante Attribut TYP von SCHALT zu ändern wird
   von AutoCAD mit der Meldung "0 Attribute gewaehlt.. *Ungueltig*" zu-
   rückgewiesen. Den Wert eines konstanten Attributs kann man nachträglich nicht mehr ändern. Anders verhält sich das Attribut LIEF, das wir mit
   den Einstellungen "Konstant:N" und "Vorwahl:J" definiert haben. Beim
   Einfügen des Blocks wird genau wie bei einem konstanten Attribut kein
   aktueller Attributwert erfragt, sondern der Wert automatisch auf den
   Vorgabewert gesetzt. Hier kann man jedoch den Wert später mit
   ATTEDIT verändern.

Aufgabe 8.3

a) Die Extraktion der Attribute erfolgt nach dem in Abschnitt 8.3 beschriebenen Verfahren. Man erhält die Datei BILD8_1.TXT:

T1	Transistor	Teuerlein Versand
T2	Transistor	Teuerlein Versand
R3	Widerstand	Billich Elektronik GmbH
R1	Widerstand	Billich Elektronik GmbH
R2	Widerstand	Billich Elektronik GmbH
	Umschalter	Schalten & Walten KG
	Umschalter	Schalten & Walten KG
V	Voltmeter	Billich Elektronik GmbH

   Ist bei einem Block, wie bei SCHALT, eins der zur Extraktion ausgewähl-
   ten Attribute nicht vorhanden, wird der entsprechende Teil der Zeichenkette einfach mit Leerzeichen gefüllt.

b) Will man die Attribute in eine CDF-Datei schreiben, so wählt man hierzu
   lediglich die Option CDF anstelle von SDF aus dem Bildschirmmenü von

ATTEXT. Die Schablonendatei hat den gleichen Aufbau wie beim SDF-Format und auch die Ausgabedatei sieht ähnlich aus:

```
'T1','Transistor','Teuerlein Versand'
'T2','Transistor','Teuerlein Versand'
'R3','Widerstand','Billich Elektronik GmbH'
'R1','Widerstand','Billich Elektronik GmbH'
'R2','Widerstand','Billich Elektronik GmbH'
'','Umschalter','Schalten & Walten KG'
'','Umschalter','Schalten & Walten KG'
'V','Voltmeter','Billich Elektronik GmbH'
```

Die Attribute eines Blocks stehen wieder in einer Zeile, jedes Attribut wird als Zeichenkette in Hochkommas eingeschlossen, nicht vorhandene Attribute werden als leere Zeichenkette dargestellt. Schließlich werden die Attribute in einer Zeile durch Kommas getrennt (wie man beim Comma Delimited Format ja wohl auch erwarten kann).

Aufgaben zu Kapitel 9

Aufgabe 9.1

a) Fügen Sie am Ende der Datei ACAD.LIN die beiden Zeilen

```
*MYLINE, Dies ist mein Linientyp
A,.5,-.2,0,-.1,0,-.1,0,-.2
```

ein. Den Kommentar in der ersten Zeile können Sie auch (einschließlich des Kommas) weglassen. Nach der Auswahl der Befehle **MODI LINIENTP Setzen** aus dem Bildschirmmenü erhalten Sie ein Menü mit den in ACAD.LIN gespeicherten Linientypen. Ihr neuer Linientyp erscheint *nicht* in dieser Liste. Sie können ihn aber mit <u>MYLINE</u> über die Tastatur eingeben. Anschließend können Sie mit **LINIE** testen, daß ihre Liniendefinition richtig ist.

b) HIGHLIGHT = 0 bewirkt, daß gewählte Objekte nicht hervorgehoben werden. Sie können das z.B. beim Befehl **LOESCHEN** testen. Sie wissen dann nie genau, was Sie zum Löschen gewählt haben - eine spannende

Sache! Mit HIGHLIGHT = 1 kehren Sie wieder zur bewährten Einstellung zurück.

c) Die Variable CDATE (= Current **Date**) enthält Datum und Uhrzeit, die AutoCAD von der Uhr Ihres Computers abliest. Diese Variable können Sie nicht ändern, sie ist *schreibgeschützt*. AutoCAD reagiert auf Ihren Versuch mit einer Fehlermeldung.

Aufgabe 9.2

a) Ruft man **LOESCHEN** aus dem Pull-Down-Menü *Modifizieren* auf, werden mit <ML> gewählte Objekte *sofort* gelöscht. Der Befehl bleibt danach aktiv zum (sofortigen) Löschen weiterer Objekte bis man ihn mit **<Ctrl C>** abbricht. Die Option **LOESCHEN Fenster** steht Ihnen ohne explizite Wahl von **Fenster** zur Verfügung: Wenn Sie mit <ML> einen Punkt markieren, der nicht zu einem Objekt gehört, nimmt AutoCAD ihn automatisch als erste Fensterecke. Löschen für Fortgeschrittene... Einige andere Befehle haben beim Aufruf aus einem Pull-Down-Menü ein ähnliches Verhalten.

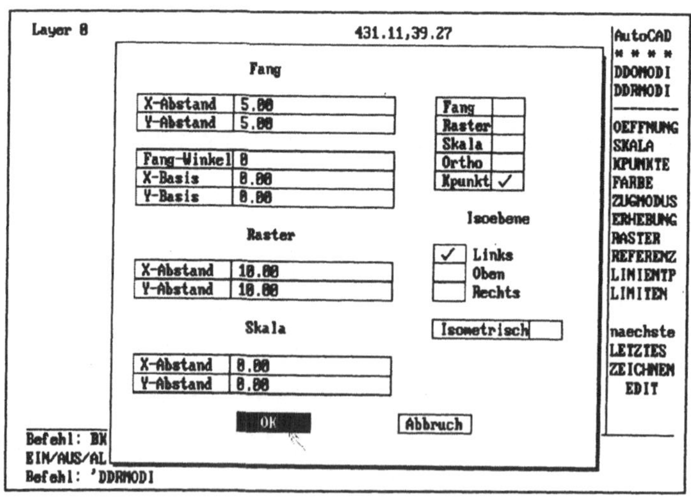

Bild Lös-3 Dialogfenster **DDRMODI**

b) Bild Lös-3 zeigt das Dialogfenster von **DDRMODI**, mit dem man verschiedene Zeichnungshilfen einstellen kann. Man kann es aus dem Pull-Down-Menü *Modi* aufrufen. Über das gleiche Pull-Down-Menü sind die Dialogfenster **DDOMODI** (Einstellungen zur Objekterzeugung) und

DDLMODI (Layer) zu erreichen. Das Dialogfenster **DDATTE** (Attribute eines Blocks editieren) wird automatisch gezeigt, wenn man einen Block mit dem Punkt *Einfuege* aus dem Pull-Down-Menü *Zeichnen* einfügt.

Aufgabe 9.3

Erstellen Sie eine Zeichnung auf den Layern 0, 1 und 2. Mit der folgenden Befehlsfolge fassen Sie alle Elemente der Zeichnung auf dem Layer 0 zusammen und verlassen den Zeichnungseditor:

4. Fenster um die gesamte Zeichnung **aufziehen und mit <ML> fixieren,** **mit <MR> abschließen**	**1. EDIT** **2. AENDERN** **3. Fenster** **5. LAyer**	**7. AUTOCAD** **8. DIENST** **9. ENDE** **10. Ja**
6. Neuer Layer <variiert>: <u>0</u> <RETURN> <RETURN>		

Nach dem 6. Schritt können Sie sich mit **AUTOCAD LAYER ?** davon überzeugen, daß die beiden leeren Layer 1 und 2 noch in der Zeichnung vorhanden sind (Anzeige der Liste aller Layer im Textmodus). Mit <RETURN> können Sie dann den Befehl **LAYER** abschließen und mit <F1> in den Zeichnungseditor zurückkehren. Der Versuch, jetzt die beiden überflüssigen Layer mit **BEREINIG** zu löschen, funktioniert nicht, denn **BEREINIG** darf nur zu Beginn einer Sitzung benutzt werden. Sie müssen deshalb die Zeichnung zunächst mit den Schritten 7 - 10 speichern und anschließend mit <u>2</u> <RETURN> <RETURN> in den Zeichnungseditor zurückkehren. Jetzt können Sie die Layer löschen:

	1. DIENST **2. BEREINIG** **3. LAyer**
4. Bereinigen Layer 1 <N>: <u>J</u> <RETURN> **5.** Bereinigen Layer 2 <N>: <u>J</u> <RETURN>	

Mit **AUTOCAD LAYER ?** können Sie überprüfen, daß jetzt nur noch Layer 0 in der Zeichnung vorhanden ist.

Aufgabe 9.4

a) Laden Sie Bild 8-1 in den Zeichnungseditor und definieren Sie die Bildausschnitte (hier nur Ausschnitt A1):

5. Fenster um Ausschnitt aufziehen und mit <ML> fixieren	**1. ANZEIGE**
	2. AUSCHNT
	3. Fenster
4. Ausschnittname zum Sichern: <u>A1</u> **<RETURN>**	

b) Nach der Definition der Ausschnitte in Teil a) erfolgt mit den folgenden Befehlen die Aufteilung in drei Fenster und die Zuordnung der Ausschnitte zu den Fenstern:

7. Fenster unten links mit <ML> als aktives Fenster wählen	**1. AUTOCAD**	**8. AUTOCAD**
	2. MODI	**9. ANZEIGE**
	3. naechste	**10. AUSSCHNT**
	4. AFENSTER	**11. Holen**
5. Sichern/Holen/Loeschen/Verbinden/Einzeln/?/2/<3>/4: **<RETURN>**		
6. Horizontal/Vertikal/Oberhalb/unterhalb/Links/<Rechts>: <u>Oberhalb</u> **<RETURN>**		
12. Ausschnittname zum Holen: A1 **<RETURN>**		

Die Darstellung von Ausschnitt A2 im Fenster rechts unten überlassen wir wieder Ihnen. Den Dialog über die Tastatur in den Schritten 5 und 6 hätte man auch durch entsprechende Auswahlen aus dem Bildschirmmenü ersetzen können. Bei der Aufteilung in *vier* Fenster in Abschnitt 9.1 war die Anordnung der vier (gleichgroßen) Fenster von vornherein klar. Bei *drei* Fenstern hat man dagegen verschiedene Möglichkeiten. Im Beispiel haben wir uns durch die Wahl der Option **Oberhalb** für ein großes Fenster oben und zwei kleine darunter entschieden. Probieren Sie die anderen Anordnungen einmal durch. Noch einfacher geht's, wenn Sie den Befehl **AFENSTER** aus dem Pull-Down-Menü aufrufen: Punkt *Afenster setzen...* aus dem Menü *Anzeige*. Sie erhalten dann das Dialogfenster aus Bild Lös-4 zur schnellen Wahl der gewünschten Fensteranordnung.

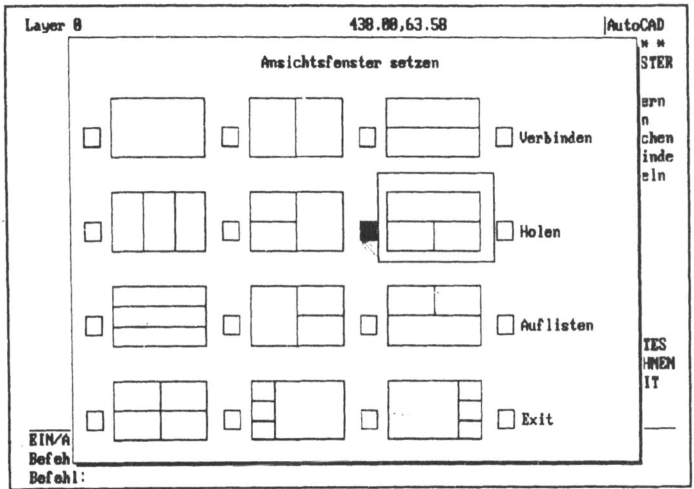

Bild Lös-4 Dialogfenster zum Befehl **AFENSTER**

Aufgabe 9.5

a) Wenn Sie AutoCAD mit "ACAD Zeichnungsname Befehlsdateiname" starten, wird automatisch eine Zeichnung mit diesem Namen angelegt und die angegebene Befehlsdatei ausgeführt. Nach Ihrer Eingabe befinden Sie sich im Zeichnungseditor, Ihre Zeichnung heißt TEST und sie ist bereits mit der Befehlsdatei INIT.SCR initialisiert worden. Allerdings klappt das mit INIT.SCR aus Abschnitt 9.5 noch nicht so ganz. Nach dem Start von AutoCAD befinden Sie sich ja noch nicht im Zeichnungseditor, sondern im AutoCAD-Hauptmenü. Sie müssen dort zunächst Menüpunkt 1 zur Erstellung einer neuen Zeichnung wählen und die Frage, ob diese die bisherige Zeichnung TEST ersetzen soll, mit Ja beantworten. Hierzu fügen Sie in INIT.SCR eine zusätzliche erste Zeile ein, bestehend aus einer 1, einem Leerzeichen und dem Buchstaben J.

b) Die Befehlsdatei ENDLOS.SCR hat folgendes Aussehen. Beachten Sie, daß in der letzten Zeile (und sonst in keiner) ein Leerzeichen am Ende steht).

'AUSSCHNT Holen A1
PAUSE 2000
'AUSSCHNT Holen A2
PAUSE 2000

```
'AUSSCHNT Holen A3
PAUSE 2000
ZOOM Alles
PAUSE 2000
RSCRIPT
```

c) Dies ist die Skriptdatei NEUBILD.SCR (Leerzeichen am Ende der letzten Zeile).

```
ENDE
2
Bild8_2
```

Aufgaben zu Kapitel 10

Aufgabe 10.1

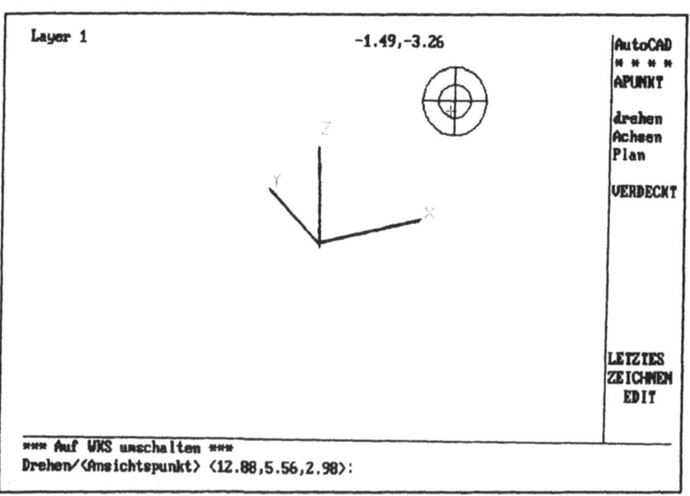

Bild Lös-5 Wahl der Blickrichtung mit **APUNKT Achsen**

a) Wählt man die Option **Achsen** von **APUNKT**, so verschwindet die Zeichnung und es erscheint ein 3-dimensionales Koordinatensystem (genauer gesagt, die positiven Abschnitte der x-, y- und z-Achse). Mit der Maus kann man die Blickrichtung ändern. Das Koordinatenkreuz wird aus der jeweiligen Richtung dargestellt, so daß man sich recht gut orientieren kann. Mit < ML > wählt man die gewünschte Richtung.

Als weitere Orientierungshilfe sieht man ein Fadenkreuz mit zwei konzentrischen Kreisen (Bild Lös-5). Es symbolisiert einen von oben betrachteten *Globus* mit folgender Beziehung zum Koordinatensystem: Die x-Achse verläuft waagerecht (positive Richtung nach rechts, die y-Achse senkrecht (positive Richtung nach oben). Die z-Achse zeigt durch den Nordpol des Globus' (Mittelpunkt des Fadenkreuzes) hindurch auf den Betracher. Bewegt man den Cursor ins Zentrum des Fadenkreuzes, sieht man die Szene also genau von oben. Der innere Kreis stellt den Äquator dar. Die x,y-Ebene ist die Äquatorialebene. Bewegt man den Cursor auf einen Punkt dieses Kreises, so blickt man waagerecht längs der x,y-Ebene. Die z-Achse weist senkrecht nach oben. Das Innere des kleinen Kreises bildet die Nordhalbkugel, also alle Punkte, von denen aus man *von oben* auf die x,y-Ebene blickt. Betrachtet man einen Globus von oben, so sieht man den Südpol natürlich nicht. In der symbolischen Darstellung ist er deshalb durch den äußeren Kreis ersetzt worden. Der Ring zwischen äusserem und innerem Kreis symbolisiert also die Südhalbkugel, d.h. die Punkte, von denen aus man *von unten* auf die x,y-Ebene schaut.

Probieren Sie einmal die Drehungen um die drei Koordinatenachsen in diesem System aus: Drehung um die x-Achse (Cursorbewegung entlang des senkrechten Strichs), Drehung um die y-Achse (Cursorbewegung entlang des waagerechten Strichs) und Drehung um die z-Achse (Cursorbewegung auf dem inneren Kreis).

b) Die Optionen des Befehls **DANSICHT** sind in Abschnitt 10.7 beschrieben. Richtungen werden innerhalb des Befehls oft durch zwei Winkel festgelegt, wie bei der Option **drehen** des Befehls **APUNKT**. Dabei kann man diese Winkel auch mit der Maus über einen senkrechten bzw. waagerechten *Auswahlbalken* einstellen, der am rechten bzw. oberen Bildrand erscheint. Das gleiche gilt für den Vergrößerungsfaktor bei der Option **AB-stand**.

Aufgabe 10.2

a) Zeichnen Sie den Schaft des Bleistifts wie im Beispiel in Abschnitt 10.3
   und wählen Sie anschließend auch die Erhebung 250, also die Oberkante
   des Bleistiftschafts. (Schritte 1 - 13). Zeichnen Sie dann die Bleistiftspitze,
   wie in den Schritten 27 - 36 des Beispiels. Als letztes setzen wir jetzt die
   Abrundung an das untere Bleistiftende. Dazu verwenden wir anstelle der
   nach unten offenen *Kuppel* die nach oben offene *Schüssel*.

8. Mittelpunkt der Schüssel (= Mittelpunkt der Zylindergrundfläche) mit <ML> markieren	**4. AUTOCAD**
	5. 3D
	6. 3D Objekte
9. Randpunkt der Schüssel (auf Rand des Zylinders) mit <ML> markieren	**7. Schuess**

1. Befehl: <u>ERHEBUNG</u> <RETURN>
2. Neue aktuelle Erhebung <250.00>: <u>0</u> <RETURN>
3. Neue aktuelle Objekthoehe <0.00>: <RETURN>
10. Anzahl der Laengensegmente <16>: <RETURN>
11. Anzahl der Breitensegmente <8>: <RETURN>

b) Zuerst wird der Umriß des Bleistifts als Polylinie gezeichnet, dann die
   Drehachse. Mit **ROTOB** wird die Rotationsfläche erzeugt.

3. Punkt (380,150) mit <ML> markieren	**1. ZEICHNEN**	**14. ZEICHNEN**
7. Punkt (350,180) mit <ML> markieren	**2. PLINIE**	**15. naechste**
10. Punkte (100,180), (40,150) mit <ML> markieren, mit <MR> abschließen	**4. Bogen**	**16. 3D**
	5. Winkel	**17. ROTOB**
13. Punkte (40,150), (380,150) mit <ML> markieren, mit <MR> abschließen	**8. LETZTES**	
	9. Linie	
18. Bleistiftumriß mit <ML> wählen	**11. ZEICHNEN**	
19. Drehachse mit <ML> wählen	**12. LINIE**	

6. Eingeschlossener Winkel: <u>90</u> <RETURN>
20. Startwinkel <0>: <RETURN>
21. Eingeschlossener Winkel (+ = guz, - = uz) <Vollkreis>: <RETURN>

Aufgabe 10.3

a) Geben Sie mit dem Befehl **PUNKT** die Koordinaten der Punkte (90,150,0), (270,260,150), (350,110,0) und (200,20,-200) über die Tastatur ein. Wählen Sie ggf. vorher ein deutlich sichtbares Punktsymbol, damit diese Punkte gut zu sehen sind. Verbinden Sie die Punkte mit vier 3D-Polylinien mit jeweils einem Zwischenpunkt ungefähr wie in Bild Lös-6 (Befehl **3DPOLY**). Damit diese Polylinien wirklich die räumlichen Punkte als Enden haben, müssen Sie vorher mit **MODI OFANG PUNkt** den Punktfangmodus einschalten. Setzen Sie anschließend mit **PEDIT** die z-Koordinaten der Zwischenpunkte jeweils auf den Durchschnitt der z-Koordinaten der Endpunkte (Verfahren wie bei der Konstruktion der Spirale in Abschnitt 10.4) und runden Sie die Polylinien mit **Kurv Lin** ab.

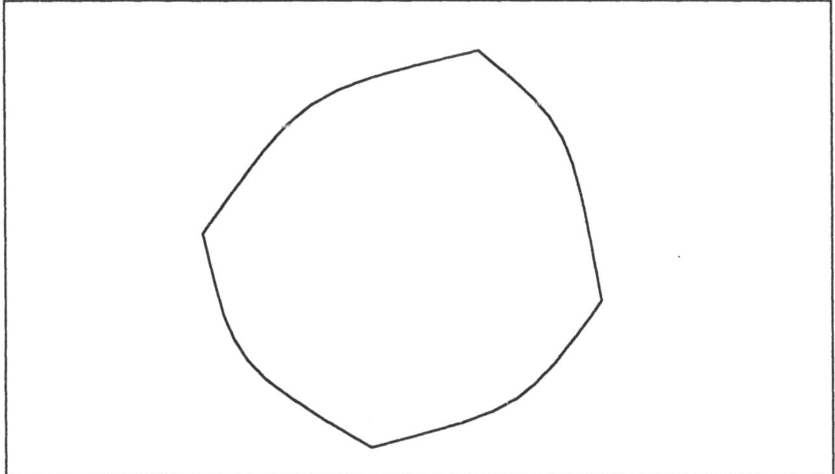

Bild Lös-6

Jetzt können Sie das Flächenstück in das Kurvenviereck einspannen:

5. Die vier Polylinien (im Uhrzeiger-sinn) mit <ML> wählen.	**1. ZEICHNEN** **2. naechste**	**3. 3D** **4. KANTOB**

Mit **APUNKT** können Sie nun die Ansicht der Fläche aus Bild 10-13 herstellen.

b) Mit **PEDIT** kann man die Fläche glätten:

4. Fläche mit <ML> wählen, mit <MR> abschließen	**1. EDIT** **2. naechste** **3. Glaetten**

Das in Teil a) erzeugte polyedrische Netz wird dabei durch eine *B-Spline-Fläche* ersetzt. Der Vorgang ist ähnlich wie bei der Glättung von Polygonzügen durch B-Spline-Kurven in Abschnitt 5.2.

PEDIT, angewandt auf *Flächen*, hat ein anderes Bildschirmmenü als bei der Anwendung auf Polylininen. Mit der Option **Loeschen** können Sie eine Glättung wieder rückgängig machen. Mit **Ed Schpt** können Sie Kreuzungspunkte des Netzes editieren, z.B. verschieben. Außerdem gibt es Optionen zum Schließen der Fläche. Im Unterschied zum Schließen einer Kurve kann man hier noch zwischen Schließung in jeder der beiden Richtungen der Netzlinien wählen. Mit **Poly Var** kann man zwischen verschiedenen Flächentypen wählen, die bei der Glättung verwendet werden. Hier sollten Sie ein wenig experimentieren.

Aufgaben zu Kapitel 11

Aufgabe 11.1

Man könnte die Aufgabe lösen, indem man zunächst mit der AutoLISP-Funktion length die Anzahl der Listenelemente bestimmt und die Liste anschließend mit repeat abarbeitet. Die folgende Lösung funktioniert anders. Eine while-Schleife wird so lange abgearbeitet bis die Liste leer ist. Eine leere Liste erkennt man in LISP daran, daß die Listenvariable den Wert nil erhält. Innerhalb der Schleife wird jeweils das erste Listenelement zur Summe s hinzuaddiert und anschließend mit cdr aus der Liste entfernt.

```
(defun summe (liste)
  (setq s 0.0)                    ; Summe initialisieren
  (while (/= liste nil)           ; solange Liste nicht leer
```

```
    (setq s (+ s (car liste)))          ; erstes Element addieren
    (setq liste (cdr liste))            ; Restliste
  )
  (setq s s)                            ; Summe zurückgeben
)
```

Alternativ kann man die Listenelemente auch mit einer *rekursiven Funktion*, die sich selbst aufruft, summieren. Die Rekursion kann man umgangssprachlich so formulieren: "Summe aller Listenelemente = erstes Element + Summe der restlichen Elemente". In LISP übersetzt ist das der Ausdruck (+ (car liste) (summrek (cdr liste))). Man braucht noch eine Endbedingung für die Rekursion, d.h. man muß den Summenwert für eine leere Liste angeben. Dieser Wert wird durch den Ausdruck (+ 0.0 0.0) auf 0 gesetzt. Die LISP-Funktion if wird hier mit *zwei* Ausdrücken aufgerufen. Sie definiert dann eine *zweiseitige Verzweigung*, analog zum IF ... THEN ... ELSE in PASCAL. Der erste Ausdruck wird ausgeführt, wenn (/= liste nil) wahr ist, der zweite, wenn (/= liste nil) falsch ist.

```
(defun summrek (liste)
  (if (/= liste nil)                       ; Liste leer?
    (+ (car liste) (summrek (cdr liste)))  ; Rekursion
    (+ 0.0 0.0)                            ; leere Liste
  )
)
```

Aufgabe 11.2

```
(defun zanhaeng (p z)
  (list (car p) (cadr p) z)
)


(defun slinie (zstart inkr kurve)
  (setq zaktuell zstart)
  (setq pkt (getpoint "\nStartpunkt eingeben/markieren "))
  (setq pkt (zanhaeng pkt zaktuell))
  (command "3DPOLY" pkt)
  (while (/= (car pkt) 'nil)
```

```
      (setq zaktuell (+ zaktuell inkr))
      (setq pkt (getpoint "\nnaechsten Punkt eingeben/markieren "))
      (setq pkt (zanhaeng pkt zaktuell))
      (command pkt)
    )
    (command)
    (if (= kurve 1)
      (command "PEDIT" "LETZTES" "Kurvenlinie" "eXit")
    )
  )

  (defun C:superlinie ()
    (setq zstart (getreal "\nz-Koordinate des  ersten Scheitels: "))
    (setq ink (getreal "\n Inkrement der z-Koordinate: "))
    (setq kurve (getint "\n1 eingeben, wenn Kurve geglaettet werden soll:"))
    (slinie zstart inkr kurve)
  )
```

Aufgabe 11.3

Die beiden Hilfsfunktionen mittelpkt und mindist berechnen den Mittelpunkt einer Strecke und den minimalen Abstand zwischen drei Punkten. Die Funktion muster enthält die Rekursion, die das Muster erzeugt. Die Funktion machmuster definiert den AutoCAD-Befehl zur Erzeugung des Musters.

```
(defun mittelpkt (p q)
; Mittelpunkt der Strecke von p nach q
  (setq mx (/ (+ (car p) (car q)) 2.0))
  (setq my (/ (+ (cadr p) (cadr q)) 2.0))
  (list mx my)
)


(defun mindist (p q r)
; Minimaler Abstand der Punkte p, q, r
  (setq dpq (distance p q))
  (setq dpr (distance p r))
```

```
    (setq dqr (distance q r))
    (min dpq dpr dqr)
  )

  (defun muster (a b c schranke / ab ac bc)
    (command "LINIE" a b c "SCHLIESS")
    (setq ac (mittelpkt a c))
    (setq ab (mittelpkt a b))
    (setq bc (mittelpkt b c))
    (if ( > (mindist ab ac bc) schranke)
      (muster a ab ac schranke)
    )
    (if ( > (mindist ab ac bc) schranke)
      (muster b bc ab schranke)
    )
    (if ( > (mindist ab ac bc) schranke)
      (muster c ac bc schranke)
    )
  )


  (defun C:machmuster()
    (setq a (getpoint "\nErste Ecke markieren "))
    (setq b (getpoint "\nZweite Ecke markieren "))
    (setq c (getpoint "\nDritte Ecke markieren "))
    (setq schranke (getreal "\nIteration abbrechen bei Mindestgroesse: "))
    (muster a b c schranke)
  )
```

Die Funktion muster hat die drei Ecken a, b, c des Dreiecks und die Abbruchschranke schranke als *Parameter*. Mit diesen Parametern wird sie aufgerufen. Zusätzlich verwendet die Funktion die Mittelpunkte ab, ac und bc der Dreiecksseiten als *lokale Symbole*. Sie werden wie die lokalen Variablen einer PASCAL-Prozedur benutzt, haben also bei jedem Aufruf der Funktion eigenen (lokalen) Speicherplatz. In LISP werden diese *lokalen Symbole* in der Parameterliste der Funktion hinter / angegeben: (defun muster (a b c schranke / ab ac bc). Ohne diese Deklaration in der

Parameterliste werden Symbole global für das ganze Programm vereinbart, entsprechend der Deklaration globaler Variabler in einem PASCAL-Programm. Die Rekursion in unserem Beispiel funktioniert dann nicht.

Die Funktion muster im obigen Lösungsvorschlag bietet eine einfache Rekursion, zeichnet allerdings viele Strecken doppelt. Es ist nicht allzu schwer, die Funktion so zu modifizieren, daß dieser unnötige Aufwand vermieden wird. Hierdurch steigert man natürlich auch die Ausführungsgeschwindigkeit.

Anhänge

A.1 Installation von AutoCAD

In diesem Anhang werden die wesentlichen Schritte zur Installation von AutoCAD und zur Konfigurierung der wichtigsten Peripheriegeräte kurz beschrieben. Für weitere Einzelheiten verweisen wir auf den "AutoCAD Installation and Performance Guide", den Sie zusammen mit Ihrem System erhalten haben, und auf die Handbücher zu den von Ihnen gewählten Peripheriegeräten.

Erforderliche Minimalkonfiguration (für AutoCAD Version 10)

- IBM-kompatibler PC oder IBM PS/2 mit Prozessor 80286 oder höher, 512K Hauptspeicher (640K für AutoLISP), Floppy-Laufwerk, Festplatte, und paralleler Schnittstelle (zum Anschluß des Kopierschutzes)
- Arithmetischer Co-Prozessor (ab AutoCAD Version 9)
- DOS 2.0 (3.3 bei IBM PS/2) oder spätere Version
- möglichst hochauflösende Graphikkarte mit passendem Monitor (Farbe empfehlenswert); AutoCAD unterstützt die meisten marktgängigen Graphikkarten, eine Liste wird bei der Konfiguration des Video-Displays (s.u.) angezeigt

Weitere Hardwarekomponenten

- Maus oder Digitalisiertablett (benötigt serielle Schnittstelle)
- Graphikfähiger Drucker zur schnellen Ausgabe von Zeichnungen (kann an die gleiche parallele Schnittstelle angeschlossen werden wie der Kopierschutz); Unterstützung vieler Druckerfabrikate, Liste bei der Konfigurierung des Printer-Plotters (s.u.); insbesondere mit Laserdruckern erhält man recht zufriedenstellende Plots
- Plotter für die Ausgabe von Zeichnungen in besserer Qualität und/oder größerem Format; Auswahl des Plotters stark von der geplanten Anwendung abhängig, Preis eines guten Plotters kann den Preis des gesamten übrigen Systems deutlich übersteigen

CONFIG-File

In das File CONFIG.SYS sollten die beiden Zeilen BUFFERS = 15 und
FILES = 15 geschrieben werden (mit einem beliebigen Texteditor),
damit AutoCAD eine befriedigende Verarbeitungsgeschwindigkeit erreicht.

Automatische Installation

Auf der ersten der Disketten, auf denen AutoCAD geliefert wird (DISK
1), befindet sich ein Programm INSTALL.EXE zur automatischen Installation. Hierzu legt man die Diskette in Laufwerk A: ein und startet das
Programm mit INSTALL <RETURN>. Nachdem man die Fragen über
die vorhandene Hardware-Konfiguration etc. beantwortet hat, kann man
mit verschiedenen Optionen den Umfang der Installation bestimmen. Mit
Option 5 erhält man eine voll lauffähige Installation mit minimalem Spei-
cherplatzverbrauch auf der Festplatte.

Installation von Hand

Man legt zunächst auf der Festplatte mit demDOS-Befehl md ein Unter-
verzeichnis, z.B. mit Namen ACAD an, das AutoCAD aufnehmen soll. In
dieses Verzeichnis kopiert man anschließend die Inhalte der AutoCAD-
Disketten. Es sind nicht alle diese Files für den Betrieb von AutoCAD er-
forderlich. Insbesondere die sehr großen Files mit Beispielzeichnungen
kann man weglassen. Man erkennt sie an der Endung .DWG.

AutoCAD konfigurieren

Nach dem AutoCAD installiert ist, kann man es mit ACAD <RETURN>
starten. Es erscheint das AutoCAD-Hauptmenü, wie in Abschnitt 2.1 beschrieben. (Wenn stattdessen eine Fehlermeldung erscheint, haben Sie
wahrscheinlich vergessen, den Hardware-Kopierschutz an die parallele
Schnittstelle anzuschließen.) Nach Wahl des Menüpunkts "AutoCAD
konfigurieren" wird zunächst die aktuelle Konfiguration angezeigt
(Graphikkarte, Maus, Plotter und Graphikdrucker). Mit <RETURN>
gelangen Sie zum *Konfigurationsmenü*:

0. Zurueck zum Hauptmenue
1. Aktuelle Konfiguration zeigen
2. I/O Schnittstellen Konfiguration
3. Video konfigurieren
4. Digitalisiergeraet konfigurieren
5. Plotter konfigurieren
6. Printer-Plotter konfigurieren
7. System-Konsole konfigurieren
8. Betriebs-Parameter konfigurieren

Wir beschränken uns auf die wichtigsten Menüpunkte 3 bis 6. Nach Aufruf eines dieser Punkte wird jeweils das aktuell installierte Gerät angezeigt und gefragt, ob ein *anderes* Gerät (also z.B. ein anderer Druckertreiber) installiert werden soll. Bejaht man diese Frage, erhält man eine Auswahlliste aller installierten Gerätetreiber (für diese Geräteart, also z.B. für Drucker). Sonst geht das Programm direkt zum Dialog für die Konfiguration des Geräts über. Mit **< Ctrl C >** kann man eine Konfiguration jederzeit abbrechen. Kehrt man mit dem Menüpunkt 0 ins AutoCAD-Hauptmenü zurück, so wird man zuvor gefragt, ob man die Konfigurationsänderungen behalten will. Die Antwort N bewirkt, daß nichts übernommen wird. Es bleibt die beim Eintritt ins Konfigurationsmenü vorhandene alte Konfiguration erhalten.

Bei der Video-Konfiguration kann man zunächst das Höhen-Breitenverhältnis so korrigieren, daß Kreise rund auf dem Bildschirm erscheinen (und nicht als Eier). Anschließend kann man jeweils wählen, ob man die Anzeige der Statuszeile, des Befehls- und Anfragebereichs und des Bildschirmmenüs wünscht. Damit können Sie den Zeichnungseditor Ihren Gewohnheiten anpassen. Wenn Sie AutoCAD vornehmlich über eingetippte Befehle bedienen, können Sie etwa die Anzeige des Bildschirmmenüs am rechten Rand unterdrücken. Sie erhalten damit einen vergrösserten Zeichenbereich. Nach diesen Auswahlen kann man noch Farben für Hintergrund, Linien und einzelne Bereiche des Zeichnungseditors wählen.

Bei der Konfiguration eines Plotters hängt der Dialog vom gewählten Gerät ab. In jedem Fall gibt es eine Korrektur des Höhen-Breitenverhältnisses wie bei der Videokonfiguration. Desweiteren muß die maximale Größe des Plotbereichs festgelegt werden. Weitere Fragen beziehen sich auf die Anzahl der Stifte, verschiedene Linientypen des Plotters, variable Plotgeschwindigkeiten etc. Sie können außerdem festlegen wie die Zeichnung in den vorhandenen maximalen Plotbereich eingepaßt werden soll. Bei 3D-Plots muß man außerdem festlegen, ob die verdeckten Linien unterdrückt werden sollen. Dies geschieht unabhängig von der Unterdrückung verdeckter Linien bei der Bildschirmanzeige. Schließlich kann man noch wählen, ob der Plot in eine Datei geschrieben werden soll. Weil der Plotter ein relativ langsames Ausgabegerät ist, ist es u.U. günstiger, Zeichnungen nicht direkt zu plotten, sondern zunächst in eine Datei zu schreiben. Diese Dateien können dann später (z.B. nachts) vom Plotter abgearbeitet werden. Die Konfiguration eines Graphik-Druckers als "Printer-Plotter" erfolgt nach einem ähnlichen Muster.

Der Dialog bei der Konfiguration eines Digitalisiergeräts hängt ebenfalls stark vom gewählten Gerät ab. Bei einer Maus kann man beispielsweise verschiedene Geschwindigkeiten wählen, mit denen die Mausbewegung umgesetzt wird.

A.2 Liste der Systemvariablen

In der folgenden Tabelle sind die *Systemvariablen* von AutoCAD aufgelistet.
In der Spalte **Typ** wird der Typ der Variablen beschrieben. Eine Variable,
auf die man **nur** lesend zugreifen kann, wird in der Spalte **NL** durch einen *
gekennzeichnet. Manche Systemvariablen werden gespeichert, in der
Zeichnung oder in der Konfigurationsdatei ACAD.CFG. Dies wird in der
Spalte **SP** durch Z bzw. C vermerkt.

Variable	Typ	NL	SP	Bedeutung
ACADPREFIX	Text	*		Von der Umgebungsvariablen ACAD spezifizierter Pfad
ACADVER	Text	*		AutoCAD-Versionsnummer
AFLAGS	ganz			Attribut-Flags für Befehl ATTDEF, Summe der Zahlen:1 = unsichtbar, 2 = konstant, 4 = prüfen, 8 = Vorwahl
ANGBASE	reell		Z	Richtung des Winkels 0 (bezogen auf BKS)
ANGDIR	ganz		Z	1 = Winkel im Uhrzeigersinn 2 = Winkel im Gegenuhrzeigersinn
APERTURE	ganz		C	Größe des Objektfangfensters (Pixel)
AREA	reell	*		Fläche, berechnet von **FLAECHE, LISTE, DBLISTE**
ATTDIA	ganz		Z	1 = **EINFUEGEN** ruft Dialogfenster für Attributeingaben auf 0 = **EINFUEGEN** benutzt normale Anfragen
ATTMODE	ganz		Z	1 = Attribute anzeigen 0 = Attribute nicht anzeigen
ATTREQ	ganz		Z	1 = Anfragen für Attributwerte beim Einfügen eines Blocks 0 = Vorgaben (gemäß ATTDIA) verwenden
AUNITS	ganz		Z	Winkeleinheit: 0 = Dezimalgrad , 1 = Grad, Minuten, Sekunden , 2 = Neugrad, 3 = Bogenmaß , 4 = Feldmaß
AUPREC	ganz		Z	Dezimalstellen für Winkeleinheit
AXISMODE	ganz		Z	1 = Skala ein , 0 = Skala aus
AXISUNIT	2D Pkt.		Z	Skalaeinheit x- und y-Richtung

Variable	Typ	NL	SP	Bedeutung
BACKZ	reell	*	Z	Hintere Schnittfläche versetzt (Zeichnungseinheiten), (s. Befehl **DANSICHT**)
BLIPMODE	ganz		Z	Konstruktionspunkte anzeigen (1 = ein , 0 = aus)
CDATE	reell	*		Datum/Zeit
CECOLOR	Text	*	Z	Aktuelle Elementfarbe
CELTYPE	Text	*	Z	Aktueller Linientyp
CHAMFERA	reell		Z	1. Facettenabstand (s. Befehl **FACETTE**)
CHAMFERB	reell		Z	2. Facettenabstand (s. Befehl **FACETTE**)
CLAYER	Text	*	Z	Aktueller Layer
CMDECHO	ganz			Bildschirmecho für Eingaben und Anfragen bei der AutoLISP-Funktion command 1 = ein , 0 = aus
COORDS	ganz		Z	0 = Koordinatenanzeige wird erst bei Wahl eines neuen Punktes nachgeführt 1 = Anzeige absoluter kartesischer Koordinaten wird ständig nachgeführt 2 = Anzeige relativer Polarkoordinaten (bezogen auf letzten Punkt) wenn Winkel oder Abstand verlangt wird
CVPORT	ganz		Z	Nummer des aktuellen Anzeigefensters
DATE	reell	*		Datum/Zeit
DISTANCE	reell	*		Abstand durch Befehl **ABSTAND** berechnet
DRAGMODE	ganz		Z	Sichtbares Nachziehen: 0 = nicht , 1 = auf Anfrage , 2 = Auto
DRAGP1	ganz		C	Regenerierungsrate beim Nachziehen
DRAGP2	ganz		C	Input-Abtastrate (Schnellzug)
DWGNAME	Text	*		Zeichnungsname (mit DOS-Pfad)
DWGPREFIX	Text	*		Laufwerk-/Verzeichnispräfix
ELEVATION	reell		Z	aktuelle 3D-Erhebung
EXPERT	ganz			Unterdrückung von Sicherheitsabfragen: 0 = alle Sicherheitsabfragen höhere Werte (1, ..., 4) unterdrücken zunehmend weitere Sicherheitsabfragen

Variable	Typ	NL	SP	Bedeutung
EXTMAX	3D Pkt.	*	Z	Obere rechte Zeichnungsgrenze (Weltkoordinaten), vergrößert sich bei Zeichnung neuer Objekte, schrumpft bei **ZOOM Alles** und **ZOOM Grenzen**
EXTMIN	3D Pkt.	*	Z	Untere linke Zeichnungsgrenze
FILLETRAD	reell		Z	Abrundungsradius, (s. Befehl **ABRUNDEN**)
FILLMODE	ganz		Z	Füllmodus: 1 = ein , 0 = aus
FLATLAND	ganz		Z	Kompatibilität zu alten AutoCAD-Versionen von Objektfang, DXF und AutoLISP 0 = Version 9 und früher 1 = ab Version 10
FRONTZP	reell	*	Z	Vordere Schnittfläche versetzt (Zeichnungseinheiten), (s. Befehl **DANSICHT**)
GRIDMODE	ganz		Z	Rasteranzeige, 1 = ein , 0 = aus
GRIDUNIT	2D Pkt		Z	Rasterwert, x- und y-Richtung
HANDLES	ganz		Z	Elementreferenzen, 1 = aktiviert , 0 = desaktiviert
HIGHLIGHT	ganz			Hervorhebung bei Objektwahl, 1 = ein , 0 = aus
INSBASE	3D Pkt		Z	Basispunkt für Einfügung (s. Befehl **BASIS**)
LASTANGLE	reell	*		Endwinkel des zuletzt eingegebenen Bogens bzgl. der x,y-Ebene des aktuellen BKS
LASTPOINT	3D Pkt			Letzter eingegebener Punkt (BKS-Koordinaten)
LASTPT3D	3D Pkt			wie LASTPOINT
LENSLENGTH	reell	*	Z	Brennweite in mm für perspektivische Ansicht, (s. Befehl **DANSICHT**)
LIMCHECK	ganz		Z	Prüfung der Limiten, 1 = ein , 0 = aus
LIMMAX	2D Pkt		Z	Obere rechte Zeichnungslimite (s. Befehl **LIMITEN**)
LIMMIN	2D Pkt		Z	Untere linke Zeichnungslimite
LTSCALE	reell		Z	Globaler Größenfaktor für Linientypen
LUNITS	ganz		Z	Modus für Zahldarstellung: 1 = wissenschaftlich, 2 = dezimal , 3 = engineering , 4 = architectural , 5 – Bruch
LUPREC	ganz		Z	Dezimalstellen

Variable	Typ	NL	SP	Bedeutung
MENUECHO	ganz			Unterdrückung von Menüanfragen und Echo von Eingaben, Vorgabe 0 = Alles anzeigen
MENUNAME	Text	*	Z	Name der aktuell geladenen Menüdatei
MIRRTEXT	ganz		Z	Spiegeln von Texten: 1 = ein , 0 = aus (s. Befehl **SPIEGELN**)
ORTHOMODE	ganz		Z	Orthogonalmodus: 1 = ein , 0 = aus
OSMODE	ganz		Z	Bits für Objektfangmodi, Kombinationen durch Summierung der folgenden Werte: 1 = Endpunkt , 2 = Mittelpunkt , 4 = Zentrum 8 = Punkt , 16 = Quadrat , 32 = Schnittpunkt 64 = Einfügen , 128 = Lot auf ; 256 = Tangente 512 = nächster , 1024 = Quick
PDMODE	ganz		Z	Punktsymbol (s. Befehl **PUNKT**)
PDSIZE	reell		Z	Punktgrösse (s. Befehl **PUNKT**)
PERIMETER	reell	*		Umfang, berechnet von **FLAECHE, LISTE** und **DBLISTE**
PICKBOX	ganz		C	Höhe des Objektwahlfensters (Pixel)
POPUPS	ganz	*		1 = Bildschirmtreiber unterstützt Dialogfenster, Menüzeile, Pull-Down-Menüs, Bildmenüs 0 = keine Unterstützung dieser Funktionen
QTEXTMODE	ganz		Z	Quicktextmodus (s. Befehl **QTEXT**) 1 = ein , 0 = aus
REGENMODE	ganz		Z	Automatische Regenerierung der Zeichnung 1 = ein , 0 = aus
SCREENSIZE	2D Pkt	*		Größe des aktuellen Ansichtsfensters
SKETCHING	reell		Z	Genauigkeit beim Skizzieren
SKPOLY	ganz		Z	1 = Skizzieren generiert Polylinien 0 = Skizzieren generiert Linien
SNAPANG	reell		Z	Drehwinkel für Raster/Fangraster
SNAPMODE	ganz		Z	Fangmodus: 1 = ein , 0 = aus
SNAPBASE	2D Pkt		Z	Basispunkt für Raster/Fangraster
SNAPISOPAIR	ganz		Z	Aktuelle isometrische Ebene: 0 = links , 1 = oben , 2 = rechts
SNAPSTYL	ganz		Z	Fangstil: 0 = standard , 1 = isometrisch

Variable	Typ	NL	SP	Bedeutung
SNAPUNIT	2D Pkt		Z	Fangwert, x- und y-Richtung
SPLFRAME	ganz		Z	Anzeige von: Kontrollpolygon für Splinekurve bzw. -fläche, verdeckte Linien von Splinfläche 1 = Anzeige , 0 = keine Anzeige
SPLINESEGS	ganz		Z	Anzahl der Liniensegmente pro Kurvenabschnitt
SPLINETYPE	ganz		Z	Typ der Splinekurve (s. Befehl **PEDIT**): 5 = Quadratischer Spline 6 = Kubischer Spline
SURFTAB1	ganz		Z	Maschendichte in M-Richtung, (s. Befehle **REGELOB, TABOB; ROTOB, KANTOB**)
SURFTAB2	ganz		Z	Maschendichte in N-Richtung
SURFTYPE	ganz		Z	Glättung von Flächen (s. Befehl PEDIT): 5 = Quadratische B-Spline-Fläche 6 = Kubische B-Spline-Fläche 8 = Bezier- Fläche
SURFU	ganz		Z	Flächenglättung: Maschendichte in M-Richtung
SURFV	ganz		Z	Flächenglättung: Maschendichte in N-Richtung
TARGET	3D Pkt	*	Z	Zielpunkt für Befehl **DANSICHT**
TDCREATE	reell	*	Z	Datum/Zeit des Zeichnungsbeginns
TDINDWG	reell	*	Z	Gesamtzeit für Editieren der Zeichnung
TDUPDATE	reell	*	Z	Datum/Zeit der letzten Änderung/Sicherung der Zeichnung
TDUSRTIMER	reell	*	Z	Benutzer-Stoppuhr
TEMPPREFIX	Text	*		Verzeichnis für Temporärdateien
TEXTEVAL	ganz			0 = Alle Texteingaben werden als Zeichenketten aufgefaßt 1 = Texteingaben, die mit (oder ! beginnen, werden als AutoLISP-Ausdrücke interpretiert
TEXTSIZE	reell		Z	Texthöhe (keine Wirkung, bei Textbefehlen mit fester Texthöhe)
TEXTSTYLE	Text	*	Z	Name des aktuellen Textstils
THICKNESS	reell		Z	Aktuelle Höhe der 3D-Objekte
TRACEWID	reell		Z	Bandbreite

Variable	Typ	NL	SP	Bedeutung
UCSFOLLOW	ganz		Z	1 = Neues BKS wird in Draufsicht gezeigt 0 = Keine geänderte Ansicht bei neuem BKS
UCSICON	ganz		Z	Anzeige des Koordinatensystem-Symbols, (Kombination durch Addition der Werte): 1 = Anzeige des Symbols 2 = Symbol wird (wenn möglich) im Koordi- natenursprung angezeigt
UCSNAME	Text		Z	Name des aktuellen BKS
UCSORG	3D Pkt		Z	Ursprung des aktuellen BKS (Weltkoordinaten)
UCSXDIR	3D Pkt	*	Z	x-Richtung des aktuellen BKS
UCSYDIR	3D Pkt	*	Z	y-Richtung des aktuellen BKS
VIEWCTR	3D Pkt	*	Z	Mittelpunkt des aktuellen Ausschnitts
VIEWDIR	3D Pkt	*	Z	Verschiebung des Kamerapunkts gegenüber dem Zielpunkt (s. Befehl **DANSICHT**)
VIEWMODE	ganz	*	Z	Wahl der Ansicht (Kombination durch Summe): 1 = Perspektivische Ansicht aktiv 2 = Vordere Schnittfläche aktiv 4 = Hintere Schnittfläche aktiv 8 = Modus "UCSFOLLOWS" aktiv 16 = Vordere Schnittfläche nicht am Auge
VIEWSIZE	reell	*	Z	Höhe des Ausschnitts
VIEWTWIST	reell	*	Z	Ansichts-Drehwinkel
VPOINTX VPOINTY VPOINTZ	reell	*		Koordinaten des Kamerapunkts; (s. Befehl **DANSICHT**)
VSMAX	3D Pkt	*		Rechte obere Ecke des virtuellen Bildschirms
VSMIN	3D Pkt	*		Linke untere Ecke des virtuellen Bildschirms
WORLDUCS	ganz	*		1 = BKS ist Weltkoordinatensystem , 0 = nicht

Schwarz
Numerische Mathematik

Das Buch entstand aus einer viersemestrigen Vorlesung, in welcher den Studierenden das Grundwissen vermittelt wird, um vielfältige Aufgaben der angewandten Mathematik mit numerischen Methoden erfolgreich zu lösen. Die ausführliche Darstellung von grundlegenden Verfahren ist stark algorithmisch ausgerichtet mit dem Ziel, die Methoden nach ihrer theoretischen Begründung so zu formulieren, daß eine Realisierung auf einem Rechner einfach ist. Mit den angegebenen Algorithmen soll dem Leser die Möglichkeit geboten werden, die Verfahren durch die Lösung von konkreten Aufgaben praktisch zu erproben.

Aus dem Inhalt

Lineare Gleichungssysteme: Gaußscher Algorithmus, Genauigkeitsfragen, Systeme mit speziellen Eigenschaften – Lineare Optimierung: Simplex-Algorithmus, allgemeine lineare Programme, diskrete Tschebyscheff-Approximation – Interpolation: Polynominterpolation, rationale Interpolation, Spline-Interpolation – Funktionsapproximation: Fourierreihen, schnelle Fouriertransformation, orthogonale Polynome – Nichtlineare Gleichungen: Gleichungen in einer und mehreren Unbekannten, Polynomnullstellen – Eigenwertprobleme: Jacobi-Verfahren, Transformationsmethoden, QR-Algorithmus – Methode der kleinsten Quadrate: Lineare und nichtlineare Ausgleichsprobleme, Singulärwertzerlegung – Integralberechnung: Trapezmethode, Transformationsmethoden, Gaußsche Quadraturformeln –

Gewöhnliche Differentialgleichungen: Einschrittmethoden, Mehrschrittmethoden, Stabilität – Partielle Differentialgleichungen: Elliptische Randwertaufgaben, parabolische Anfangsrandwertaufgaben, Differenzenmethode, Methode der finiten Elemente

Von Prof. Dr.
Hans R. Schwarz,
Universität Zürich
Mit einem Beitrag von
Prof. Dr. J. Waldvogel,
Eidg. Technische Hochschule Zürich

2., durchgesehene Auflage.
1988. 496 Seiten mit
88 Bildern, 131 Beispielen
und 96 Aufgaben.
16,2 x 22,9 cm.
Kart. DM 48,–
ISBN 3-519-12960-4

Preisänderungen vorbehalten

B. G. Teubner Stuttgart

Köckler

Numerische Algorithmen in Softwaresystemen

Unter besonderer Berücksichtigung der NAG-Bibliothek

In zunehmendem Maß werden von Ingenieuren, Informatikern, Physikern und Mathematikern Softwaresysteme zur Lösung ihrer numerischen Probleme benutzt. Der Zugang zu den Routinen einer Bibliothek wie NAG, IMSL, LINPACK oder ELLPACK wird dem Benutzer jedoch nicht immer leicht gemacht. Hier soll der vorliegende Band eine Lücke schließen.

Aus allen Gebieten der Numerik von Gleichungssystemen bis zu Differentialgleichungen finden sich:
- Die klassischen Lösungsalgorithmen und die weniger bekannten, aber effektiven »black-box«-Verfahren der Softwarebibliotheken
- Beschreibungen der NAG-Routinen
- FORTRAN 77-Programme für alle Grundprobleme
- Beispiele aus verschiedenen Anwendungsgebieten (von der Blauwalpopulation bis zum Kern-Schmelzpunkt).

Zusätzlich werden die Graphikmöglichkeiten der NAG-Bibliothek anhand von Beispielen demonstriert und ein Window-tool PAN vorgestellt. PAN bindet die Programme in eine graphische Benutzeroberfläche unter SUNTOOLS oder X-WINDOWS ein. Es macht die Programme bequem zugänglich durch übersichtliche Benutzerführung mit hierarchischer Programmauswahl, graphischer Ein- und Ausgabe und einfacher Programm- und Dateiverwaltung.

Dem Buch ist eine Diskette beigefügt, die die Programme, die PAN-Informationsdateien und eine Demonstrationsversion von PAN für MS-DOS-Rechner enthält.

Von Prof. Dr. **Norbert Köckler,** Universität – Gesamthochschule – Paderborn

1990. XV, 395 Seiten. 16,2 x 22,9 cm. ◼ Buch mit MS-DOS-Diskette. DM 58,– ISBN 3-519-02963-4

B. G. Teubner Stuttgart

Pareigis
Analytische und projektive Geometrie für die Computer-Graphik

Elementare geometrische Begriffe müssen in der Computer-Graphik in eine geeignete mathematische Formulierung umgesetzt werden. Daß einfache geometrische Objekte wie Punkt, Linie, Dreieck, Würfel etc. in Koordinaten angegeben werden können, ist jedem Entwickler und Benutzer von Graphikpaketen bekannt. Aber wieso benutzt man häufig mehr Zahlen (Koordinaten) zur Festlegung eines Punktes, als nötig erscheinen (homogene Koordinaten), wie verhalten sich die geometrischen Objekte und ihre Koordinaten bei Transformationen, Drehungen und Verschiebungen, wie kann Perspektive als eine spezielle Transformation aufgefaßt werden, wieso ist der projektive Raum für gewisse Transformationen besonders geeignet, warum kann man im dreidimensionalen Raum Drehungen nur um einen vorgegebenen Winkel, im vierdimensionalen Raum aber um zwei verschiedene vorgegebene Winkel durchführen, wieso sehen wir den (unendlich weit entfernten) Horizont, kann man vierdimensional »sehen« oder »fotographieren«, vielleicht gar perspektivisch?

Diese und andere geometrische Fragen werden mit den Hilfsmitteln der analytischen und projektiven Geometrie (und linearen Algebra) behandelt. Dabei wird bei der Einführung von Koordinaten für Punkte im Raum auf einfachstem Niveau begonnen. Die Behandlung von Matrizen und Vektoren verschafft die nötigen Hilfsmittel, um Transformationen durchführen zu können, unter anderem auch für Projektionen auf den Bildschirm und die Einführung der Perspektive. Verdeckte Punkte, Linien, Flächen ergeben die bekannten Ansichten von geometrischen Objekten , im Vierdimensionalen jedoch haben die Verdeckungen überraschende neue Eigenschaften. Die Hilfsmittel der linearen Algebra werden so weit aufbereitet, daß sie Algorithmen für Graphik-Pakete ergeben. Grundbegriffe der technischen Realisierung der Graphik werden ebenso diskutiert, wie Methoden der Software-Entwicklung.

Von Prof. Dr. **Bodo Pareigis,** Universität München

1990. 303 Seiten.
16,2 × 22,9 cm.
Kart. DM 42,–.
ISBN 3-519-02964-2

B. G. Teubner Stuttgart

Hoschek/Lasser

Grundlagen der geometrischen Datenverarbeitung

Die geometrische Datenverarbeitung hat, seit schnelle Rechner und billige Speicher zur Verfügung stehen, einen Siegeszug ohnegleichen angetreten. Sie wird heute in zahlreichen Bereichen eingesetzt, so z. B.
– im Anlagenbau (Großchemie) sorgen dreidimensionale Modelle auf dem Rechner für die „richtige" Anordnung der Leitungssysteme,
– im Automobilbau, Schiffsbau, Flugzeugbau werden die Oberflächen der Produkte mit Methoden der geometrischen Datenverarbeitung beschrieben und gestaltet,
– die Nähmaschinenindustrie, Webindustrie, Schuhindustrie setzt Methoden der graphischen Datenverarbeitung zur Produktsteuerung und zur Qualitätssicherung ein.

Im vorliegenden Werk werden im einzelnen behandelt: Projektion und Transformation räumlicher Objekte, Grundlagen aus der Geometrie und der Numerik, allgemeine Splinekurven und Splineflächen, Bézier- und B-Spline-Kurven, Anwendungen auf Finite Elemente, geometrische Splinekurven, Bézier- und B-Spline-Flächen, Dreiecksflächen, geometrische Splineflächen, Gordon-Coons-Flächen, Triangulierungen, scattered data Flächen, trivariate Darstellung von Volumenelementen, exakte und approximative Transformation von Splineflächendarstellungen, Schnittalgorithmen von Kurven und Flächen, Glätten von Flächen.

Von Prof. Dr. **Josef Hoschek**
Technische Hochschule Darmstadt
und **Dr. Dieter Lasser**
Universität Kaiserslautern

1989. 472 Seiten mit zahlreichen Bildern.
16,2 × 22,9 cm.
Kart. DM 52,–
ISBN 3-519-02962-6

Preisänderungen vorbehalten.

B. G. Teubner Stuttgart